攻略

［CLF-C02］対応
第2版

AWS認定 クラウドプラクティショナー 教科書

著 トレノケート株式会社
高山裕司

インプレス

インプレスの書籍ホームページ

書籍の新刊や正誤表など最新情報を随時更新しております。

https://book.impress.co.jp/

まえがき

本書を手にとっていただき、ありがとうございます。

今日では、社会インフラや金融機関、行政組織など、世の中のありとあらゆる場所でクラウドコンピューティングが活用されるようになり、従来のIT産業は変革を余儀なくされています。これまでITシステム開発において顧客であったユーザー企業や事業部門も、クラウドコンピューティングの活用を模索して様々なチャレンジをおこなっています。また、従来ITに関わりがなかった一般の人たちも、意識せずにクラウドサービスを利用しています。

Amazon Web Services（AWS）はそんなクラウドコンピューティングのプラットフォームとして、ガートナー社の発表する「Magic Quadrant for Cloud Infrastructure and Platform Services」において13年連続で最上位のリーダーに位置付けられています。今後もAWSが最適なインフラストラクチャであることは揺るぎないと考えられます。AWS認定資格を持つということは、クラウドコンピューティングに関する確かな知識を有しているという証明であり、最適なITシステムを実現する提案活動をおこなううえで、しっかりした知識に裏付けされた提案であることを示す意義があります。

本書は、AWS認定クラウドプラクティショナー試験の合格に向けた学習を、1冊だけで行えるように構成した教科書です。試験内容に基づき、出題される可能性があるとされているすべてのAWSのサービスについて解説をおこなっています。

執筆にあたっては、試験に必要な情報だけではなく、初見では理解が難しい概念や基礎知識についてもできる限りわかりやすく丁寧に解説しました。エンジニアの方はもとより、これからITエンジニアを目指す方や、営業・マーケティングなどの非エンジニアの方も、本書で合格を目指すことができます。

本書がAWS認定クラウドプラクティショナー試験の学習の一助となることを願っております。また、本書で得た知識が試験対策だけでなく、現場で役立つ知識やアイディアに繋がれば幸いです。

2024年6月　トレノケート株式会社
　　　　　　高山裕司

AWS 認定試験とは

AWS 認定試験は、Amazon Web Services, Inc が提供するクラウドサービスに関する認定試験です。基礎コースから専門知識まで、キャリアパスに応じた認定資格が用意されており、体系的に学習することでそれぞれのキャリアに必要な知識とスキルを習得できるように設計されています。

AWS 認定資格は、基礎コース、アソシエイト、プロフェッショナル、専門知識の４つのカテゴリーに大きく分かれます。

●基礎コース

AWS クラウドに関する基礎的な知識を有していることを認定します。およそ6カ月程度の経験者を対象としていますが、経験者でなくても合格は可能です。

- AWS Certified Cloud Practitioner（AWS 認定クラウドプラクティショナー）

●アソシエイト

AWS クラウドを使用したソリューションの構築や運用・開発に関する知識とスキルを有する人材を認定します。およそ１年程度の経験者が対象となります。

- AWS Certified Solutions Architect - Associate
- AWS Certified Developer - Associate
- AWS Certified Sysops Administrator - Associate
- AWS Certified Data Engineer - Associate

●プロフェッショナル

AWS クラウドを使用したソリューションの設計・運用・開発及びトラブルシューティングに関する包括的な知識とスキルを有する人材を認定します。およそ２年程度の経験者が対象となります。

- AWS Certified Solutions Architect - Professional
- AWS Certified DevOps Engineer - Professional

●専門知識

特定の技術分野における高度な知識とスキルを有していることを認定します。

- AWS Certified Advanced Networking - Specialty
- AWS Certified Machine Learning - Specialty
- AWS Certified Security - Specialty

[利用可能な AWS 認定]

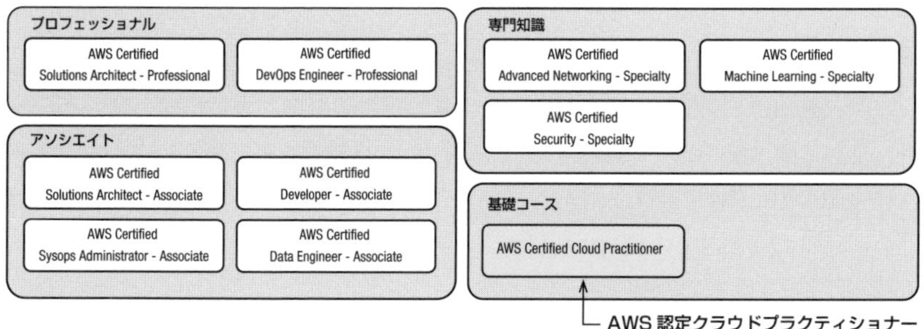

AWS 認定クラウドプラクティショナーについて

本書では、AWS 認定資格の基礎コースに位置付けられている AWS Certified Cloud Practitioner（以下、AWS 認定クラウドプラクティショナー）を扱います。AWS のサービスは常にアップデートされているため、試験内容もそれに応じて改訂されます。本書では、2023 年 9 月 19 日にアップデートされた最新の CLF-C02 に対応しています。

●受験対象者

受験者は、AWS を 6 カ月以上使用した経験もしくは、それと同等の知識を有する人が対象です。試験では、AWS の中核サービスと呼ばれるコンピューティング、ネットワーク、データベース、ストレージに関する知識や、セキュリティの考え方、料金プランに関する知識などが問われます。また、クラウドを利用したビジネスの従来の IT ビジネスとの違いなどについても出題されます。

一方、アーキテクチャ設計や実装方法、トラブルシューティングなどの現実に即した問題は出題範囲外となります。

【推奨される知識】

- AWS クラウドのコンセプト
- AWS クラウド内のセキュリティとコンプライアンス
- AWS の中核サービスについての理解
- AWS クラウドの経済性についての理解

●試験概要

設問は全部で 65 問あり、下表のようにそれぞれの分野ごとに出題の割合が設定されています。65 問中、実際に採点されるのは 50 問のみで、解答しても採点されない設問が 15 問含まれます。ただし、どの設問が採点対象なのかは判別できないため、試験ではすべての設問に解答する必要があります。

[出題範囲]

分野	出題比率
第 1 分野：クラウドのコンセプト	24%
第 2 分野：セキュリティとコンプライアンス	30%
第 3 分野：クラウドテクノロジーとサービス	34%
第 4 分野：請求、料金、およびサポート	12%
合計	100%

[試験概要]

- 試験時間：90 分
- 問題数：全 65 問
- 試験形式：択一選択問題（4 つの選択肢から正しいものを 1 つだけ選択）または複数選択（5 つ以上の選択肢から 2 つ以上の正解を選択）
- 試験会場：テストセンターまたはオンライン試験
- 受験料：15,000 円（税別）

●試験の結果

試験結果は、100 ～ 1000 のスコアとして通知され、700 以上のスコアで合格となります。

なお、AWS の認定資格の有効期間は、合格から 3 年間です。再認定を受けるには、有効期間内にもう一度試験に合格するか、アソシエイトまたはプロフェッショナルレベルの認定資格を取得します。再認定の受験には、割引バウチャーを使用できます。

●参考 URL

詳しい試験要綱については、AWS の以下のサイトで最新情報を確認してください。

https://aws.amazon.com/jp/certification/certified-cloud-practitioner/

※ 試験は定期的に改定されます。必ず受験する前に最新の試験情報を確認してください。

本書の活用方法

本書は、「AWS 認定クラウドプラクティショナー」の合格を目指す方を対象とした受験対策書です。本試験の受験対象者はおよそ 6 カ月間の AWS 利用経験者ですが、未経験者でも必要な知識が得られるよう、基礎から解説しました。

●本書の構成

各章は、解説と演習問題で構成されています。解説を読み終えたら、演習問題を解いて理解度をチェックしてみましょう。正解できなかった問題については、該当する解説のページに戻って復習してください。

本書を読み終えたあとは、本試験に近い模擬問題で受験対策の総仕上げをしましょう。模擬問題は読者特典として、本書のサポートページからダウンロードできます。

《本書のサポートページ》

https://book.impress.co.jp/books/1123101145

※ご利用時には、CLUB Impress への会員登録（無料）が必要です。

●解説

試験対策

受験に際して、理解しておくべき重要事項や有効な対策を記載しています。

Amazon Web Services (AWS) は、マイクロサービス・アーキテクチャと仮想化技術によって構築されたシステム環境を、インターネットを通じて提供するサービスです。

参考

試験対策とは直接関係ありませんが、知っておくと有益な情報を示しています。

API (Application Programming Interface) とは、外部のアプリケーションやコンポーネントに自身の機能を提供するための接続口です。APIの呼び出し側は、必要な機能を自分で開発しなくても、レディメイドの機能をAPIを介して利用できます。

重要語句

本文中の重要語句は太字で示しています。

下線

解説のポイントを下線で示しています。

1 データの暗号化

●暗号化と復号

暗号化とは、ひと言でいえば元のデータを**暗号化鍵**と呼ばれる情報を用いて変換し、第三者が見ても中身がわからない状態にすることです。

暗号化されたデータは、**復号鍵**と呼ばれる情報を用いて再変換すると元のデータに復元できます。これを**復号**といいます。

●演習問題・解答

問題

問題は選択式（単一もしくは複数）です。

Q 演習問題

1 **伸縮性の利点について正しく表現しているものはどれですか。**

A.　伸縮性を活かした柔軟なサポート体制により、あとから費用を支払うことでサーバーの性能を変更してもらうことができる

解答

解答番号は問題番号と同一です。正解の内容は当該節で解説されています。

A 解答

1 C

AWSでは、多くのサービスがマネージドサービスなので、性能や容量を気にせず利用できるサービスが多いですが、すべてのサービスにおいて自動化されているわけではありません。

- 本書に記載されているAWSサービスの名称や内容、料金、グローバルインフラストラクチャの数などは、特に注記がない限り執筆時点のものです。
- 本書の説明文中に記載された設定値などの最大数はデフォルト値のため、上限緩和申請によって変更できる場合があります。
- 読者特典の模擬問題は、AWSの公式模擬試験問題ではありません。

●解説の図

解説には多数の図を掲載し、システムやアーキテクチャのイメージをわかりやすく示しています。図中に登場するサービスアイコンの名称は、略称で表記しています。同一のグループアイコンやサービスアイコンが頻出したり類似する図が連続する場合は、初出時に表記した名称を省略していることがあります。

なお、本文中の図で使用しているAWSのグループとサービスアイコンおよび名称は、「AWS Architecture Icons（Release 18-2024.02.06）」に準拠しています。

目次
CONTNETS

第1章

クラウドコンピューティングの概要

1-1 クラウドコンピューティングとは

AWS を始めとするクラウドコンピューティングを活用することで、思いついたビジネスのアイデアを即座に実現したり、インフラ環境をビジネスの成長に合わせて適切に拡大・縮小させたりすることができます。本節では、クラウドコンピューティングの概要を説明します。

1 オンプレミスとクラウド

● クライアント・サーバーモデル

業務用の販売管理や人事管理、病院のカルテ管理や銀行の振り込みなど、大小問わず様々な分野で、人力からコンピュータを利用したシステムへの移行が進んでいます。こうしたシステムでは、データの入力や表示はパソコンやスマートフォンなどのクライアント・コンピュータを使っておこない、計算処理やデータの保管はサーバー・コンピュータでおこなう方式が一般的です。

このように、クライアントからのリクエストに対してサーバーが応答してくれるシステムのことを**クライアント・サーバーモデル**と呼びます。それはまるで、コーヒーショップでコーヒーを注文するとバリスタが美味しいコーヒーを提供してくれる様子に似ています。

[クライアント・サーバーモデルの例]

コーヒーをください
コーヒーをどうぞ
クライアント
サーバー

●オンプレミスとは

従来のサーバー・コンピュータは、システムを運用する企業などの組織が、必要なハードウェアやネットワーク機器、ソフトウェアなどを自前で調達し、自分たちで管理・運用するのが一般的でした。こういった従来のITシステムの構成を**オンプレミス**といいます。

[オンプレミス]

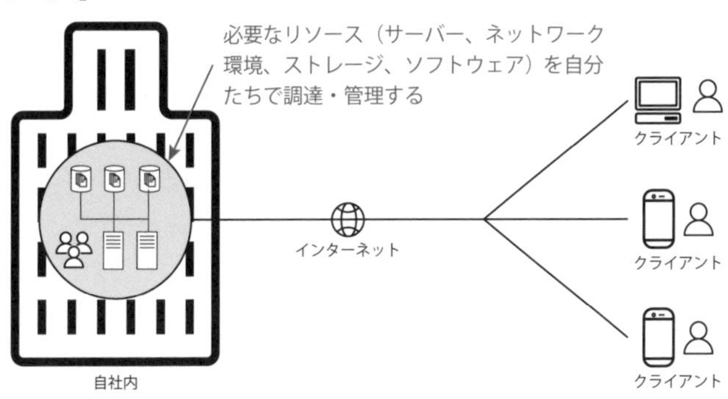
必要なリソース（サーバー、ネットワーク環境、ストレージ、ソフトウェア）を自分たちで調達・管理する
自社内
インターネット
クライアント
クライアント
クライアント

●オンプレミス環境の課題

オンプレミスでは、必要なサーバーやネットワーク機器、ソフトウェアなどをすべて自前で調達しなければなりません。調達した機材は、自社内、もしくは**データセンター**と呼ばれる大規模なサーバー・コンピュータの集積所に搬入し、自分たちで環境を構築します。そのため、以下のような問題が生じます。

●キャパシティ設計の難しさ

オンプレミス環境でシステムを構築するには、必要なサーバーの性能やストレージの容量といった**キャパシティ**（サービスの許容能力）を、事前に見積もる必要があります。

具体的には、ピーク時のシステムへのアクセス数や、保存されるデータ量を想定して、不足のないように見積もります。3年後や5年後に必要となる増分も考慮します。そのため、通常時には不要なキャパシティも準備しなければなりません。また、どんなに準備をしていても、予測を超えるアクセスが発生すれば、キャパシティ不足に陥ることも少なくありません。

●機材調達の問題

調達する機材は発注してもすぐに届くことはなく、数週間から場合によっては数カ月かかることもあります。故障などのトラブルが発生すれば、機器の入れ替えをおこなう必要もあります。

これらの機材は資産として管理され、3年ないし5年で減価償却して新しいものに入れ替えます。機材の入れ替えのたびにキャパシティの設計と調達をやり直し、インフラを再構築しなければなりません。

● オンプレミスからクラウドへ

近年では、スマートフォンの普及などによって、インターネットを介してシステムを利用するユーザーが爆発的に増加しました。国内だけでなく、国外を対象とするビジネスも盛んになっています。これにともない、サーバーに必要なキャパシティは増大しています。

また、インターネットから収集したデータを素早く有効にビジネスに活用したり、めまぐるしく変化するビジネス環境に即座に対応したりするため、ITシステムには機能の拡張や変更に素早く対応できる柔軟性が求められるようになっています。

こうしたニーズに対して、従来のオンプレミス環境では機材の調達がビジネスのスピード感に合わなかったり、急激な需要の変化に対応することが難しくなったりしてきました。そこで誕生したのが、**クラウドコンピューティング**です。

● クラウドコンピューティングとは

クラウドコンピューティングでは、利用者は機材を自前で調達する代わりに、AWSを始めとする**クラウドサービスプロバイダー**が用意するITリソース(CPU、ネットワーク環境、ストレージ、ソフトウェアなど)から、自分たちが必要なものだけを、必要な分だけ利用します。キャパシティ設計の問題や機材調達の問題は発生しません。

また、リソースは基本的にインターネットを介したサービスとして提供され、サービスがどのように構築されているかについて考える必要はありません。まるで「雲(クラウド)」の中から取り出すように、サービスを取り出して利用できることから、クラウドコンピューティングといいます。

[クラウドコンピューティング]

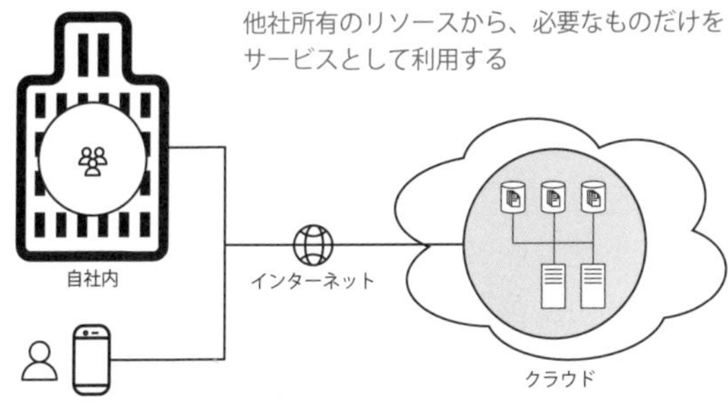
他社所有のリソースから、必要なものだけを
サービスとして利用する
自社内
インターネット
クラウド

2 クラウドコンピューティングの特徴

クラウドコンピューティングの特徴は、「**他社所有**」「**従量課金**」「**インターネット越しの利用**」「**オンデマンド・セルフサービス**」の４つにまとめることができます。

● 他社所有

オンプレミス環境では、物理的なITリソースは自社で購入し、自社内で構築するかレンタルしたデータセンター上に構築します。ハードウェアが故障した場合のメーカーへの連絡や、新たな機材の購入も自社でおこないます。

これに対し、クラウドコンピューティングでは、サーバーやストレージ、ネットワークなどの物理的なインフラストラクチャはクラウドサービスプロバイダーが保有するものを利用します。データセンターの構築や運用・管理、ハードウェアの故障対応は、クラウドサービスプロバイダーがおこなってくれます。

また、仮想デスクトップや電子メールなどのアプリケーションを提供しているサービスもあります。これらを利用すれば、利用者自身がアプリケーションをセットアップしたり、運用管理をする必要もありません。

オンプレミスが自家用車なら、クラウドコンピューティングはレンタカーのようなものと考えることができます。自家用車では点検などのメンテナンスも自分でおこなわなければなりませんが、レンタカーならメンテナンスはレンタカー会社に任せることができます。

●従量課金

オンプレミス環境では、一般に機材の調達時に費用がかかります。そのため、調達した機材をまったく利用しない場合であっても、一定のコストが発生します。

一方、クラウドコンピューティングでは、利用したITリソースに対して課金されるので、利用しない分についてはコストが発生しません。必要なときに必要な分だけITリソースを使用し、使わなくなったら利用を停止することができます。

これも自動車でいえば、自家用車は使わなくても駐車場や税金などの費用がかかりますが、レンタカーは利用した時間＋燃料代だけで利用できるのに似ています。

●インターネット越しの利用

クラウドコンピューティングでは、サーバー、ストレージ、ネットワークといったインフラストラクチャを自分たちが利用可能なデータセンター上に構築するのではなく、インターネット越しにアクセスできる環境に構築します。

インターネットを利用できる環境であればどこからでも利用できるので、企業のオフィスからだけではなく、自宅や外出先のスマートフォン、自動車や家電など、ありとあらゆる場所から利用することが可能です。

自動車でいえば、自家用車を海外で利用するのは現実的ではありませんが、レンタカーならどこでも利用できるようなものです。

●オンデマンド・セルフサービス

従来のオンプレミスでの機材調達では、見積もりから発注、納品まで多くの人手と時間を必要とします。そのため、企業が何かを始めたいと思ったときにすぐ挑戦することが難しいという側面があります。

クラウドコンピューティングでは、利用者が必要とする機材を必要なときに、画面上で操作するだけで入手できます。たとえば、大量のデータをもとにした分析をしたいときだけ、クラウド上に分析システムをすぐに構築して利用することができます。

今すぐ自動車が必要というとき、自家用車を購入するよりレンタカーを借りるほうが便利なのと同様です。

[オンプレミスと比較したクラウドコンピューティングの特徴]

	自家用車（オンプレミス）	レンタカー（クラウドサービス）
メンテナンス	利用者が普段からメンテナンスをおこなう必要がある。	レンタカー会社（クラウドサービスプロバイダー）が最適な状態になるように常にメンテナンスをおこなってくれる。
経費	乗っていなくても駐車場の料金や保険、税金などの費用がかかる。	借りた時間分の費用＋燃料代（利用したITリソースへの課金）を支払うだけなので、利用していないときには費用がかからない。
アクセス	海外旅行に自家用車を運ぶことは現実的ではない（オフィスでの利用が原則）。	条件をクリアすれば現地で借りて利用できる（インターネットの利用環境があればどこでも利用可能）。
オンデマンド	納車するまで時間がかかる。	その場ですぐにレンタル可能。

試験対策

オンプレミスとクラウドコンピューティングの利用形態の違いを理解しましょう。

3 Amazon Web Services の誕生

● 自社 Web サービスの課題を解決

Amazon Web Services（以降は AWS と表記）は、もともとは Amazon.com における IT システムの様々な課題を解決するために誕生したサービスです。

Amazon.com は、1995 年にオンラインブックストアとして誕生しました。サービス開始当時は、自社のデータセンターでサービスを提供しており、増え続けるデータ量や通信量、新しい商品やサービスなどに対応してサーバーやストレージを必要に応じて増強し続けていました。しかし、新しいサービスを提供したいと思っても、サーバーなどの機材調達に数週間から数カ月かかるため、思うように進まないことが多くなってきました。また、既存のインフラ環境の調査やメンテナンスにエンジニアの時間が取られることによって、自分たちがやりたいことを素早くできない状態でした。

これらの課題を解決するため、Amazon.comでは、ソフトウェア面とハードウェア面の両方から改善をおこなってきました。

● ソフトウェア面の改善

当時のAmazon.comは、アプリケーションを計画的に構築していくというより、必要なサービスをどんどん開発していくスタイルでした。その結果、各サービスが複雑に絡み合う事態となり、新サービスの開発や既存サービスの修正をおこなうときに、膨大な検証や事前調査が必要となっていました。

そこでAmazon.comでは、それまでの大きなアプリケーションから、小さいサービス同士がAPIによって通信し合うシステム（マイクロサービス・アーキテクチャ）に改良しました。その結果、それぞれのサービスを改修や追加する場合でも、影響範囲を少なくしながら開発をおこなえるようになりました。

API（Application Programming Interface）とは、外部のアプリケーションやコンポーネントに自身の機能を提供するための接続口です。APIの呼び出し側は、必要な機能を自分で開発しなくても、レディメイドの機能をAPIを介して利用できます。

● マイクロサービス・アーキテクチャ

従来のシステムのようにひとつの大きなアプリケーションのことを**モノリシック**、または**モノリス**（一枚岩）といいます。文字通り、プログラム同士が緊密に一体化しており、部分的な入れ替えや取り外しを想定しておらず、全体が揃ってはじめて動作する仕組みを意味しています。モノリシック・アーキテクチャは単体で動作するため、処理効率を向上させやすい反面、柔軟性や拡張性が犠牲になることが多いのが特徴です。

これに対して、機能ごとにコンポーネントを分離し、あらかじめ定義された入出力の仕様に基づいて連携するように構成されたアプリケーションのことを**マイクロサービス**といいます。

マイクロサービス・アーキテクチャを採用することにより、特定の機能を入れ替えたり取り外すことが容易におこなえるため、柔軟性を活かしながらシステムを成長させることができるようになります。また、各サービスは、独立したチームにより開発・運用されるため、開発速度も向上する傾向にあります。

一方で、マイクロサービス・アーキテクチャによってシステム全体の複雑さが増し、通信遅延による速度低下などが懸念されるケースもあります。

[モノリシックとマイクロサービスの違い]

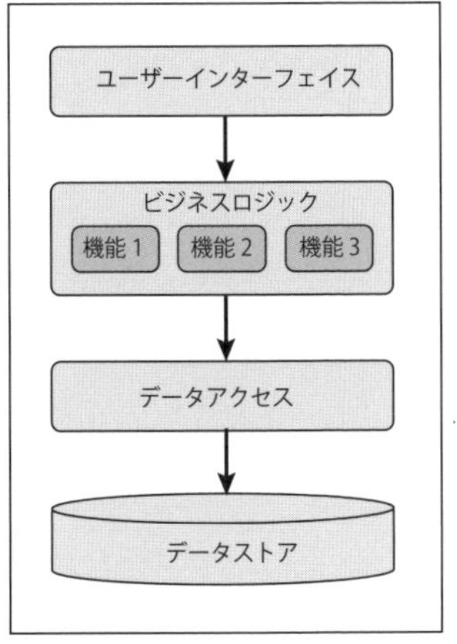

モノリシック・アーキテクチャ

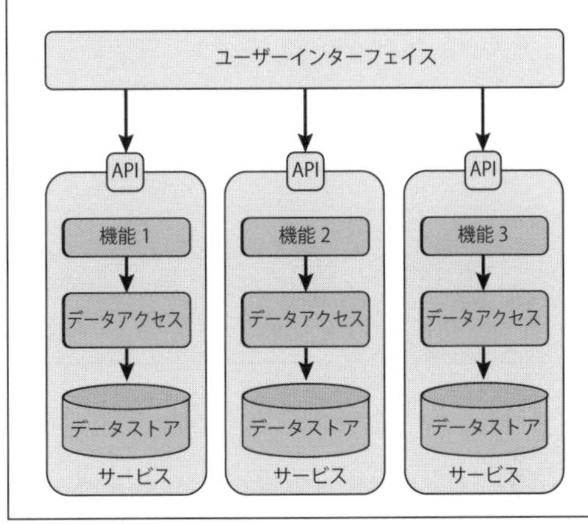

マイクロサービス・アーキテクチャ

モノリシック・アーキテクチャとマイクロサービス・アーキテクチャの違いは重要です。

● ハードウェア面の改善

物理的なハードウェアの調達には時間がかかりますが、Amazon.com では、当時すでに存在していた仮想化技術を利用して、サーバーやネットワーク、ストレージといった機材を置き換えていきました。そして、それらの仮想化された環境を API によって操作できるようにしました。

仮想化技術とは、サーバー、ストレージやネットワークなどの IT リソースを、物理的な装置ではなく、ソフトウェアによって論理的に実現する技術です。**仮想サーバー**では、物理的なサーバーの上に複数の仮想化されたサーバーを構築します。**仮想ネットワーク**では、物理的なネットワーク装置やケーブルの接続状況とは別に論理的にネットワークを分離、構築します。**仮想ストレージ**では、複数のストレージ装置で構成される仮想ストレージの中から必要な容量を切り出して、個別のストレージデバイスであるかのように見せかけます。

これによって、エンジニアは必要なときに自分自身でサーバーやストレージなどのリソースを調達して利用できるようになります。

Amazon.comでは、これらの改善により、Amazonの新しいサービスやサイトを様々な国に構築したり、増え続けるユーザーやデータに対して素早く対応したりできる仕組みを作り上げました。そして、自分たちが改善した課題は、ほかの企業でも課題になっているであろうと考え、2006年にAmazon Web Servicesを開始しました。

試験対策

Amazon Web Services（AWS）は、マイクロサービス・アーキテクチャと仮想化技術によって構築されたシステム環境を、インターネットを通じて提供するサービスです。

4 AWSで提供される主なサービス

AWSクラウドでは非常に豊富なサービスが提供されており、サービスの種類は現在でも増え続けています。AWSは多様なサービスを集めたショッピングモールのようなものと考えることができるでしょう。各サービスは単独で利用してもかまいませんが、複数のサービスを組み合わせて利用することで、多岐にわたるソリューションを実現します。

ここでは、AWSで提供される主なサービスを紹介します。

● コンピューティングサービス

Amazon Elastic Compute Cloud（Amazon EC2）は、AWSクラウド上で稼働する仮想マシンを提供するサービスです。仮想マシンでは、LinuxやWindowsなど好きなOSを選び、任意のアプリケーションを実行できます。このほか、仮想マシンの台数を負荷に応じて自動的に増減する**Amazon EC2 Auto Scaling**（オートスケーリング）や、サーバーの構築や管理運用を気にせずアプリケーションを実行する**AWS Lambda**（ラムダ）などがあります。

● ネットワークサービス

ネットワークサービスとしては、AWS クラウド上に仮想プライベートネットワークを構築する **Amazon Virtual Private Cloud**（Amazon VPC）が代表的です。このほか、Web コンテンツのキャッシュサーバーとして利用できる **Amazon CloudFront** などがあります。

● ストレージサービス

ストレージサービスには、仮想マシンのボリュームとして利用する **Amazon Elastic Block Store**（Amazon EBS）や、各種データの保存場所として利用できる **Amazon Simple Storage Service**（Amazon S3）、ファイル共有をおこなう **Amazon Elastic File System**（Amazon EFS）などがあります。

● データベースサービス

データベースサービスには、SQL データベースである **Amazon Relational Database Service**（Amazon RDS）や、NoSQLデータベースの **Amazon DynamoDB**（ダイナモ）などがあります。Amazon RDSでは、データベースエンジンとしてMySQLや PostgreSQL と互換性のある **Amazon Aurora**（オーロラ）のほか、各種データベースエンジンを利用できます。

● その他のサービス

AWS クラウドには、このほか機械学習モデルの構築・トレーニングをおこなう **Amazon SageMaker** や、データ分析をおこなう **Amazon Athena**（アテナ）、メッセージを通知する **Amazon Simple Notification Service**（Amazon SNS）、コールセンターを構築する **Amazon Connect**（コネクト）など、様々なサービスが提供されています。

試験では、AWS の様々なサービスの特徴が出題されます。

1-2 クラウドコンピューティングの概念

一般的なクラウドコンピューティングの定義としては、NIST（National Institute of Standards and Technology：米国国立標準技術研究所）による定義があります。本節では、クラウドコンピューティングの定義について説明します。

1 5つの特徴

クラウドコンピューティングは、オンプレミスやレンタルサーバーなどのホスティングサービスと比較して以下の5つの特徴があります。

- On-demand self-service（オンデマンド・セルフサービス）
- Broad network access（幅広いネットワークアクセス）
- Resource pooling（リソースの共有）
- Rapid elasticity（迅速な拡張性）
- Measured service（計測可能なサービス）

● On-demand self-service（オンデマンド・セルフサービス）

オンプレミスでITリソースを調達する場合、見積もりから発注、納品までに多くの人が携わり、非常に時間がかかるのが一般的です。一方、クラウドコンピューティングでは、利用者が必要なときに自分自身でITリソースの調達をおこなうことができ、不要になったITリソースについても好きなタイミングで利用を停止できます。

● Broad network access（幅広いネットワークアクセス）

クラウドコンピューティングでは、インターネットを利用することで、特殊な通信用ハードウェアやソフトウェアを利用することなく、PC、スマートフォンなど様々なデバイスからクラウド上のITリソースへアクセスが可能となっています。

● Resource pooling（リソースの共有）

AWSなどのクラウドサービスプロバイダーは、世界各地に保有する物理的なITリソースを、利用者の要求に応じてダイナミックに割り当てて提供します。そのため利用者は、自分が利用するITリソースの所在地や物理的な構成をほとんど意識する必要がありません。

● Rapid elasticity（迅速な拡張性）

クラウドコンピューティングでは、必要に応じてあとからサーバーの性能や台数を利用者が任意のタイミングで拡張したり、縮小したりできます。

クラウドサービスプロバイダーには、利用者の要求に応じるためのリソースが用意されていることが多いため、あたかも無尽蔵の容量を持っているかのように見えます。

● Measured service（計測可能なサービス）

クラウドコンピューティングでは、利用者が利用しているITリソースの状態を常に監視・計測しており、利用者はいつでもそのレポートを受け取ることができます。このレポートには現在の利用料金なども含まれます。

また、クラウドサービスプロバイダーは、受け取ったレポートをもとにITリソースの最適化をおこないます。

クラウドコンピューティングの5つの特徴を理解しましょう。

2 3つのサービスモデル

NIST（米国国立標準技術研究所）は、クラウドコンピューティングが提供するサービスを、大きく次の3つに分類しています。各サービスモデルの違いは、利用者の自由度と責任範囲の違いです。

- **IaaS**（Infrastructure as a Service）
- **PaaS**（Platform as a Service）
- **SaaS**（Software as a Service）

● IaaS（Infrastructure as a Service）

IaaSでは、物理的なハードウェアやネットワーク回線などの基礎的なインフラストラクチャがクラウドサービスプロバイダーから利用者に提供されます。

利用者は、提供された環境に任意のOS（オペレーティングシステム）やアプリケーションを導入して利用することができます。

IaaSは自由度が非常に高く、使い慣れた環境を利用できる反面、オペレーティングシステムより上の構成内容については自分たちで管理・運用をする必要があるため、設計や運用のコストは従来のオンプレミスと大きく変わりません。

AWSのサービスでは、仮想マシンを提供するAmazon EC2などがIaaSに該当します。

● PaaS（Platform as a Service）

PaaSでは、IaaSのようにサーバーやネットワークを動作させるための環境を自分自身で構築するのではなく、利用したい環境をクラウドサービスプロバイダーが提供、運用してくれます。

たとえば、Webアプリケーションを動かしたい場合であれば、利用者が用意したアプリケーションをクラウドサービスプロバイダーが提供するWebサーバーやアプリケーション・サーバーで動かすことができ、サーバーなどの構築や運用は不要になります。また、データベース・サーバーやメールサーバーなど一般的に**ミドルウェア**と呼ばれるサービスも提供されます。

一方で、サーバーソフトウェアの種類やバージョンが合わないなど、希望する環境が必ずしも用意されていない点も特徴として挙げられます。

AWSのサービスでは、データベースサービスのAmazon RDSなどがPaaSに該当します。

● SaaS（Software as a Service）

SaaSでは、PaaSで提供されるプラットフォームに加えて、様々なアプリケーションがサービスとして提供されます。利用者は、アプリケーションを新規に開発したり構築することなく、すぐに利用できます。

アプリケーションの種類は多岐にわたっており、オフィス系アプリケーションからメールアプリケーション、データベースアプリケーションなどもあります。

一方で、特定の要件に応じてアプリケーションをカスタマイズすることはできないことが多いです。

AWSのサービスでは、仮想デスクトップ環境を提供するAmazon WorkspacesなどがSaaSに該当します。

[サービスモデルによる範囲の違い]

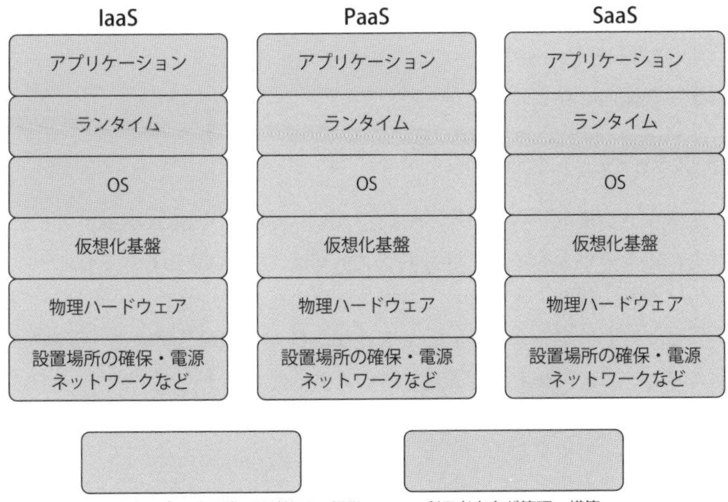

なお、AWSでは300を超えるサービスが提供されており、その中には上記のどのサービスモデルにも当てはまらないものもあります。

3 4つの展開モデル

クラウドコンピューティングには、クラウドサービスプロバイダーが提供する環境だけを利用する以外にも、オンプレミスと組み合わせて利用したり、自社グループ内、あるいは共通の目的を持ったグループだけが利用できるようにしたりするなどの展開方法があります。クラウドの展開モデルには、大きく次の4つがあります。

- パブリッククラウド
- プライベートクラウド
- コミュニティクラウド
- ハイブリッドクラウド

● パブリッククラウド

クラウドサービスプロバイダーが提供するサービスを、広く一般の利用者が自由に利用することができます。

すべてのITリソースは、基本的にクラウドサービスプロバイダーの管理・運用する敷地内に存在します。

● プライベートクラウド

クラウドが提供するITリソースを、単一の組織や団体が専用利用します。提供されるサービスやインフラストラクチャは、組織や第三者あるいはその両方によって所有、管理・運用され、組織の敷地内に存在します。

一見すると従来のオンプレミスと同様に見えますが、利用者（事業部門など）から見ると、自己所有せず利用している形になります。

● コミュニティクラウド

クラウドが提供するITリソースを、地方自治体や研究機関など、共通の目的を持った複数の組織や団体が専用利用します。

提供されるサービスやインフラストラクチャは、共同体内の単一の組織や複数の組織か、第三者あるいはその両方によって所有、管理・運用され、その組織内に存在します。

●ハイブリッドクラウド

「パブリッククラウドとオンプレミス」「パブリッククラウドとプライベートクラウド」のように、複数の形態を組み合わせて利用することを指します。

災害対策や特定のベンダーに依存しないインフラストラクチャを構築する場合に利用されます。

なお、複数のパブリッククラウドを利用する場合はマルチクラウドといい、ハイブリッドクラウドとは区別されます。

[展開モデルによる範囲の違い]

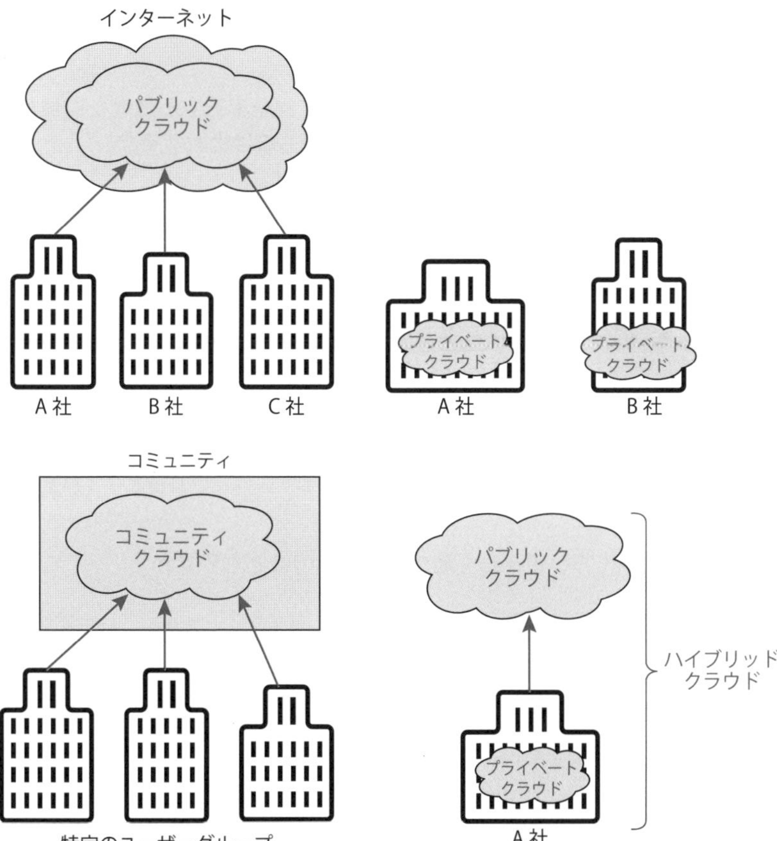

Q 演習問題

1 **クラウドコンピューティングの特徴を正しく表現しているものはどれですか。**

A. 事前に申請することでコンピューティング環境を提供してもらう環境

B. 1年以上の契約が必要となり契約期間中は料金が常に発生するサービス

C. 必要なときに必要なコンピューティング環境を利用できるサービス

D. 利用者が用意したコンピューティング環境を持ち込んで代理運用してもらうサービス

2 **自分たちが用意したアプリケーションを実行する環境を提供してくれるクラウドサービスとして正しいものはどれですか。**

A. Infrastructure as a Service

B. Platform as a Service

C. Software as a Service

D. Desktop as a Service

3 **オンプレミス環境とクラウドコンピューティング環境を併用する展開モデルとして正しいものはどれですか。**

A. パブリッククラウド

B. プライベートクラウド

C. コミュニティクラウド

D. ハイブリッドクラウド

4 **SaaS について正しく述べているものはどれですか。**

A. 利用者が利用したいサービスをインストールして利用するサービス

B. 利用者が利用したいソフトウェアをサービスとして利用できるサービス

C. アプリケーション開発に必要なソフトウェアのこと

D. 自分たちで自由に OS やアプリケーションを導入できるサービス

5 **従量課金について正しく述べているものはどれですか。**

A. 利用した量と時間に対して料金が発生する課金体系

B. 一定期間の無料期間を経てから料金が発生する課金体系

C. どれだけ利用しても一定の料金が発生する課金体系

D. 基本料金にプラスして利用状況に応じた料金が発生する課金体系

6 **クラウドコンピューティングの利用がビジネス上の利点となる点について正しく述べているものはどれですか。(2つ選択)**

A. IT リソースを保有する必要がないため失敗を恐れず挑戦できる

B. 契約した IT リソースは一定期間の所有が認められるため事業に集中できる

C. クラウドコンピューティングを利用することでインフラストラクチャの管理や運用を丸投げできる

D. ビジネスの成長とインフラストラクチャの成長を同期して不要な設備投資を避けることができる

E. クラウドコンピューティングで構築したシステムの障害はすべてをクラウドサービスプロバイダーが責任を持つため維持コストが下がる

A 解答

1 C

クラウドコンピューティングは、事前に契約や申請をおこなうことなく必要なときに必要なリソースを自分自身で調達して利用できます。

2 B

Infrastructure as a Service は、OS より上の環境を自分自身で構築する必要があります。

Software as a Service は、様々な Web アプリケーションが提供されます。

3 D

パブリッククラウドは、不特定多数の利用者が利用できるクラウドコンピューティング環境です。
プライベートクラウドは、自社や自社のグループ企業だけが利用できるクラウドコンピューティング環境です。
コミュニティクラウドは、特定の目的や目標を持った企業や団体だけが利用できるクラウドコンピューティング環境です。

4 B

A は、PaaS の説明です。
C は、SDK（Software Development Kit）の説明です。
D は、IaaS の説明です。

5 A

従量とは、量に従うという意味なので利用した量と時間で料金が決定します。

6 A、D

B は正しくありません。利用者はクラウド上のリソースを所有しません。
C は正しくありません。IaaS では、OS より上については利用者が責任を負います。
E は正しくありません。クラウドサービスプロバイダーは提供するサービスや物理的なインフラストラクチャについて障害に対する責任を負います。

第2章

クラウドのコンセプト

2-1 AWSクラウドの利点

AWS クラウドを利用することで、従来のオンプレミスでは難しかったことも比較的容易に実現できるようになります。本節では、AWS クラウドを利用する利点について説明します。

1 セキュリティ

利用者の機密性の高い重要なデータを保護すべく、AWSでは物理的なインフラストラクチャから、仮想化されたプラットフォームまでセキュリティを最重要事項として対応しています。そのため、様々な業界団体のコンプライアンスプログラムやセキュリティ基準に対応しており、第三者機関による監査を受けています。監査の結果は AWS Artifact でレポートを確認できます (79 ページ)。

[代表的なAWSのコンプライアンスプログラム]

グローバル	日本国内
• CAS • ISO 9001, 22301, 27001, 27017, 27701, 27018 • PCI DSS レベル 1 • SOC 1, 2, 3 • CyberGRX, CyberVadis	• FinTech 日本版 • FISC（金融情報システムセンター） • ISMAP（政府情報システムのためのセキュリティ評価制度） • 医療情報ガイドライン • NISC（政府機関等の情報セキュリティ対策のための統一基準群）

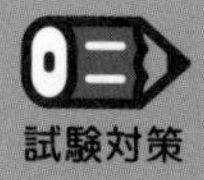

AWS クラウドは各種のコンプライアンスプログラムに対応しています。また、対応状況は AWS Artifact で確認できます。

利用者は、データの保管場所やユーザーのアクセス制御、サーバーサイド暗号化といったセキュリティに対する設定を細かくおこなうことができ、ほぼリアルタイムかつ継続的なモニタリングができます。また、セキュリティの設定を手動ではなく自動化したり、AIによる脅威検出や自動的な対応ができます。料金は、使用したリソースに対する従量課金のみで利用ができます。

[AWS のセキュリティ、アイデンティティ、コンプライアンスサービス]

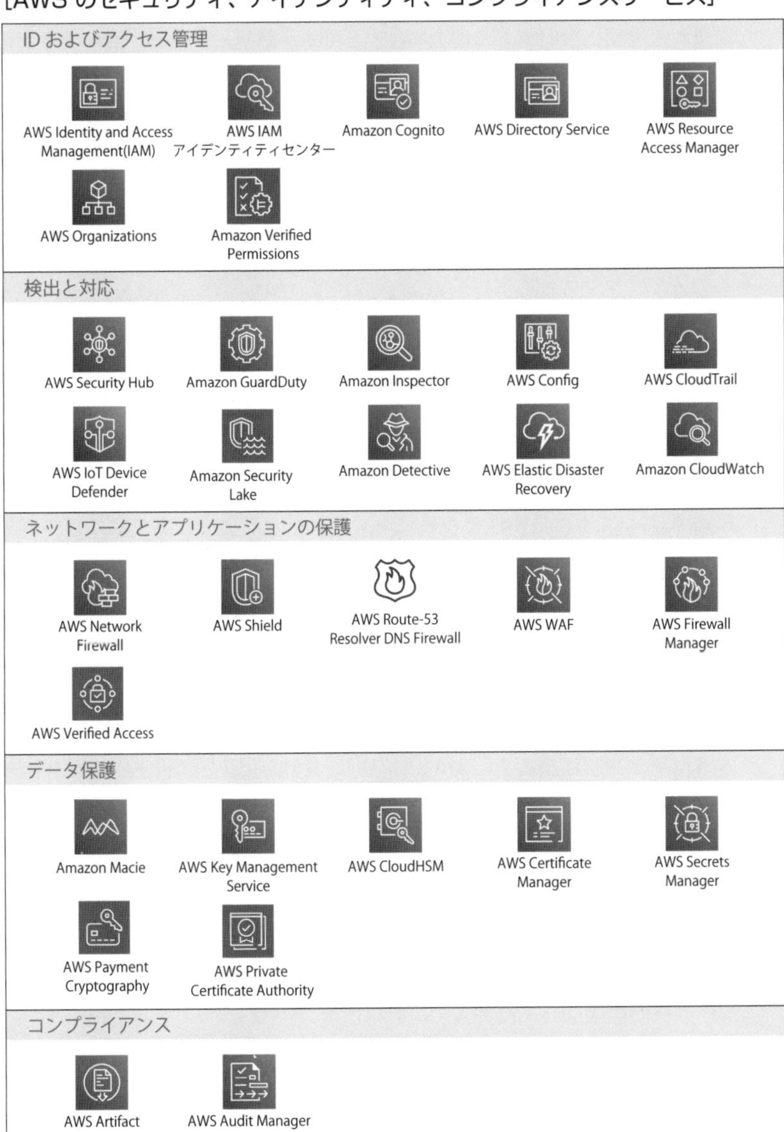

2 信頼性

IT システムにおける**信頼性**とは、「ハードウェアやソフトウェアの故障や不具合により、データの消失やシステムの故障が発生しにくい状態。また、故障した状態から早期に復旧できる能力」のことです。簡単にいえば「壊れにくさと修復のしやすさ」とも表現できます。

オンプレミス環境では、システムの信頼性を高めるために高耐久性の部品を使ったり、不具合の起きないソフトウェアを使ったりすることが求められます。しかし、経年劣化や初期不良を完全に防ぐことはできませんし、不具合のないソフトウェアもありません。

ハードウェアを二重化したり、データのバックアップを二重、三重に確保して信頼性を高めたとしても、災害などでデータセンターの電源が消失したり、空調機器のトラブルなどでシステムがダウンする可能性はゼロではありません。また、故障したハードウェアの修理交換をおこなっている間は、信頼性が下がった状態になります。

AWS においても、信頼性のためにシステムを冗長化する点ではオンプレミスと同じですが、次ページの図のように故障したリソースの代わりに新しい仮想マシンを即時起動したり、復旧作業自体を自動化することで、システムの故障期間を短くすることができます。また、世界各地に複数のデータセンターを保有しているので、データセンターレベルの障害に対しても、ほかのデータセンターに迅速に復元することが可能です。

本番環境と同じ仕組みを一時的に用意し、復旧手順を試験することもできます。

3 可用性

可用性は信頼性と似ていますが、信頼性が「壊れにくさ」を表すのに対し、可用性は「稼働している状態を維持できる能力」を表します。可用性は稼働率として表現される場合もあります。

[障害を検知し別リージョンに振り替える]

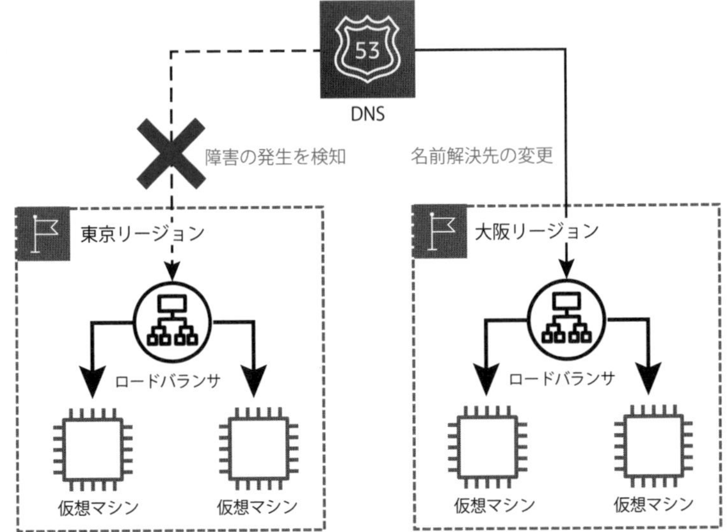

障害発生を検知したら、別リージョンに用意していた待機系に切り替えて稼働を継続する。

AWSでは、多くのサービスが**マネージドサービス**として用意されており、利用者はその可用性や耐障害性について考慮せずに利用することができます。

マネージドサービスとは、AWSがサーバーやストレージ、ネットワークといったITリソースの構築や運用・管理を利用者に代わって実施してくれるサービスのことです(74ページ)。運用･管理の中には、自動的なバックアップや、可用性の維持といった内容も含まれます。

一方、Amazon EC2などは**アンマネージドサービス**と呼ばれ、利用者が構築から運用・管理、可用性の確保をおこなう必要があります。

Amazon EC2などの仮想マシンを利用する場合は、複数のデータセンターを利用して分散配置することでデータセンターレベルの可用性を考慮したり、東京と大阪のように離れた拠点間での可用性を確保します。

具体的な信頼性と可用性に関するサービスについては第4章で解説しています。

[複数のデータセンターと複数の拠点を利用した高可用性の実現]

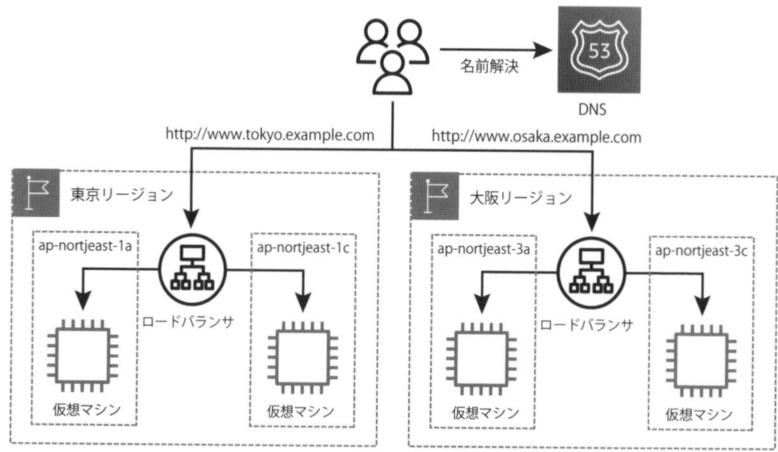

マネージドサービスでは、運用・管理や可用性の確保を AWS がおこないます。

4 伸縮性

サーバーへのリクエストが急激に増えることで、システムのキャパシティを超えてしまうことがあります。たとえば、大規模なイベントやタイムセールを開催したり、自社の製品やサービスがメディアに取り上げられたりした場合などです。

リクエストの増加が事前に予測できる場合には、あらかじめリソースを増加して対応できますが、予測できなかったり、リソースの増加が間に合わなかった場合には、システムの応答性能が低下したり、最悪の場合はサーバー自体がダウンしてしまうことがあります。結果として、多大な機会損失を生み出すことになります。

また、なんとかリソースを増やすことができた場合でも、リクエストが通常の状態に戻ると、今度はシステムのキャパシティが過剰になってしまい、コストバランスが良くない状態になることが考えられます。

[オンプレミスにおける必要なキャパシティと過剰なキャパシティ]

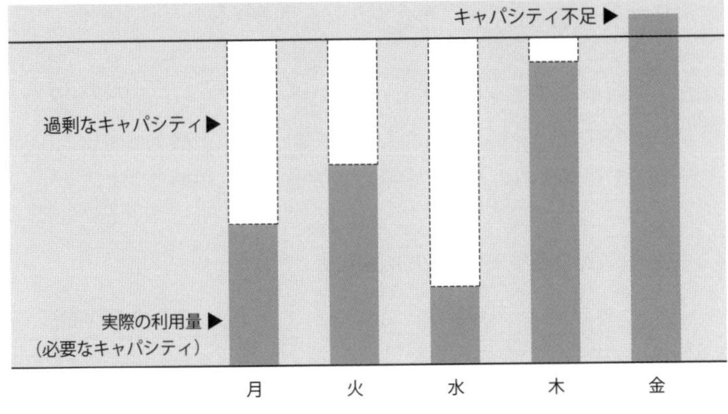

AWSでは、こうしたリクエストの急激な増加に対して自動的にサーバーを増やしたり、リクエストの減少に合わせてサーバーを自動で減らしていくことができます。

必要に応じてリソースを増減できる特徴を、「**伸縮性**がある」という意味で、「**Elastic**」といいます。AWSには、仮想マシンを提供するAmazon Elastic Compute Cloud (EC2) を始め、名称にElasticがついたサービスが多くあります。

伸縮性に関する具体的サービスについては第5章で解説しています。

5 俊敏性

従来のオンプレミスを利用したシステムは、機材の調達から設置まで、多くの時間と労力が必要でした。しかし、システムが稼働するまで数週間から数カ月もかかってしまうのでは、せっかくのビジネスのタイミングを逃してしまいます。

昨今のITビジネスでは、思いついたアイデアをすぐさま形にする**俊敏性**が重要になっています。AWSを利用すれば、Webブラウザなどから操作するだけで、ITリソースの調達は数分で完了します。システム開発も、エンジニアが必要とするタイミングで、すぐに調達して作業を始めることができます。サーバーの性能や台数、容量なども、とりあえず必要な分だけを確保して、あとから変更することも可能です。

また、学習済みモデルを利用した AI サービスや、ビッグデータ分析といった新しい技術についても、自分たちでイチから環境を構築せずに、AWS の既存のサービスを利用することで、準備の時間を大幅に短縮できます。

[オンプレミスとクラウドの俊敏性の違い]

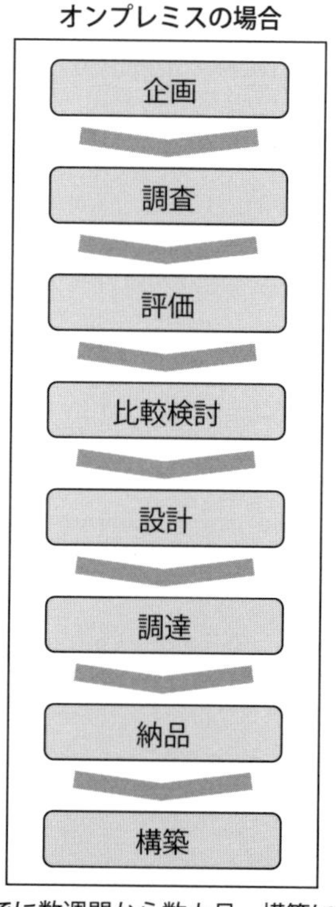

納品までに数週間から数カ月、構築に数週間

クラウドの場合

企画
設計
構築
改善

数分で必要な IT リソースを調達可能
あとから変更可能

6 従量制の料金体系

従来のオンプレミスでは、購入した機材は資産として管理されるため、途中

で使わなくなったとしても簡単に廃棄することはできません。AWSでは、サーバーの性能と台数や、ストレージの容量などを利用した時間に応じて課金される従量課金モデルを採用しています。必要なときに利用した分だけ課金されるため、コストの最適化をおこなうことができます。逆にいうと、オンプレミスと同様に使わないリソースを大量に確保するような使い方をしてしまうと、コストが上がります。

[クラウドとオンプレミスのコスト推移の例]

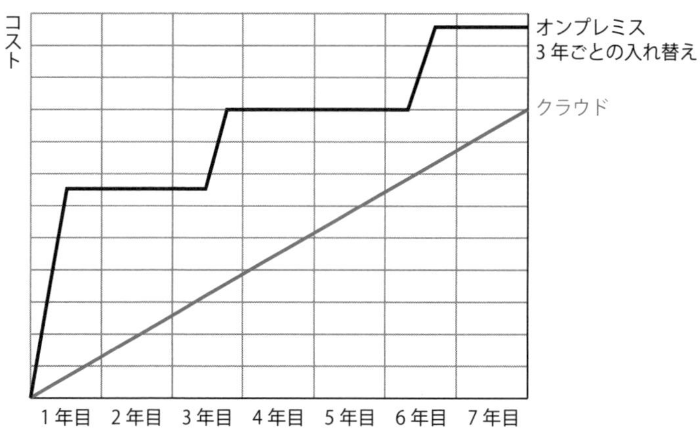

7 スケーラビリティ

スケーラビリティとは、拡張可能性という意味です。AWSでは、サーバーの性能やストレージの容量を事業規模に合わせて選択し、ビジネスの成長に合わせてあとから拡張していくことができます。

たとえば、コールセンターサービスを提供するビジネスがあるとします。これまでのキャパシティ(同時通話数)は最大10回線でしたが、ある日、最大100回線の大口顧客の契約がとれたとしましょう。オンプレミス環境でこの需要に応えるには、回線やPCの手配、システムの改修などに数週間から数カ月かかる可能性があります。また、新型コロナウイルスの蔓延によってリモートワークが増加しましたが、システムをリモート対応するなど、社会情勢の変化に対する対応も必要になってきます。

一方、AWSにはAmazon Connectというクラウド型のコールセンターサービスがあります（315ページ）。インターネットを利用したコールセンターシステムが素早く構築でき、ほぼ無制限に同時通話数を増やすことが可能です。また、料金も実際に利用した通話時間による従量課金です。

AWSを活用することで、スモールスタートしたシステムをビジネスの成長に合わせて拡張していくことができます。これにより、ビジネス面でのスケーラビリティを確保し、コストの最適化も可能になります。

[クラウドの費用増加はビジネスの成長]

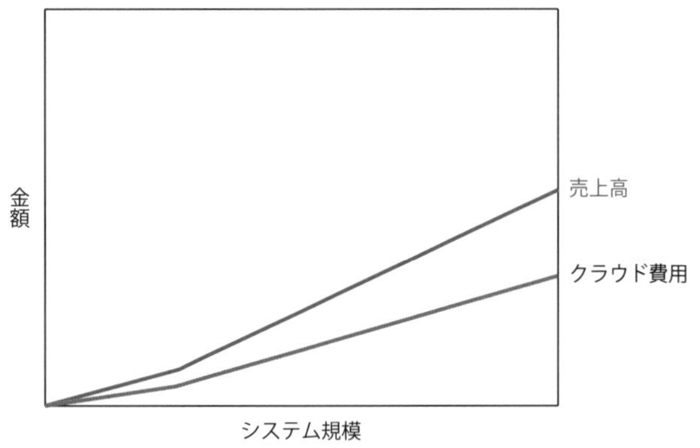

8 世界展開

AWSは、世界中に33箇所（2024年4月現在）の**リージョン**と呼ばれるデータセンターの集積された拠点が用意されており、そのいずれも個別契約なしでどこでも利用することができます。日本国内には、東京と大阪という2つのリージョンが用意されているため、距離の離れた複数のデータセンターを利用した高可用性環境の構築はもちろんのこと、データのバックアップを複数拠点に配置することで事業継続性を向上させることができます。

もちろん、災害対策だけではなく、自社の製品やサービスを北米やEU圏内などに提供する場合でも、現地に行ってデータセンターを契約してスタッフを派遣することなく、日本にいながら世界中に展開させていくことができます。

[複数の拠点を利用した災害復旧]

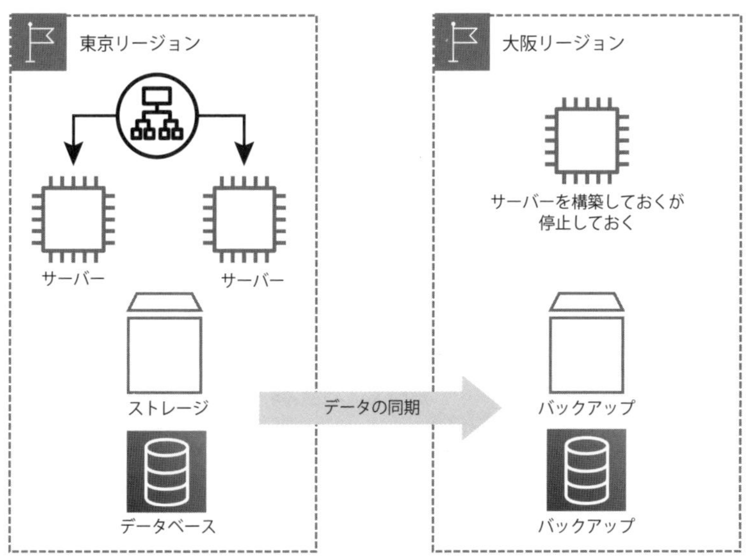

9 規模の経済性

前述のとおり、AWSは世界中に物理的な拠点を準備しています。つまり、AWSは世界でも有数のオンプレミス運用事業者ともいえます。

日々増え続ける利用者に対して、AWSでは、物理的なサーバーやストレージ、ネットワークなどの機材を大量に購入するとともに、自社でデータセンターを運用したり、ハードウェアさえもより効率の良い部品を自分たちで開発、生産することで部品当たりの購入単価を下げ、効率を上げています。

その結果として、AWSでは継続的な値下げがおこなわれており、利用者は使い続けながらコストが下がるという恩恵を受けています。このように、規模が拡大することで単位当たりのコストが低減されることを**規模の経済**（economic of scale）といいます。

AWSでは、規模の経済による効果で継続的な値下げがおこなわれています。

[規模の経済とイノベーション]

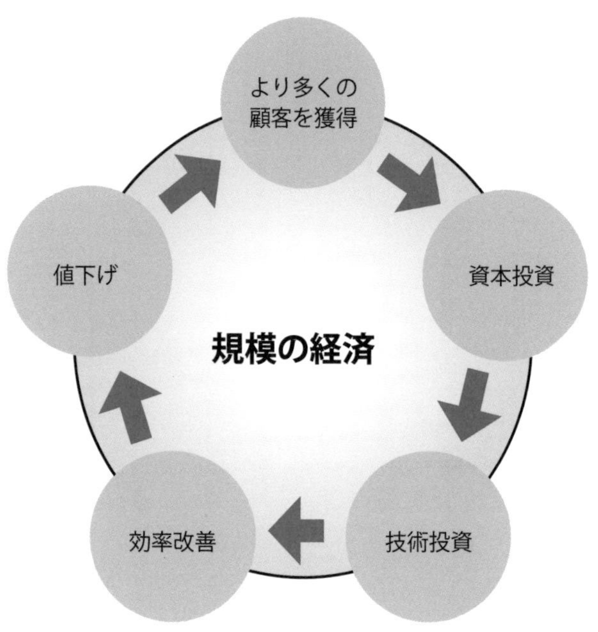

10 ビジネス面の利点

AWSを利用することで、ビジネス面ではどのような利点があるでしょうか。ここでは3つの利点を取り上げます。

● エンジニアが本来の作業に集中できる

第一に、エンジニアが物理的なインフラストラクチャの運用・管理から解放され、本来集中すべきビジネスの課題解決という作業に集中できるようになります。

クラウドエンジニアを含む、エンジニアの人材不足を解決するひとつの方法として、一人ひとりの生産性を向上させることが挙げられます。AWS の利用によって生み出された時間を、課題に対するソリューション提案や開発に使うことができれば、より多くの成果を挙げられるようになるでしょう。

●小さく始めて、大きく育てる

第二に、クラウドの俊敏性を活かすことでビジネスチャンスを逃さないという点が挙げられます。

オンプレミスを利用したビジネスでも、とりあえず始めてみて改善をしていくスタイルは実現できますが、初期投資のコストがかかる点は否めません。AWS では、初期投資にコストをあまりかけることなく始めることができ、ビジネスニーズの高まりに合わせて柔軟に IT リソースを調達していくことで、ビジネスの成長に合わせたインフラのコスト管理ができます。

●信頼性の向上

最後に、ビジネスで重要な信用面でのメリットが挙げられます。

AWS の多くのサービスはマネージドサービスです(37 ページ)。これにより運用コストが下がる点についてはすでに触れましたが、運用の自動化によりシステムの信頼性が向上し、高品質のサービスを提供できるようになります。物理ホストの障害といった軽微なものから、地域的な災害といった巨大なものまで、様々な障害に対して予測・検出・対応を自動化する仕組みを構築できるので、製品やサービス品質の改善と、機会損失を生みにくいシステム作りができます。

また、災害からの復旧に際しても、従来のオンプレミスでは災害復旧先に本番環境と同一構成のシステムをあらかじめ用意しておく必要があったため、コストがかかりました。AWS では、環境の構築を素早くおこなう仕組みが揃っているので、災害時のシステム復旧も素早くでき、そのためのインフラ構築のコストも最適化できます。

2-2 クラウドの経済性

AWS を始めとするクラウドコンピューティングを利用するメリットとして、コスト削減が挙げられます。本節では、クラウドコンピューティングにおけるコストと総所有コストという考え方について説明します。

1 総所有コスト（TCO）を理解する

● 毎月の請求金額では比較できない

AWS は従量課金であるため、従来のオンプレミスとはコストの考え方が変わってきます。

オンプレミスでは、データセンター構築費用、物理的な機材の費用並びに初期構築をおこなうエンジニアの人件費が**初期コスト**としてかかります。加えて、日々の運用に関わるエンジニアの人件費が**ランニングコスト**としてかかります。

一方、クラウドでは初期コストはほとんどかかりません。また、ランニングコストは利用したリソースの量と時間に応じて計算され、毎月請求されます。

このように、クラウドとオンプレミスとではコストの構造が異なるため、初期コストや毎月の請求金額などで、単純にコストを比較することはできません。ここで重要となるのが TCO という考え方です。

● TCO とは

TCO（Total Cost of Ownership：**総所有コスト**）とは、ハードウェアやソフトウェアといった製品や、サービスの購入（サービスの利用契約）から廃棄（サービスの解約）までにかかる費用の総額を指します。一般的には、製品やサービスの購入に関わる直接コストと、運用・管理、維持、教育や保守などに関わる間接コストが含まれます。

［コストは TCO で考える］

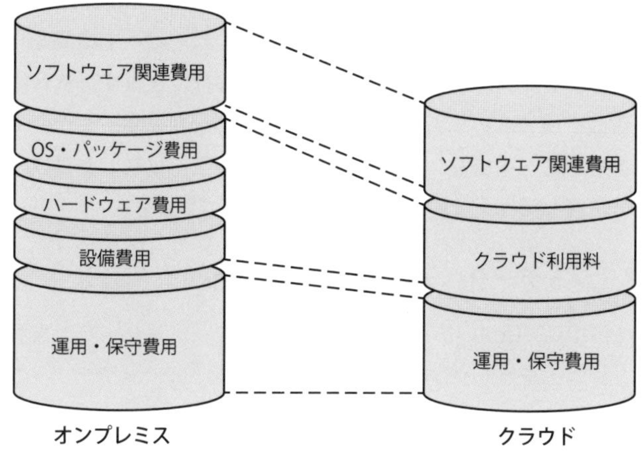

● TCO が重要な理由

AWS では、利用する IT リソースを必要に応じて増設できるため、3 年後や 5 年後といった未来を見越した潤沢なリソースを最初から用意する必要がありません。また、余剰のリソースは使用を停止することで費用の削減ができます。物理的なインフラストラクチャやデータセンターの運用コストも気にする必要がないため、人件費をビジネスに集中できるようになります。

以上のような AWS のコスト上のメリットは、毎月の請求金額では見えてきません。そのため、ある程度の期間を想定した TCO を評価することが、AWS とオンプレミスのコストを比較する上で重要になります。

コスト＝初期コスト＋ランニングコスト

2　クラウドにおけるコスト削減の考え方

AWS ならではの TCO を考慮したコスト削減のやり方として、代表的なものをいくつかご紹介します。

● Amazon EC2を使ったオンプレミスからの移行

仮想マシンを提供するAmazon EC2（173ページ）は、利用したいOSやミドルウェア、ライブラリを自分たちで選択してサーバーを構築できるので、一般的なオンプレミス環境から最小限の変更で移行できます。移行後は物理的な機材の設置や保守といった運用コストが不要になります。また、あとから性能を向上させることも容易におこなえるため、将来を見越した構成ではなく、そのときに最適な構成を選択してコストを最適化できます。

● マネージドデータベースサービスの利用

Amazon RDS（259ページ）といった、マネージドサービスを利用することで、エンジニアをバックアップの取得やOS・ミドルウェアのアップデート、可用性の維持といった価値を生みづらい作業から解放することができます。自分たちでサーバーを運用・管理するときと比較して、運用作業にかかるコストを削減することが可能です。

● サーバーレスコンピューティングの利用

AWS Lambda（195ページ）といったサーバーレスコンピューティングを利用することで、そもそも自分たちでサーバーを構築、運用・管理することなく、アプリケーションの実行ができます。

● SaaSサービスの利用

AWSには、Amazon EC2やAmazon RDSを使用して自分たちでシステムを構築するIaaSやPaaSサービス以外にも、仮想デスクトップ環境を提供するAmazon WorkSpaces（197ページ）や、営業サイドでも簡単にデータ分析と可視化ができるAmazon QuickSight（294ページ）などの多様なSaaSのサービスが用意されています。これらのサービスを利用すれば、自分たちでシステムを構築したり、アプリケーションを購入する必要がありません。

2-3 クラウドアーキテクチャ設計原則

AWSを利用することで、これまで紹介したすべての利点を得られるのでしょうか？　AWSをただ単にオンプレミスの代わりのインフラストラクチャとして考えて、これまでと同じような運用やアーキテクチャ設計をしていては、十分な利点は得られません。本節では、クラウドコンピューティングにおける利点を活かすためのアーキテクチャ設計の原則について説明します。

1 設計原則とは

ソフトウェアにしてもネットワークにしても、設計作業は非常に重要な要素です。設計なく構築されたものは、ちょっとした変更にも複雑な手順が必要だったり、最悪の場合は作り直さないといけないこともあります。これは、オンプレミス環境だけではなく、クラウドにおいても同様です。

そして、ただ設計をすれば良いというわけではなく、変更に強い柔軟な設計にしていくためには守ったほうが良い事柄がいくつかあります。そういった事柄のことを**設計原則**といいます。良い設計をするためのルールといえます。

2 Design for failure

Amazon.comのCTOであるWerner Vogels氏の言葉に、

「Everything fails, all the time.（あらゆるものはいつでも壊れる）」

という言葉があります。物理的なものはいつ壊れてもおかしくないということです。

Design for failureの設計原則は、まさにこの言葉をベースにシステム設計を考えるということです。つまり、障害を未然に防止することは難しいので、障害は起きるものとしてシステム設計をおこなうという考え方です。

Design for failure は AWS クラウドを活用するうえで重要な概念です。

Design for failure を実現するうえで重要なポイントについて解説します。

● 単一障害点の排除

障害が発生したときに、ひとつの機材やサービスが停止してしまったらシステム全体が停止してしまう要素のことを**単一障害点**（Single Point Of Failure）といいます。たとえば、サーバーが 1 台しかなければサーバーの停止はシステムの停止を意味してしまいます。そうならないために、アプリケーション・サーバーにしても、データベース・サーバーにしても 2 台以上使って高可用性を維持することが必要になります。

[単一障害点のある構成は使えなくなる]

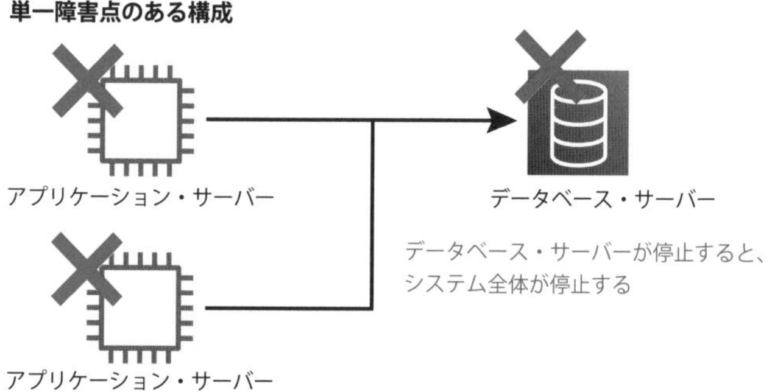

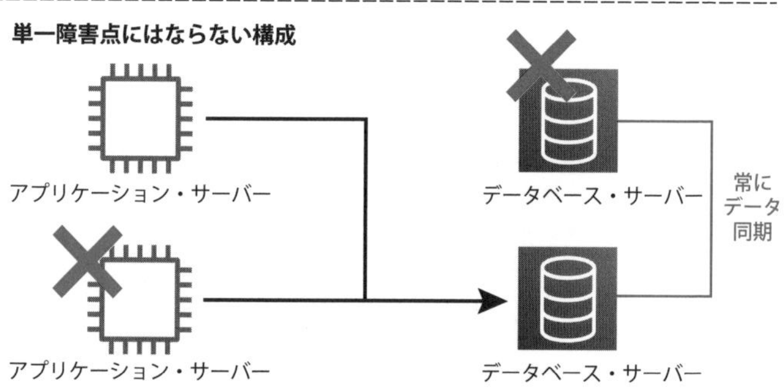

● 様々な角度からの監視

障害からの復旧を素早くおこなうためには、障害となりそうな事態をいかに素早く検知できるかが重要になります。そのために必要なのが**監視**（モニタリング）です。

システムのモニタリングとしては、CPUやメモリの使用量、ディスクの空き容量などを確認するのが一般的ですが、AWSでは利用者が自分自身でモニタリングの仕組みを作らなくても、Amazon CloudWatchを利用することでマネージドサービスとしてモニタリングを利用できます（90ページ）。Amazon CloudWatchでは、モニタリングによって得たデータをもとに利用者へアラームを通知することはもちろんのこと、たとえばサーバーの再起動をおこなうなどの自動的な処理を実行することもできます。

また、アプリケーションの出力するログを監視する仕組みもあるので、記録されたエラーの頻度を監視したり、正常時には出力されないようなログを検知して、障害を事前に防止することもできます。

[Amazon CloudWatch によるモニタリング]

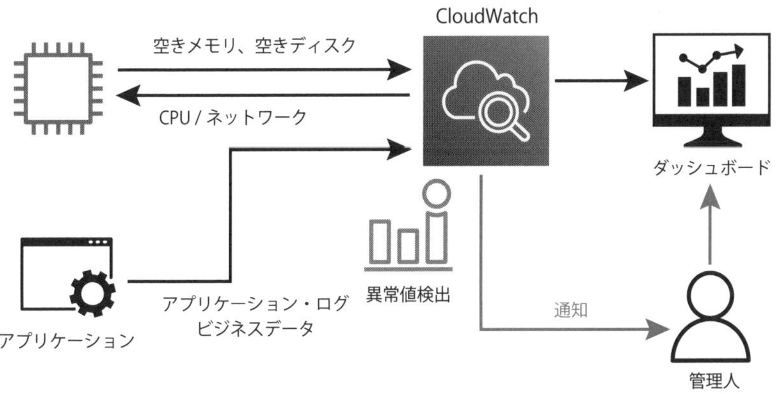

● 復旧手順の自動化、継続的な予行演習

監視した結果、障害の発生が検知された場合に、人が手動で対応するのではなく、自動的に対応することができるのもAWSの特徴です。たとえば、サーバーが応答しないときに自動的に新しいサーバーを起動したり、応答のない地域ではなく別の地域に通信を振り分けたりする作業を自動でおこなえます。

また、障害発生時を想定した予行演習の環境を構築し、実際に障害を発生させてその影響範囲を観測したり、復旧手順を確認することができます。

障害対策の有名な事例として、動画配信サイトのNetflixでは、AWSを利用してサービス稼働中に任意の本番稼働中のサーバーを停止させても、サービスに影響しないように対策しています。

●過度なSLAを設定しない

構築した製品やサービスを第三者に提供する場合、**SLA** (Service Level Agreement: サービスレベル合意)をユーザーとの間に締結することがあります。SLAとは、簡単にいえば事業者がユーザーに対して一定レベルのサービス品質を保証する契約のことで、契約違反を起こした場合(一定時間の間サービスを利用することができなかったときなど)は、違約金や損害補償が発生することがあります。

自社の製品やサービスにクラウドを利用する場合は、自社のSLAが、利用しているクラウドサービスのSLAによって決まることを考慮する必要があります。つまり、クラウドサービスで設定されているSLAよりも厳しい条件を用意することは現実的には難しいということです。

●伸縮性とスケーラビリティの実現

クラウドの利点である伸縮性とスケーラビリティを活かして、障害が検知されたら自動的にサーバーを復旧したり、アクセス数の急増を事前に検知することでサーバーの台数を一時的に増やすことが可能になります。

3 密結合と疎結合

Design for failureの考え方は、ソフトウェアアーキテクチャに対しても適用することができます。つまり、1つの機能が停止してもサービス全体が利用できなくなることのないように、Design for failureの考え方を取り入れます。そのためには、複数の機能がお互いに依存しない状態である**疎結合**な状態を意識する必要があります。

疎結合とその反対語である**密結合**について解説します。

● 密結合

密結合な状態とは、2つ以上の要素がお互いに強く結び付いている状態を示します。密結合の特徴として、部分的な交換や変更がしづらいことや、結合先が利用できない状態のときは自分自身も利用できなくなるという点が挙げられますが、構造が複雑にならず高速に動作させやすいという利点があります。

たとえば、誰かに荷物を発送することを考えたとき、相手に直接荷物を送る場合は、荷物を送るごとに、宛先の住所・氏名などの情報をいちいち指定しなければなりません。これは、発送元と宛先の結合度合いが「密」な状態であるといえます。

● 疎結合

疎結合な状態とは、2つ以上の要素が互いに依存せず独立している状態を示します。疎結合の特徴としては、密結合と反対に部分的な交換や変更がしやすい点と、結合先が利用できない状態でも自分自身は影響を受けにくいことが挙げられます。その一方で、構造が複雑化しやすいことや動作に遅延が発生することもあります。

先ほどの荷物を送る例でいうと、最近の個人間取引サービスでは、サービス事業者経由で荷物を相手に発送することができます。このようなサービスでは、送り先がどこであっても発送方法は変わりません。これは、発送元と宛先の結合度合いが「疎」な状態であるということができます。

[密結合と疎結合]

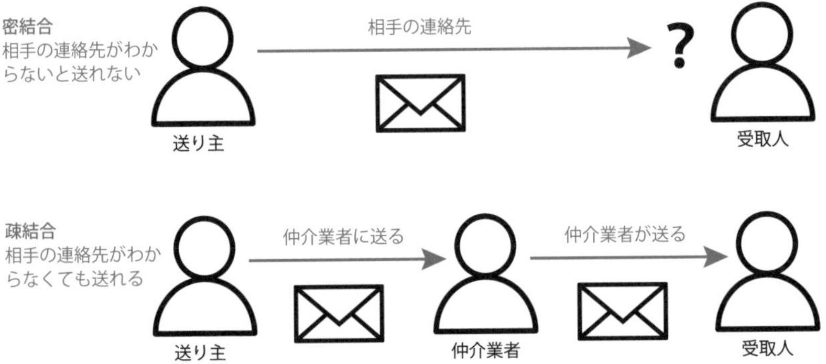

● マイクロサービスアーキテクチャ

AWSが採用するマイクロサービスアーキテクチャは、各サービスを疎結合によって組み合わせたものといえます。**マイクロサービスアーキテクチャ**を採用することで、以下のような利点があります。

①1つのマイクロサービスの障害によってシステム全体を止めない。
②各マイクロサービスが独自にスケーリングすることができるので、インフラストラクチャのコストを最適化しやすい。
③障害発生時に部分的にマイクロサービスを切り替えて復旧をおこなうことができる。

マイクロサービスアーキテクチャは、Design for failureにおいても重要な考え方になります。

4 同期処理と非同期処理

非同期処理は、相手に依存せずに処理をおこなうという点で疎結合と似ていますが、相手の処理結果を待たずに自分自身の処理を終わらせることができる点が異なります。すべての処理を非同期処理にする必要はありませんが、処理結果を待たないことによってユーザー体験やパフォーマンスの向上に繋がります。

● 同期処理

同期処理は、処理を依頼する側が相手の処理結果を待つ必要がある処理方法です。同期処理の特徴としては、相手からのレスポンスをもとにした処理ができる点が挙げられます。一方で、相手が応答できる状態ではない場合は、自分の処理を失敗させるか相手が応答可能になるまで待つ必要があります。

たとえば、電話などは同期処理の代表といえるでしょう。相手が電話に出られればコミュニケーションを取ることができますが、相手が別の用事をしていて電話に出られなければ、コミュニケーションを取ることができません。

[同期処理の例]

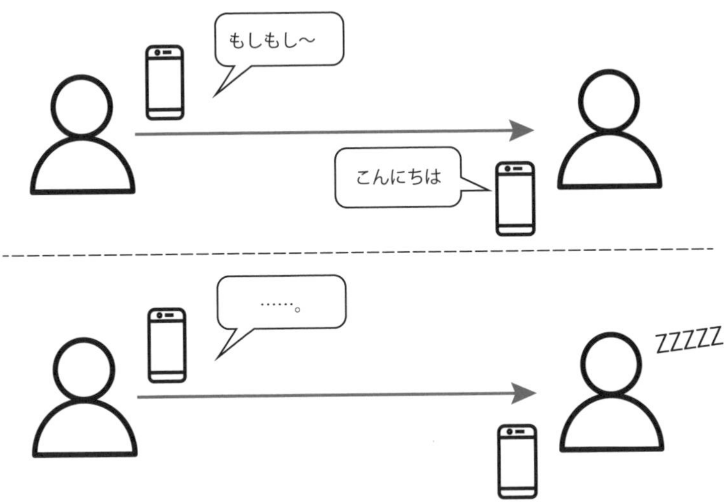

同期処理は相手の応答が必要
もしもし～
こんにちは
……。
ZZZZZ

● 非同期処理

非同期処理は、相手の処理結果を待たずに自分のペースで処理を継続させることができる処理の仕組みです。非同期処理の特徴としては、処理を依頼する側は依頼した時点で処理を終了できる点が挙げられます。処理を依頼された側は、要求を受け取って処理をおこないます。処理結果の連絡が必要な場合は、依頼した側に何らかの方法で通知を送ります。

これは、メールやチャットなどに似ています。電話は相手が出られないときはどうにもなりませんでしたが、メールやチャットであれば相手の状態に関わらず一方的に送ることができます。受け取った相手も、自分のタイミングでメールを読んだりチャットに返信したりできます。

[非同期処理の例]

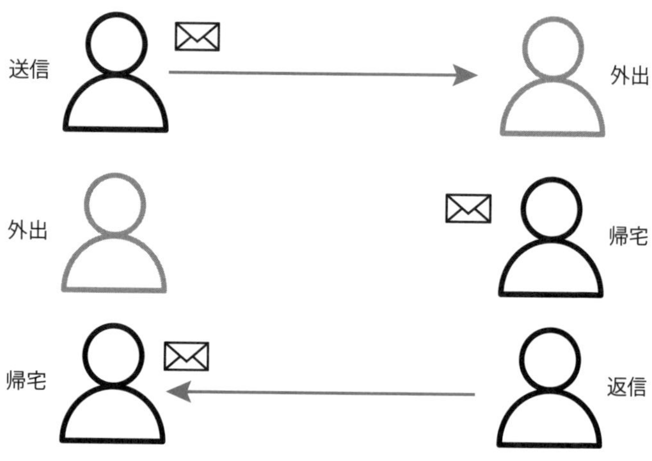

5 並行処理と逐次処理

たとえば、1台のサーバーを利用して4つのデータを処理するのに4時間かかるとします。これは、4台のサーバーで処理をすれば1時間で済む可能性があります。

並行処理は、このように、複数のサーバーを利用して処理を同時におこなうことで全体のパフォーマンスを向上させる処理のやり方です。AWSでは、サーバーを数分で起動し、使わなくなったら停止することができるので、なるべく並行処理をおこなうようにすることでパフォーマンスの向上とともに対障害性の向上を図ることができます。

一方で、前の処理の結果を次の処理で必要とするような場合は、無理に並行にするのではなく、垂直的に逐次処理をおこなう方法を検討したほうが良いでしょう。

[並行処理と逐次処理]

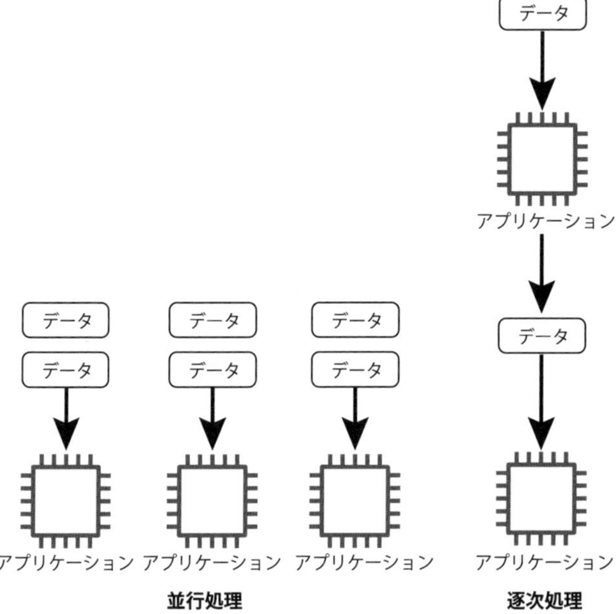

6 Well-Architected フレームワーク

AWSを活用してシステムの設計をおこなうためには、AWSクラウド特有の概念や設計原則を理解する必要があります。そのための指標となる資料に、**AWS Well-Architected フレームワーク**があります。

AWS Well-Architected フレームワークは、AWSで構築するシステムの設計や実行のための主要な概念や設計原則、ベストプラクティスをまとめた資料で、全体的な設計原則と、「**6つの柱**」と呼ばれるジャンルごとの設計原則とベストプラクティスから構成されています。

①オペレーションエクセレンスの柱（運用上の優秀性の柱）

クラウドでシステムを運用していく上で重要な自動化や、プロセスと手順の継続的な改善などに関する事項

②セキュリティの柱

データの機密性、完全性、可用性といった情報セキュリティや、ユーザー管理とアクセス権限などのシステムの保護に関する事項

③信頼性の柱

クラウド上のシステムの信頼性を確保する方法と迅速な回復などの事項

④パフォーマンス効率の柱

システムやコンピューティングリソースの最適化やパフォーマンスのモニタリングなどの事項

⑤コスト最適化の柱

不要なコストを回避してコストを最適化するために必要な事項

⑥持続可能性の柱

実行中のシステムが環境に対して与える影響を、最小限に抑えることについて必要な事項

参考リンク
https://aws.amazon.com/jp/architecture/well-architected/

Well-Architected フレームワークの 6 つの柱の内容を理解しておきましょう。

● AWS Well-Architected Tool

Well-Architected フレームワークはあくまでも設計の原則とベストプラクティスをまとめた資料です。要件によっては検討する必要がない事項や、コストの関係で現時点では実現しにくい事項もあるでしょう。Well-Architected フレームワークは 100 点を取ることが目的ではなく、要件に合わせて実現できることとできないことを把握し、実現していくための資料として活用し、継続的にレビューをすることが推奨されています。

継続的なレビューをサポートするサービスとして **AWS Well-Architected Tool** があります。

AWS Well-Architected Tool では、Well-Architected フレームワークで提唱されているベストプラクティスについて、できているものは何か、不要なものはどれかについてレビューしながら結果をまとめることができます。実現できていない点を把握したり、改善のための手段を検討したりする場合に利用できます。

[AWS Well-Architected Tool]

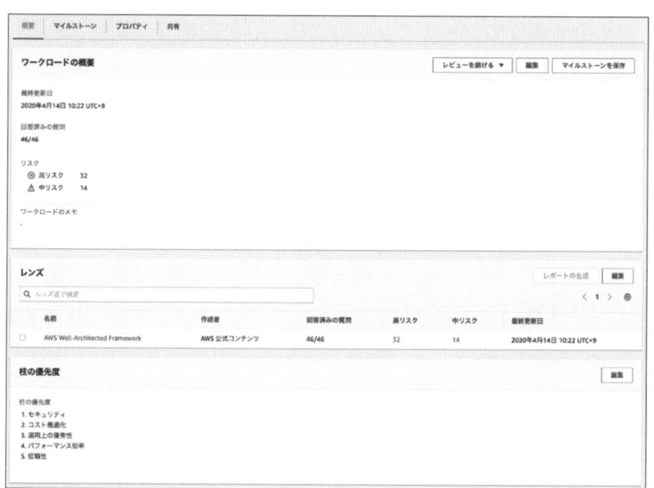

7 AWS 規範ガイダンス

AWS Well-Architected フレームワークに沿ったアーキテクチャ設計を手助けするリソースとして、**AWS 規範ガイダンス**（AWS Prescriptive Guidance）があります。

AWS 規範ガイダンスは、ビジネス目標を実現するための具体的な設計パターンやガイドラインを公開しています。その内容は、AWS の技術エキスパートや AWS パートナーのグローバルコミュニティの方々がおこなってきた長年のサポート経験に基づいています。

参考リンク
https://aws.amazon.com/jp/prescriptive-guidance/

2-4 クラウドへの移行

既存のシステムをAWSへ移行するときに検討すべき事項は何でしょうか？　システムのダウンタイムを短くし、データの紛失や漏洩を防ぎつつ適切に移行するには、きちんとした移行計画が必要です。本節では、クラウドへの移行に際して検討すべき点や、移行のためのAWSのツールやサービスについて説明します。

1 クラウド移行の利点

デジタルトランスフォーメーション（DX）の推進や業務の効率化のため、既存のオンプレミスのシステムをクラウドに移行するケースが増えています。システムをクラウドへ移行する利点はいくつかありますが、代表的なものは次のとおりです。

①俊敏性と柔軟性の向上

サーバーの拡張や縮小、システム構成の変更などを必要に応じて柔軟におこなうことができます。

②固定費用の削減

データセンターやハードウェアの保守費用などが不要になります。

③運用負担の削減

ハードウェアの保守をおこなわなくて良くなることに加え、マネージドサービスを積極的に活用することで、OSやミドルウェアの保守作業からも解放されます。

④セキュリティと信頼性の向上

セキュリティやデータ保護などの規則が統制しやすくなり、コンプライアンス（法令遵守）の体制を組織として確立できます。

2 クラウド導入フレームワーク（CAF）

クラウドへの移行を成功させるには、移行の目的やゴールを明確に設定する必要があります。また、組織横断的な協力が不可欠です。特に、経営陣の積極的な関与が重要になります。

もっとも、移行作業における役割や必要な知識は、経営陣や現場スタッフといった組織内での立場によって異なります。**クラウド導入フレームワーク（CAF）**は、ステイクホルダー（利害関係者）ごとに異なる移行の進め方のベストプラクティスを、6つの視点（パースペクティブ）ごとにまとめた資料です。

●6つのパースペクティブ

クラウド導入フレームワークでは、クラウドに関わる様々なステークホルダー（利害関係者）を対象に、以下の6つの視点（パースペクティブ）のホワイトペーパーが用意されています。

①ビジネスのパースペクティブ

クラウドへの移行や投資の目的やゴールについて考えるための視点。最高経営責任者（CEO）、最高財務責任者（CFO）、最高業務責任者（COO）、最高情報責任者（CIO）、最高技術責任者（CTO）を対象とします。

②人材のパースペクティブ

変化を受け入れる組織や文化を醸成するための、リーダーシップや人材育成の視点。最高業務責任者（COO）、最高情報責任者（CIO）、最高技術責任者（CTO）など、企業全体に関わるリーダーを対象とします。

③ガバナンスのパースペクティブ

組織としてリスクを最小化しながら移行を推進するための視点。最高業務責任者（COO）、最高情報責任者（CIO）、最高技術責任者（CTO）などを対象とします。

④プラットフォームのパースペクティブ

拡張性のあるクラウドプラットフォームの構築や、モダナイズをおこなうための視点。最高技術責任者（CTO）やアーキテクト、エンジニアなどを対象とします。

⑤セキュリティのパースペクティブ

データやクラウドインフラストラクチャについて、高い機密性・完全性・可用性を実現するための視点。最高情報セキュリティ責任者（CISO）や内部監査のリーダー、セキュリティ担当のアーキテクト、エンジニアなどを対象とします。

⑥オペレーションのパースペクティブ

ビジネス要求を満たすサービスの提供を実現するための視点。運用のリーダーやサイト信頼性エンジニア（SRE）などを対象とします。

クラウド導入フレームワーク（CAF）は、企業がクラウドへの移行を計画するときにそれぞれのステークホルダーが知っておくべき知識や、6つの視点ごとのベストプラクティスを提供します。

● クラウド導入フレームワークの4つの利点

クラウド導入フレームワークを利用すると、既存のシステムやインフラストラクチャのボトルネックの特定や、移行のリスク分析などをおこないながら、クラウド移行に向けた体制を構築できます。それ以外にも、以下の4つの利点が挙げられます。

①ビジネスリスクの軽減

システムの信頼性やパフォーマンス向上、セキュリティの強化を計画することでリスクを軽減します。

②環境、社会、ガバナンスに関するパフォーマンスの向上

企業の透明性や社会に与えるサステナビリティを、クラウド移行への準備段階から検討することができます。

③収益の拡大

伸縮性、機敏性といったクラウドの利点を活用して、新製品や新サービスの創出、新しい顧客の開拓、新規市場への参入などがスピードアップし、収益の拡大が期待できます。

④業務効率の向上

クラウドを活用することにより、運営コストの削減や時間当たりの生産性の向上が期待できます。

クラウド導入フレームワークの4つの利点を理解しましょう。

3 移行戦略

移行計画の策定にあたって参考になるのが、AWSが提唱する「**7つのR**」です。これらは、AWSへの移行手法をRで始まる7つに分類したもので、この中から最適な移行戦略を検討します。

①リロケート（Relocate）

オンプレミスでVMware（サーバーコンピューター上で複数の仮想マシンを動作させる仮想化ソフト）を利用している場合は、VMware環境をそのままAWS（VMware Cloud on AWS）へ移行できます。

②リホスト（Rehost）

現行システムで利用しているOSやアプリケーションを、そのままAWSクラウドの仮想マシンであるAmazon EC2に移行します。リフト＆シフトとも呼ばれます。

③リプラットフォーム（Replatform）

システムアーキテクチャの変更はおこなわず、OSやミドルウェアを変更またはアップグレードします。たとえば、商用OSをオープンソースOSに移行したり、データベースをAmazon RDSに移行します。移行の際に多少の手直し（ティンカー）が必要なので、リフト・ティンカー＆シフトとも呼ばれます。

④リファクタ（Refactor）

システムアーキテクチャの再設計をおこない、Amazon Lambdaなどを利用したマイクロサービス化などを行います。

⑤再購入（Repurchase）

システムを移行せず、SaaSサービスなどの利用に切り替えます。

⑥保持（Retain）

オンプレミス環境で引き続き運用をおこないます。クラウド移行に際してライセンスなどの移行できない要因があるときに採用されます。

⑦リタイア（Retire）

サーバーやアプリケーションを廃止したり、ほかのシステムに統廃合します。

7つの移行戦略について、何を移行し、何を移行しないのかを含めて理解しましょう。

4 移行をサポートするサービス

AWSには、AWSクラウドへの移行をサポートする以下のサービスが用意されています。

● AWS Application Discovery Service

オンプレミス環境に存在するサーバーやデータベースなどのリソースの情報を検出します。検出された情報をもとに、移行プロジェクトの計画を支援します。

AWS Application Discovery Serviceは、オンプレミス環境にエージェントプログラムを設置することで情報を収集し、クラウド環境へ保存します。収集された情報はAmazon S3に安全に保存されるほか、後述するAWS Migration Hubで移行計画を作成する対象にできます。

● AWS Application Migration Service

オンプレミスのサーバーからデータを継続的にコピーする形で、アプリケーションをAmazon EC2環境に移行するサービスです。

オンプレミスの仮想環境だけではなく、物理サーバーで動作するアプリケーションにも対応しています。

● AWS Migration Hub

AWS Migration Hubは、AWSへの移行の計画や評価と追跡をおこなうために、様々なサービスと連携し、情報の収集とダッシュボード機能を提供します。

情報の収集には、AWS Application Discovery Serviceのほか、サードパーティの製品を利用することもできます。実際の移行は、AWS Application Migration ServiceやAWS Database Migration Service（270ページ）などを利用しておこない、AWS Migration Hubで移行状況を一元的に確認することができます。

Q 演習問題

1 **伸縮性の利点について正しく表現しているものはどれですか。**

A. 伸縮性を活かした柔軟なサポート体制により、あとから費用を支払うことでサーバーの性能を変更してもらうことができる

B. AWS のサービスは伸縮性があるので、すべてのサービスで利用者が意識せずにサーバーの性能は自動的に変更される

C. 利用者が作成したサーバーの性能をあとから向上させたり、逆に性能を下げることを任意のタイミングで実現できる

D. サーバーのディスク容量は必要に応じて自動的に伸縮するため、利用者が容量を気にする必要がない

2 **クラウドを活用することで総所有コスト（TCO）を下げる効果が期待できる理由について正しく表現しているものはどれですか。**

A. クラウドを利用することで初期コストだけではなくランニングコストを下げることが可能になるため総所有コストを下げることができる

B. クラウドを利用することで、IT リソースを保有しなくなるため、総所有コストが下がる

C. クラウドによる運用の自動化などにより、エンジニアリソースを確保する必要がなくなるので総所有コストを下げることができる

D. クラウドは従量課金なので結果的に総所有コストは必ず下がる

3 **チャンスを逃さずビジネスを開始、展開できる特徴はどれですか。**

A. 信頼性

B. 高可用性

C. 規模の経済

D. 俊敏性

4 **Design for failureについて正しく表現しているものはどれですか。**

A. オンプレミスでは故障に対する備えが必要だが、AWSクラウドでは必要ない

B. 故障を前提としたシステム設計をおこなうべきである

C. アーキテクチャ設計の段階で失敗することもあるから注意する必要がある

D. AWS クラウドもオンプレミス同様に故障は起きることがあるのでしようがない

5 **AWS クラウドが与えるビジネス面での利点について正しく表現しているものはどれですか。**

A. AWS クラウドを利用することで優秀なエンジニアを確保できる

B. ビジネスの成長に合わせてインフラストラクチャを成長できるのでビジネスをスタートしやすい

C. AWS クラウドではセキュリティの管理を利用者がおこなわずに済むため

D. AWS クラウドを利用するとコストが必ず下がるため相対的に利益が増大する

6 **AWS 規範ガイダンスを利用する利点について正しく表現しているものはどれですか。**

A. AWS 規範ガイダンスは、Well-Architected フレームワークに即した設計パターンやガイダンスを提供する

B. AWS 規範ガイダンスは、一般的な AWS の利用について書かれたマニュアルである

C. AWS 規範ガイダンスに同意しないと AWS を利用することはできない

D. AWS 規範ガイダンスに記載されていることを実践すると必ずコストが下がる

7 オンプレミス環境に存在するサーバーを検出できるサービスはどれですか。

A. AWS Application Migration Service

B. AWS Application Discovery Service

C. AWS Migration Hub

D. AWS Database Migration Service

8 企業が、オンプレミス環境に存在する勤怠管理アプリケーションをSaaS 製品に切り替えることを計画しています。この計画に適合する移行戦略はどれですか。

A. Replatform

B. Rehost

C. Retire

D. Repurchase

9 クラウド導入フレームワークの利点について正しく表現しているものはどれですか。

A. AWS コストの低減

B. 業務フローの改善

C. ビジネスリスクの軽減

D. アプリケーションアーキテクチャの改善

A 解答

1 C

AWSでは、多くのサービスがマネージドサービスなので、性能や容量を気にせず利用できるサービスが多いですが、すべてのサービスにおいて自動化されているわけではありません。

2 A

総所有コストは、初期コスト＋ランニングコストを表しています。クラウドを利用することで初期コストを下げる可能性はもちろんのこと、ランニングコストについても下げられる可能性があります。

3 D

A の信頼性は、AWSクラウドを利用することで故障からの自動復旧の仕組みを構築できます。
B の高可用性は、複数のデータセンターを利用してサービスの稼働率を高められます。
C の規模の経済は、AWSでは大量の物理機材を一括購入しているうえ、自分たちでハードウェアの開発もおこなっているため効率が良くなり料金の値下げに繋がっています。

4 B

Design for failureは、あらゆる物理装置はいつ故障してもおかしくないので故障に備えた設計をしましょう、という設計原則です。

5 B

A は、必ずしもエンジニアを確保できるわけではないので違います。
C は、セキュリティは利用者も責任を負うため違います。
D は、AWSクラウドを活用することでコストを下げられる可能性がありますが、必ずしも下がるわけではないため違います。

6 A

AWS 規範ガイダンスは、AWS のアーキテクチャ設計において重要な考え方やデザインパターンが記述されているドキュメントです。

7 B

A は、オンプレミスのアプリケーションを移行するサービスです。
C は、移行プロセス全体の計画や評価をおこなうサービスです。
D は、オンプレミスのデータベースを移行するサービスです。

8 D

SaaS サービスなどを再購入することで移行します。

9 C

クラウド導入フレームワークでは、クラウド移行の準備と戦略、計画に必要な情報がそれぞれのステークホルダーを対象として用意されています。クラウド移行の目的やゴールについてビジネス価値を高めることを考慮して計画することで、ビジネス上のリスクを軽減させる効果が期待できます。

第3章

セキュリティとコンプライアンス

3-1 責任共有モデル

AWSを始めとするクラウドコンピューティングでは、セキュリティとコンプライアンス遵守に関してオンプレミスと大きな違いがあります。本節では、クラウドコンピューティング環境におけるセキュリティに関して説明します。

1 責任共有モデルとは

オンプレミス環境においては、すべてのセキュリティに対する事項は構築者側が責任を持って設計、設定し、運用していく必要があります。このことは負担が大きい反面、すべてのレイヤーを自分たちのセキュリティ規範に従って統制できるともいえます。

一方、AWSクラウドにおいては、利用者とAWS側がセキュリティに対する責任を共有する**責任共有モデル**が採用されています。これにより利用者は、自分たちのセキュリティ規範のすべてを適用できない場合がある反面、一定の部分はAWSが運用、管理、制御してくれるので、負担を大幅に減らすことができます。

[AWS 責任共有モデル]

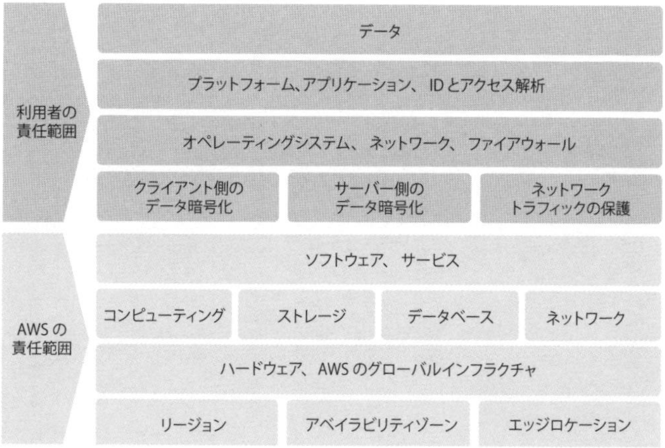

2 AWSのセキュリティの責任

責任共有モデルにおいてAWSが果たすべきセキュリティの責任は、クラウドのサービスを安全に提供することです。具体的には、データセンターから仮想化基盤に至る物理的なセキュリティや、各種サービスの運用・管理について責任を負っています。

● データセンターの物理的セキュリティ

AWSは世界中にデータセンターを構築していますが、これらのデータセンターに対するセキュリティはAWSの責任範囲となります。

データセンターを物理的に保護するため、AWSではデータセンターがどこに何カ所あるのかといった情報を公開していません。また、AWSにデータセンターの見学や監査を申し込んでも、受理されることはありません。

各データセンターは、警備員や監視カメラ、セキュリティフェンスなどによって防衛されており、業務上の正当な理由で立ち入る必要がある人以外は入館できません。もちろん、AWSやAmazonの従業員であっても、データセンター勤務ではない場合は、正当な手続きを経なければ入館できません。

● 物理的なハードウェアやネットワークインフラストラクチャ

AWSが保有するハードウェアやネットワークの物理的な通信回線は、日常的にモニタリング・保守点検されており、ハードウェアが異常状態になる前に交換されます。

交換されたハードウェア、たとえばストレージ装置などは、物理的に破壊してデータ復旧ができない状態にした上で廃棄処分をおこないます。

データセンターの電源、水道、ネットワーク機器やインターネット回線などは冗長性を持つように設計されており、緊急時においてもサービスを継続できるように運用されています。また、特定のデータセンターの障害がほかのデータセンターに影響を及ぼしにくいように、データセンターを物理的に離して構築しています。

● 仮想化インフラストラクチャ

利用者がAWSで利用するサービスは、その多くが仮想化された環境の上に構築されています。こうした仮想化インフラストラクチャはソフトウェアで実現されているため、セキュリティに関する不具合が発生することがあります。

仮想化インフラストラクチャに対するセキュリティの責任はAWSが持つため、AWS では、こうした不具合についても確認ができ次第、迅速にパッチの適用をおこなっています。

● マネージドサービス

マネージドサービスとは、AWSが利用者に代わって構築や管理・運用をおこなってくれるサービスのことです。多くのマネージドサービスでは、利用者がセキュリティについて検討や設計をする必要がありません。たとえば、Amazon DynamoDB（269 ページ）というデータベースサービスでは、保存されるデータを自動的に暗号化しています。

サービスによっては、利用者が暗号化の有無やバックアップのプランを検討する必要があります。たとえば、Amazon RDS（259 ページ）というデータベースサービスや、Amazon S3（243 ページ）というストレージのサービスなどでは、利用者が暗号化の使用の有無を設定する必要があります。

[サービスによる担当範囲の違い]

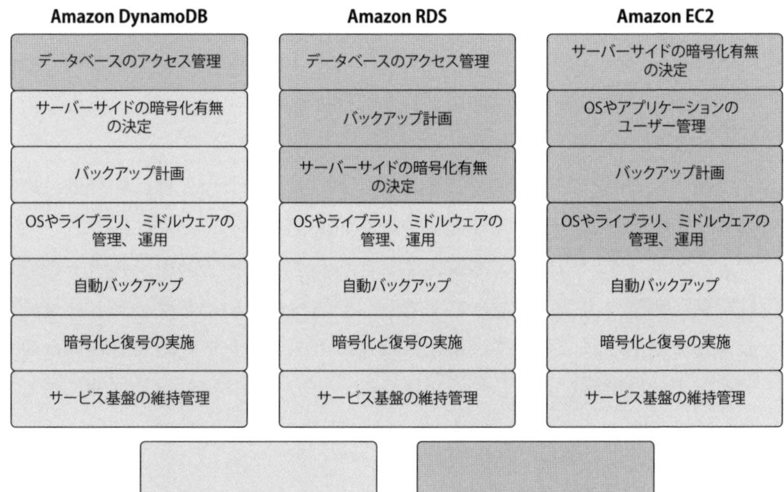

なお、サービスによっては、管理・運用の範囲がマネージドサービスよりさらに広範囲で、利用者の負担が少ないものもあります。こうしたサービスを**フルマネージドサービス**といいます。

3 利用者のセキュリティの責任

利用者が負うべきセキュリティに対する責任の範囲は、AWSクラウド上に構築するシステムやアプリケーション、インフラストラクチャなどで、その範囲は多岐にわたります。

● オペレーティングシステムやアプリケーション

Amazon EC2（173ページ）という仮想マシンのサービスでは、利用者がOS（オペレーティングシステム）やミドルウェア、アプリケーションを自由に選択できます。その代わり、OSはもとより、導入されているライブラリやミドルウェア、アプリケーションについてのアップデート作業は利用者側の責任になります。これは、家電量販店でノートPCなどを購入した場合と似ています。つまり、購入後のOSのアップデートは購入者自身がおこなわないと、セキュリティ上の脅威に対して脆弱になってしまうということです。

また、OS上のユーザー管理も利用者が責任を持つ必要があります。Amazon EC2では、仮想マシンのOSの管理者アカウントは利用者が自分で作成し、管理・運用しなければなりません。

● ネットワークセキュリティ

ネットワークの論理的な構成についても、利用者側でセキュリティを考慮した設計をおこなう必要があります。たとえば、サーバーをインターネットに公開するかどうかや、通信を許可する送信先の種類、通信の暗号化などは利用者自身が設定します。また、オンプレミス環境からのアクセスはインターネット経由か、専用線などの閉塞域を利用するのかなども利用者に任されています。

● アイデンティティとアクセス管理

アイデンティティとは、AWSに対してアクセスできるユーザーを意味しています。ここでいうユーザーとは、人だけではなくプログラムや外部のサービスなども含みます。つまり、AWSに対してリクエストをおこなう人やプログラム、外部のサービスなどを管理し、それぞれに対して適切なユーザーアカウントを用意する必要があります。また、各ユーザーが必要な操作だけをおこなえるようなアクセス管理も重要となります。

● データの保護

AWSクラウド上に保存するデータのセキュリティについても、利用者が責任を負います。具体的には、データにアクセスできるユーザーの制限、通信中のデータ保護と保存されているデータの暗号化などが利用者の責任となります。

● セキュリティの監視

AWS上に構築したリソースに対して日々セキュリティの監視をおこない、異常事態に備えることも必要です。特に、インターネットからアクセス可能なサーバーに対しては、常に攻撃を受ける可能性があることを強く意識しておく必要があります。AWSが利用しているIPアドレスの範囲は公開されているため、サーバーを公開していない場合でも攻撃を受ける可能性があります。

また、攻撃に備えるだけではなく、自分たちがセキュリティの規範を侵すことのないように監視する必要もあります。機密情報がふとした操作で公開状態になっていた、というセキュリティ事故の事例は枚挙にいとまがありません。

AWSが果たすべきセキュリティの責任範囲と、利用者が果たすべき範囲の違いについて理解しましょう。

3-2 コンプライアンス

データには、国外に設置することが許可されないものや、社外に持ち出すことが禁止されているものもあります。業界団体によっては、データ保護に厳格なルールが設けられている場合もあります。本節では、クラウドコンピューティングにおいてコンプライアンスをどのように守るべきかについて説明します。

1 コンプライアンスの概念

コンプライアンスは、ビジネスにおいては広く「法令遵守」という意味で用いられています。情報セキュリティに関しては、個人情報や企業の機密情報が外部へ流出してしまうケースや、情報の持ち出しが法的に許可されていない国のサーバーにデータを保存してしまうケースなどが、コンプライアンス違反としてよく問題になります。

ひとくちにコンプライアンスと言っても、守るべき法令や基準は多岐にわたります。たとえば個人情報保護については、日本国内の個人情報保護法のほかにも、EUのGDPRや中国の個人情報保護法典など、様々な国と地域で制定されており、それぞれ内容が異なります。また、決済については、クレジットカード会員情報を安全に取り扱うためのセキュリティ基準であるPCI DSSや、金融機関におけるIT情報システムのセキュリティ基準であるFISCなどを考慮する必要があります。

オンプレミス環境ではすべてを自分たちで構築する必要があるため、情報システムをこうした法令や基準に適合させるには、非常に長い時間とコストがかかります。しかし、AWSクラウドを利用すれば、こうしたセキュリティ基準や法令遵守に対応した環境を利用することができます。AWSが対応しているセキュリティ基準や法令遵守について確認するには、次の方法があります。

- AWSコンプライアンスプログラム
- AWS Artifact
- カスタマーコンプライアンスセンター

2　AWS コンプライアンスプログラム

AWS コンプライアンスプログラムは、AWS に導入されているセキュリティ基準や遵守している法令などの情報を利用者に公開したものです。AWS のセキュリティやコンプライアンスの状況は第三者機関による監査を受け、認証や監査報告、証明書が発行されており、AWS コンプライアンスプログラムのサイトから確認できます。

AWSクラウドの利用者は、AWSを利用する際に、必要な認証や証明を受けているかどうかを確認する責任があります。

[AWS コンプライアンスプログラム]

AWS コンプライアンスプログラム：
https://aws.amazon.com/jp/compliance/programs/

3 AWS Artifact

AWS Artifactは、第三者機関やAWSの監査人が発行したコンプライアンスレポートのダウンロードサービスです。利用者はマネジメントコンソール（148ページ）からレポートをダウンロードして、内容を確認することができます。

レポートのダウンロードに際しては、AWSと直接秘密保持契約を締結する必要がありますが、一部のレポートについては、利用規約に同意することでダウンロードが可能になっています。

[AWS Artifact]

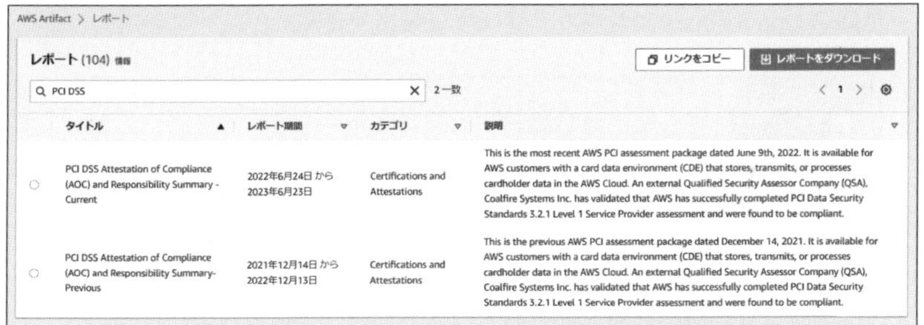

タイトル	レポート期間	カテゴリ	説明
PCI DSS Attestation of Compliance (AOC) and Responsibility Summary - Current	2022年6月24日 から 2023年6月23日	Certifications and Attestations	This is the most recent AWS PCI assessment package dated June 9th, 2022. It is available for AWS customers with a card data environment (CDE) that stores, transmits, or processes cardholder data in the AWS Cloud. An external Qualified Security Assessor Company (QSA), Coalfire Systems Inc. has validated that AWS has successfully completed PCI Data Security Standards 3.2.1 Level 1 Service Provider assessment and were found to be compliant.
PCI DSS Attestation of Compliance (AOC) and Responsibility Summary- Previous	2021年12月14日 から 2022年12月13日	Certifications and Attestations	This is the previous AWS PCI assessment package dated December 14, 2021. It is available for AWS customers with a card data environment (CDE) that stores, transmits, or processes cardholder data in the AWS Cloud. An external Qualified Security Assessor Company (QSA), Coalfire Systems Inc. has validated that AWS has successfully completed PCI Data Security Standards 3.2.1 Level 1 Service Provider assessment and were found to be compliant.

コンプライアンスレポートの確認のほかにも、特定の規制を受ける一部の利用者を対象に、法律上必要な契約を締結するサービスがあります。たとえば日本国内であれば、サービス利用に関する準拠法を日本の法律に変更する契約があります。

4 カスタマーコンプライアンスセンター

AWSにおけるコンプライアンスについて学ぶための資料を提供するサービスとして、**カスタマーコンプライアンスセンター**を利用できます。

カスタマーコンプライアンスセンターでは、AWSにおけるコンプライアンス達成のユーザー事例を確認したり、セキュリティやコンプライアンスについてのホワイトペーパーを確認したりできます。

カスタマーコンプライアンスセンター：
https://aws.amazon.com/jp/compliance/customer-center/

5 AWS Audit Manager

AWS Audit Managerは、AWSのリソースの状態をモニターするAWS Security Hub(137ページ)、AWS Config (97ページ)、AWS CloudTrail (98ページ)などのサービスが集めたデータを自動的に収集し、継続的に監査をおこなうサービスです。

EUのGDPRや米国HIPPAなどに代表される規則や法令への準拠状況を、ダッシュボードからレポートとして確認できます。

システム監査などにおいて、必要なデータを漏らすことなく収集、準備することは手間のかかる処理ですが、AWS Audit Managerを利用することで、日常的なデータの収集とレポート作成を自動化できます。

試験対策

監査で利用できる各種サービスを覚えましょう。

3-3 データの暗号化

コンプライアンスを達成するために必要なことの中に、データの適切な保存と暗号化があります。AWS における暗号化について解説する前に、暗号化について概要を解説します。

1 データの暗号化

●暗号化と復号

暗号化とは、ひと言でいえば元のデータを**暗号化鍵**と呼ばれる情報を用いて変換し、第三者が見ても中身がわからない状態にすることです。

暗号化されたデータは、**復号鍵**と呼ばれる情報を用いて再変換すると元のデータに復元できます。これを**復号**といいます。

[暗号化と復号の例]

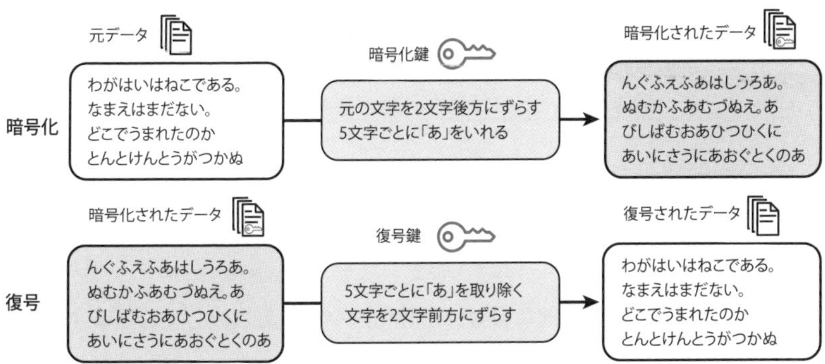

● 共通鍵暗号方式

暗号化と復号の方式は、大きく**共通鍵暗号方式**と**公開鍵暗号方式**に分かれます。共通鍵暗号方式は、復号に用いる復号鍵に、暗号化鍵と同じ鍵（共通鍵）を使う方式です。

[共通鍵暗号方式]

■ 暗号化と復号に同じ鍵を使う

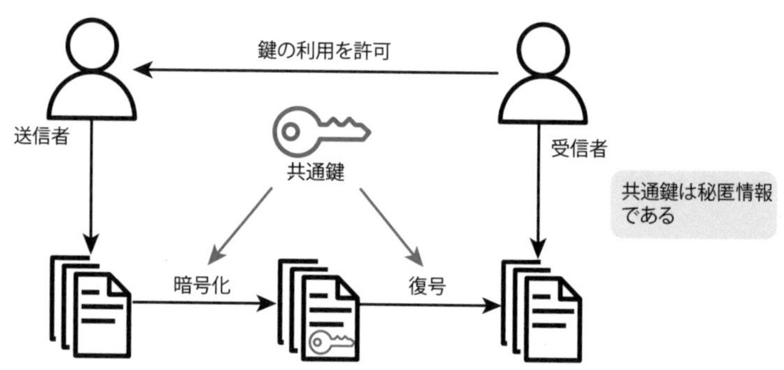

共通鍵暗号方式では、共通鍵が第三者の手に渡ると暗号が解読されてしまうので、共通鍵は厳しく秘匿しなければなりません。しかし、暗号の送信者と受信者は、事前に共通鍵を共有しなければならないため、共通鍵をやり取りする際に第三者に漏洩しないようにする必要があります。

● 公開鍵暗号方式

暗号化鍵と復号鍵が異なる方式を公開鍵暗号方式といい、公開鍵暗号で用いる暗号化鍵と復号鍵のペアのことをキーペアといいます。

暗号の受信者は、事前に自分の暗号化鍵を送信者に渡しておきます。暗号化鍵は暗号化専用の鍵なので、不特定多数に渡しても暗号が解読されるおそれはありません。一方、ペアとなる復号鍵は受信者が厳重に秘匿しておきます。そのため公開鍵暗号では、暗号化鍵を**公開鍵**、復号鍵を**秘密鍵**といいます。

送信者は、受信者の公開鍵を用いてデータを暗号化し、受信者に送信します。暗号を受け取った受信者は、手元に保管している秘密鍵を使って暗号を復号します。

[公開鍵暗号方式]

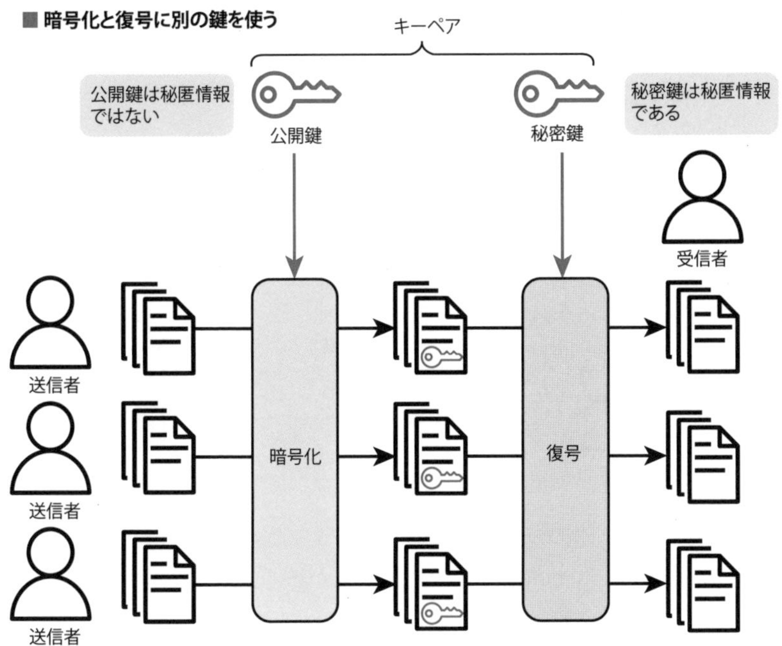

公開鍵暗号方式は、復号鍵を事前にやり取りする必要がないので、共通鍵暗号方式より安全な方式です。ただし、暗号化や復号の処理時間は共通鍵暗号方式より長くかかります。

2 蓄積データの保護

AWS の多くのサービスは、蓄積されるデータの暗号化に対応しています。しかし、すべてのサービスで暗号化が最初から有効化されているわけではありません。サービスによっては暗号化がオプションになっているため、利用者が設定をおこなう必要があります。

サーバーに保存するデータを暗号化する場合、クライアントから送られたデータをサーバーサイドで暗号化して保存する方法と、クライアント側でデータを暗号化してからサーバーに保存する方法があります。

● サーバーサイド暗号化

サーバーサイド暗号化では、データセンター内で保存されているデータをAWSのサービスが自動的に暗号化・復号します。データをサーバーに保存するだけで暗号化と復号がおこなわれるため、利用者は意識せずにデータの保存と読み込みをおこなうことができます。

[サーバーサイド暗号化]

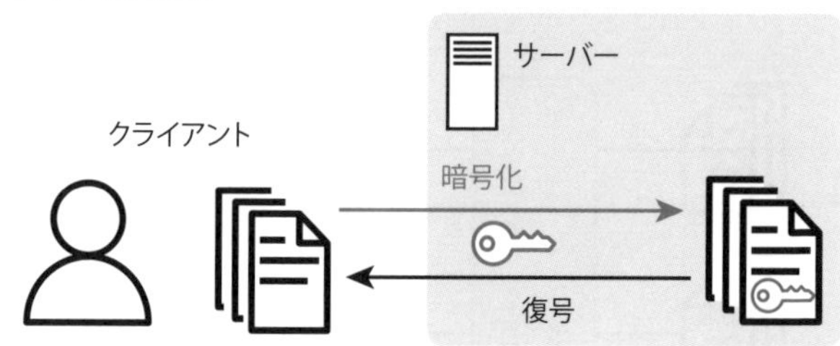

サーバーサイド暗号化で、自動的にデータを暗号化してくれるサービスとしては、Amazon DynamoDB（269ページ）が挙げられます。

一方、自動的に暗号化がおこなわれないサービスとしては、Amazon S3、Amazon EBSといったストレージサービス（232ページ）や、リレーショナルデータベースのマネージドサービスであるAmazon RDS（259ページ）などがあります。これらのサービスでは、コンプライアンス要件に基づいて適切にサーバーサイド暗号化を設定する必要があります。

試験対策

サーバーサイド暗号化は、自動でおこなわれるサービスと利用者による設定が必要なものがあります。

● クライアントサイド暗号化

クライアントサイド暗号化では、データの暗号化と復号をクライアント側に保存されている暗号化鍵と復号鍵を利用しておこないます。

利用者側で鍵の管理や暗号化と復号をおこなう必要があるため、管理・運用コストは上がりますが、すべてを利用者側でコントロール可能な点がクライアントサイド暗号化の特徴です。

[クライアントサイド暗号化]

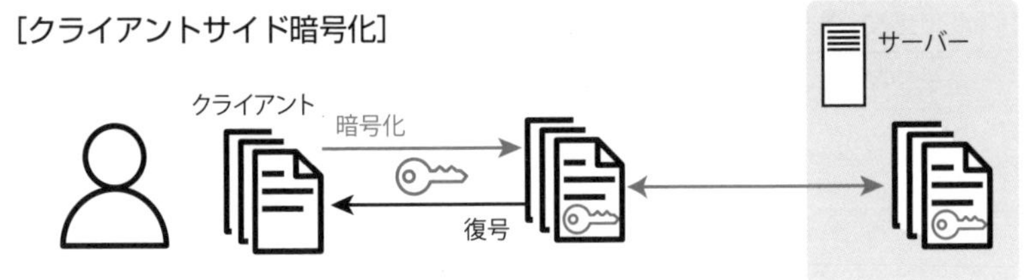

3 暗号鍵の管理

データの暗号処理においては、暗号鍵を安全に保管し、アクセス管理を厳格におこなうことが重要です。

クライアントサイド暗号化では、利用者が自分で暗号鍵を管理する必要がありますが、サーバーサイド暗号化で利用する暗号鍵については、AWS のマネージドサービスを利用できます。

● AWS Key Management Service

AWS Key Management Service（AWS KMS）は、マルチテナント方式のマネージド暗号鍵管理サービスです。暗号鍵は、利用者が自分で作成することもできますが、AWS のサービスが利用者に代わって作成することもできます。また、AWS のサービスが所有する暗号鍵を利用できる場合もあります。AWS KMS は、これらのキーを集中管理します。

作成した暗号鍵は、サーバーサイド暗号化をサポートするほぼすべてのサービスで利用でき、暗号鍵を利用できる利用者をアクセス権限によって制限することができます。

AWS KMS で作成・管理する暗号鍵には、次のような種類があります。

- **カスタマーマネージドキー**：AWS 利用者が AWS アカウント内に作成する暗号鍵
- **AWS マネージドキー**：AWS のサービスが AWS アカウント内に作成する暗号鍵
- **AWS 所有のキー**：AWS のサービスが保有し、すべての AWS アカウントで共通利用される暗号鍵

[KMSの鍵の種類]

キータイプ	キーの作成・管理	自動ローテーション	料金
カスタマーマネージドキー	利用者	オプション（毎年）	作成したキー単位で月額料金 キーの使用に対する従量課金
AWS マネージドキー	AWS（AWS アカウントごと）	必須（毎年）	キーの使用に対する従量課金
AWS 所有のキー	AWS（マルチテナント）	サービスごとに設定	サービスごとに設定

マルチテナント方式は、複数の利用者の鍵を1つのサーバーで管理する方式です。これに対し、個々の利用者の鍵を独立したサーバーで管理する方式をシングルテナント方式といいます。

● AWS CloudHSM

AWS CloudHSM は、AWS KMS よりも高いセキュリティレベル（FIPS 140-2 レベル 3）で暗号鍵を管理できる**シングルテナント方式**のマネージド暗号鍵管理サービスです。

AWS KMS と連携させると、AWS KMS のカスタマーマネージドキーを、AWS CloudHSM に保存することもできます。

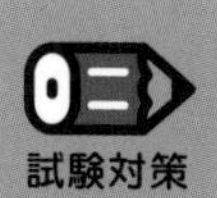

暗号鍵の管理は AWS Key Management Service と AWS CloudHSM の2種類のマネージドサービスがあります。

4 転送データの保護

蓄積されるデータを暗号化により保護していても、ネットワークを通過しているデータが盗聴される可能性はゼロではありません。

特に AWS を利用する場合、多くの環境ではインターネットが利用されます。インターネットは公衆ネットワーク網であるため、コンプライアンス要件を満たすために転送中のデータを暗号化することも重要です。

AWSのサービスとの通信は、SSL/TLSによる暗号化が利用されており、AWS責任共有モデルにおいてもAWSの責任範囲となるため、利用者が意識する必要はありません。一方で、利用者が構築したWebサーバーなどについての通信の暗号化は、利用者側の責任範囲となります。

● AWS Certificate Manager（ACM）

クライアント・サーバー間の通信を暗号化するためには、サーバーに**サーバー証明書**（SSL/TLS証明書）をインストールする必要があります。

サーバー証明書の発行は、発行事業者に申請することで有料無料問わず入手できますが、申請にはCSR（Certificate Signing Request）ファイルを準備する必要があります。また、発行されたサーバー証明書は、各サーバーにインストールしていく必要があるため、台数が多いと手間がかかります。さらに、秘密鍵を適切に管理していないと、再発行が必要な事態になることもあります。

[サーバー証明書の発行と設置]

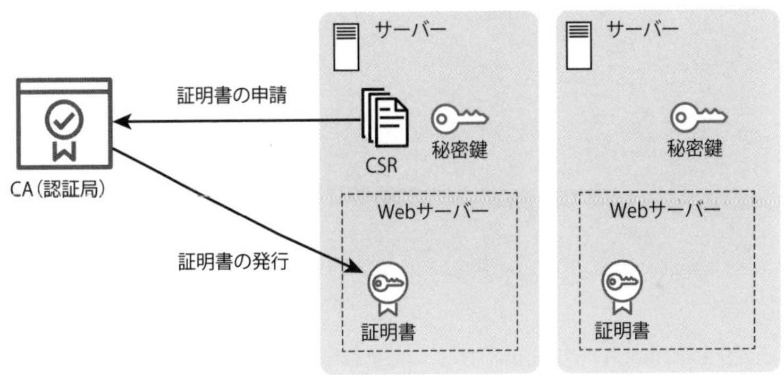

AWS Certificate Manager（ACM）は、こうした煩雑さを解決するためにサーバー証明書を発行できるサービスです。

ACMを利用すると、保有するドメインに対するパブリックサーバー証明書を無料で発行することができます。また、発行されたサーバー証明書は自動更新されるため、証明書の有効期限切れを心配せずに利用できます。ただし、EV証明書（拡張検証証明書）や、OV証明書（組織検証証明書）には対応していません。

発行されたサーバー証明書は、一般的に Elastic Load Balancing（ELB）や Amazon CloudFront などの AWS のサービスで利用します。

［ACM で発行されたサーバー証明書］

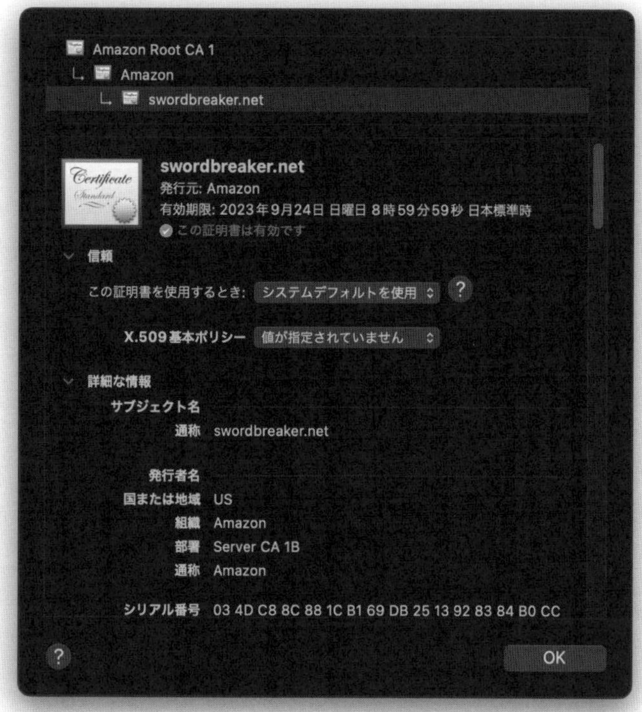

AWS Certificate Manager では、開発環境や社内システムなど組織内部での利用に限定した、いわゆるプライベート証明書を発行するプライベート CA（認証局）を構築することもできます。こちらは有料となっていて、30 日間の無料トライアル期間があります。

3-4 モニタリング

セキュリティ対策は、導入前や直後だけでは不十分です。日々の運用の中で、コンプライアンス違反や操作ミスなどによりシステムが脆弱にならないよう、クラウドでもオンプレミス同様に監視が必要です。本節では、クラウドコンピューティングにおいてモニタリングが必要な理由と、関連するAWSのサービスについて説明します。

1 AWSのモニタリング

● モニタリングが必要な理由

コンプライアンスやセキュリティが保たれた状態を維持するためには、システムやAWSの設定などを常時**モニタリング**（監視）して、異常が発見されたら素早く修復する必要があります。

モニタリングをおこなっていない場合、サーバーがダウンして業務が止まっていることに気づかず、重大な機会損失を生んでしまうかもしれません。また、ストレージの容量不足に気づかず、データを書き込むことができなくなるなどの障害も考えられます。

システム異常だけではなく、モニタリングをおこなっていなかったためにセキュリティ上の不備に気がつかず、情報が漏洩してしまうなどの重大な事案に発展する可能性もあります。

また、第三者による監査が必要なシステムでは、適切な運用がおこなわれているかを確認するため、様々なログや利用状況の記録の提出を求められます。そのためにはモニタリングが不可欠です。

[モニタリングの目的]

- 機会損失の防止
- 障害の検知
- セキュリティ事故の防止

・ログの作成

● AWSのモニタリング

オンプレミスのシステムにおいては、ハードウェアの温度やデータセンターの室内温度、CPU利用率、メモリやストレージの空き容量など、リアルタイムの監視が必要な情報は多岐にわたります。

AWSでは、物理的なハードウェアやデータセンターの監視はAWSの責任でおこなわれるので、利用者はOSよりも上位の情報（CPU使用率、メモリ、ストレージの空き容量など）や、ネットワークのトラフィック、AWSサービスの利用状況、セキュリティ異常の監視をおこないます。

AWSが提供するモニタリングに関するサービスには、以下のものがあります。

[AWSが提供する主なモニタリングサービス]

・Amazon CloudWatch
・AWS Config
・AWS CloudTrail
・AWS License Manager

2 Amazon CloudWatch

Amazon CloudWatchは、AWS上に構築した仮想マシンやデータベースなどのリソースや、オンプレミス環境のサーバーなどの状態を監視できるサービスです。対応しているAWSのサービスでは、利用者が特に設定をおこなわなくても、リソースが作成されると同時にCloudWatchによる情報収集が開始されます。

● 標準メトリクスの監視

CloudWatchは、AWSの各サービスが標準で提供するデータを、**標準メトリクス**として収集しています。メトリクス（Metrics）とは、計測や測定という意味です。

収集されたデータは最大15カ月間保持され、マネジメントコンソールを使って時系列グラフや最新値など、様々な形式で確認できます。

[EC2 の標準メトリクス（CPU 使用率、ネットワーク I/O）]

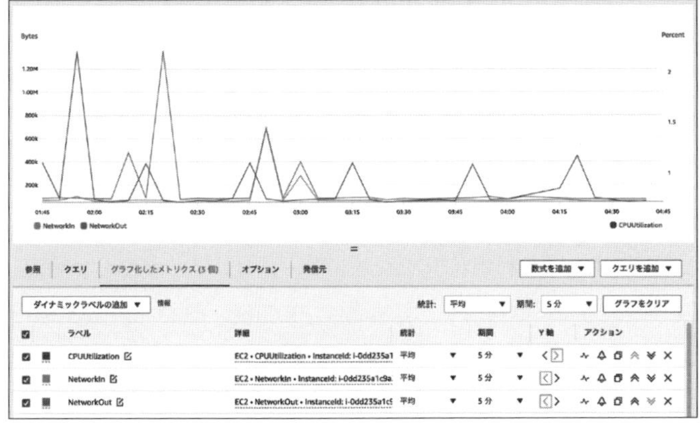

[Amazon CloudWatch]

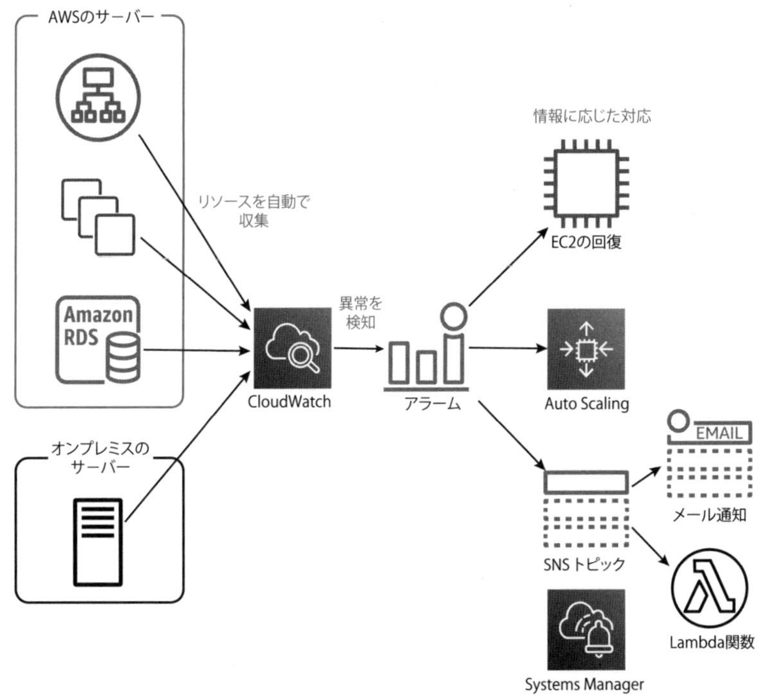

なお、標準メトリクスには利用者が管理する範囲（たとえば、仮想マシンのOS より上の情報など）は含まれないので、プライベートな情報を AWS が勝手

に収集することはありません。

試験対策

Amazon CloudWatch は、作成された AWS リソースの情報を自動的に収集しています。

●カスタムメトリクスの監視

仮想マシン内のメモリの利用状況や、ストレージのドライブごとの利用状況などの標準メトリクスでは収集できない情報については、Amazon CloudWatch API 経由でデータを書き込むことができます。これらの情報を**カスタムメトリクス**といいます。

カスタムメトリクスを書き込むプログラムとして、AWS から **CloudWatch エージェント**というプログラムが提供されています。このプログラムは、Amazon EC2 やオンプレミスのサーバーにインストールし、収集したいデータに関する設定ファイルを用意するだけで利用できます。

収集されたデータは、標準メトリクス同様に最大 15 カ月間保持され、マネジメントコンソール上で時系列グラフや最新値などの形式で確認できます。

試験対策

標準メトリクスで取得できないデータは、CloudWatch エージェントを利用してカスタムメトリクスとして収集でき、オンプレミスのサーバーでも利用できます。

[カスタムメトリクスの例（使用済みメモリとストレージ）]

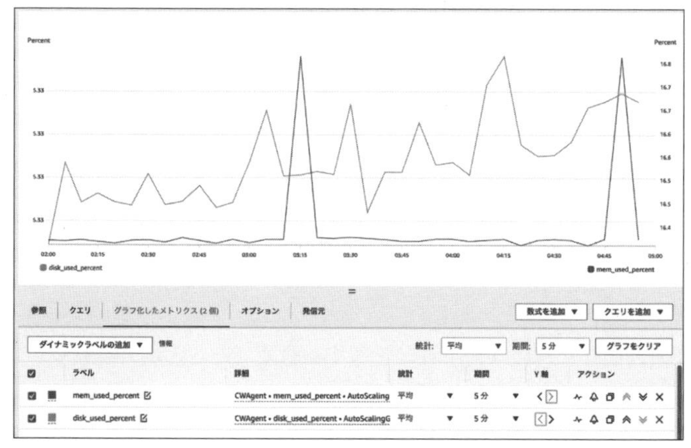

● ログの収集

Amazon CloudWatchでは、ログの収集をおこなう機能として**CloudWatch Logs**が提供されています。CloudWatch Logsを使うと、仮想マシンで動作するアプリケーションのログや、AWSのリソースやサービスが出力するログを収集できます。

アプリケーションのログの収集は、カスタムメトリクスと同様にCloudWatchエージェントがおこないます。収集するログのパスなどを設定することで、ログの内容は自動的にCloudWatch Logsに転送されます。

通常、アプリケーションのログファイルはサーバー内に保存されるため、サーバーの障害や自動的なスケーリングによってサーバーにアクセスできなくなると、ログを確認することもできなくなってしまいます。ログファイルをCloudWatch Logsに転送することで、ログ管理と一元的なログの解析に利用できます。

CloudWatch Logsを利用すると、サーバー内にログを残すことなく、ログを一元的に管理することができます。

● ログの検索

CloudWatch Logsが収集したログに対しては、CloudWatch Logsインサイトを使って、特定の文字列を含むログを検索するなど、網羅的な検索をおこなうことができます。

[CloudWatch Logsインサイトによるログの検索]

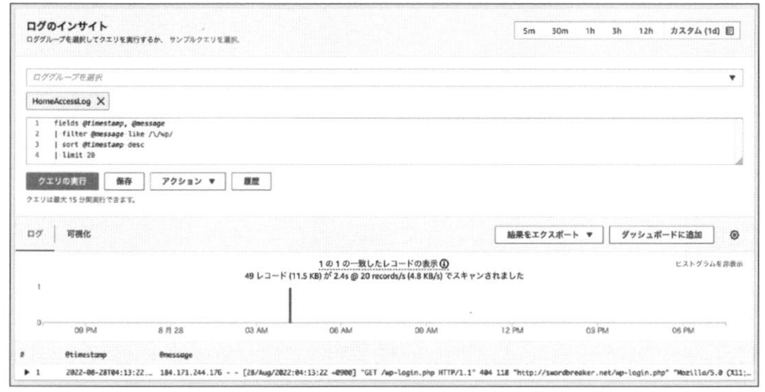

●ログの活用

CloudWatch Logsのデータに対して**メトリクスフィルター**を作成すると、カスタムメトリクスを作成できます。

次の図は、筆者が実際に利用しているメトリクスフィルターで、Webサーバーのアクセスログから400番台のエラーを含むログの数をカウントしています。

[メトリクスフィルターの例]

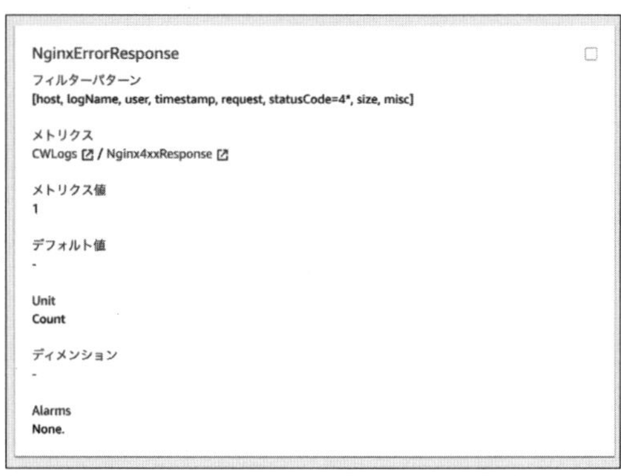

次の図は、このメトリクスフィルターによって作成されたカスタムメトリクスです。8月25日の線が伸びており、アクセスエラーが特に多かったことがわかります。この日筆者は、サイトリニューアル前に作成されていた古いブログ記事の削除をおこないました。しかし、古い記事に対するリンクが残っているページがあったために、リンクチェックによってエラーがカウントされていました。

[メトリクスフィルターをカスタムメトリクスとして利用]

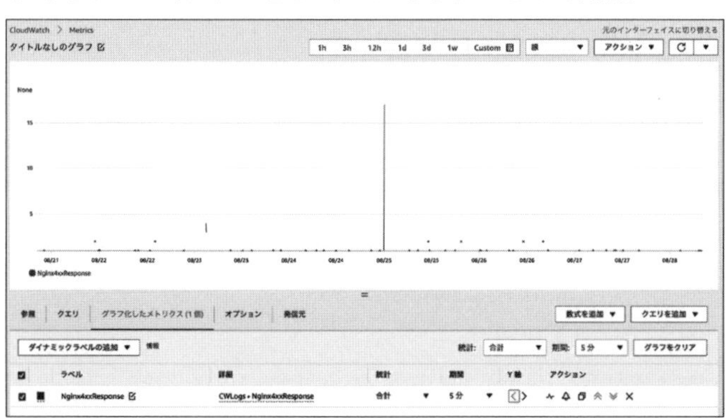

CloudWatch Logsに記録されたメッセージをもとに、カスタムメトリクスを作成することができます。

アラームとアクション

Amazon CloudWatchの**アラーム**は、特定のメトリクスに対して条件を設定し、条件が満たされた場合にメールで通知を受け取ったり、仮想マシンを再起動するなどのアクションを実行できる機能です。たとえば、CPU使用率が80%を超えたら通知するといった設定ができます。

アラームからは次のアクションを実行できます。

EC2の回復

EC2インスタンスの停止や再起動、終了をおこないます。

Auto Scalingの実行

Auto Scalingポリシーを実行します（Amazon EC2 Auto Scalingについては、第5章（182ページ）で解説します）。

SNSへの通知

Amazon Simple Notification Service（304ページ）を利用してメールを受け取ったり、AWS Lambdaなどのプログラムを実行します。

Systems Managerアクション

AWS Systems Managerは、AWSやオンプレミスにおけるシステムの運用に役立つ機能が提供されているサービスです（316ページ）。Systems Managerアクションでは、検知した異常をインシデントとしてAWS Systems Managerに登録することができます。登録されたインシデントをもとに、運用チームが解決のための行動を開始するきっかけとすることができます。

アラームを設定することで、システム復旧や運用の自動化などモニタリングの結果を活用できます。

● CloudWatch ダッシュボード

CloudWatchダッシュボードは、メトリクスやアラームの状態、CloudWatch Logsで収集されたログなどの情報を、一元的に集約して確認する機能です。

初期状態のダッシュボードには何も表示されていないため、必要な情報ソースはウィジェットとして追加します。次の図は、筆者の個人ブログサイトの過去12時間の実際のデータです。

[CloudWatchのダッシュボード]

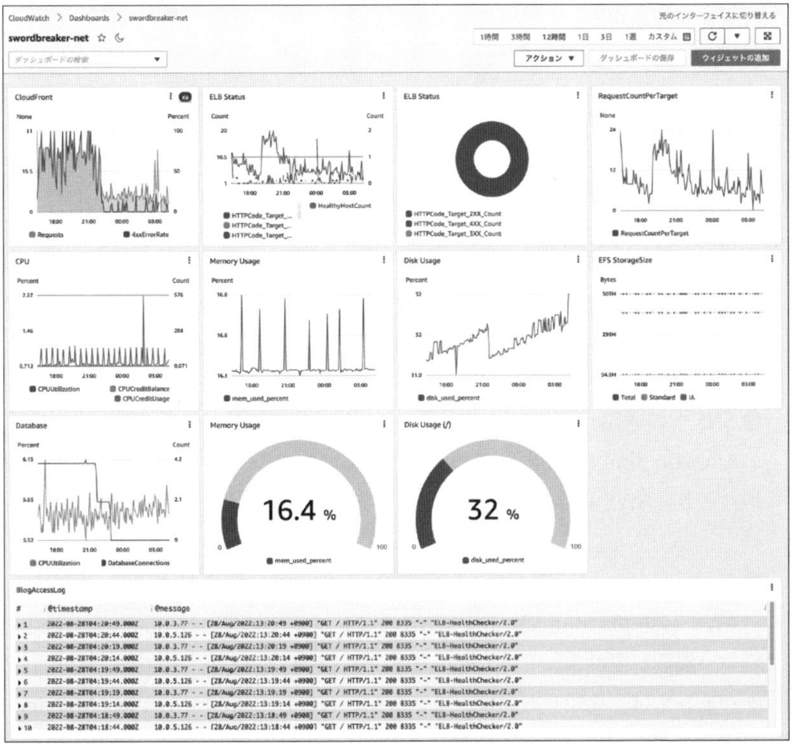

CloudWatchダッシュボードを利用すると、必要なメトリクスやログを一か所で確認できます。

3 AWS Config

AWS Configは、AWSリソースの設定変更をモニタリングしたり、リソースに対するセキュリティやコンプライアンスを評価するサービスです。

たとえば、ストレージが暗号化されている必要がある場合には、AWS Configに**評価ルール**を設定することで、暗号化されていないストレージリソースが作成されたり、暗号化が解除されたりすると通知を受け取ることができます。

修復アクションを設定すると、ルールに準拠していないリソースの自動修復をおこなうこともできます。

また、リソースの設定変更の履歴を**タイムライン**で確認できるので、設定がいつ変更されたのかを追跡することができます。

[AWS Configによる非準拠リソースの検出]

encrypted-volumes

アクション

▼ ルールの詳細

説明
Checks whether EBS volumes that are in an attached state are encrypted.

Config ルール ARN
arn:aws:config:ap-northeast-1:config-rule/config-rule-su0yup

トリガータイプ
・オーバーサイジングの設定変更
・設定変更

変更範囲
リソース

リソースタイプ
EC2 Volume

最後に成功した評価
利用不可

パラメータ

キー	タイプ	値	説明
kmsId	String	-	ID or ARN of the KMS key that is used to encrypt the volume.

▼ 対象範囲内のリソース

詳細を表示　修復

非準拠

ID	タイプ	ステータス	注釈	コンプライアンス
vol-035c6ec27c162f2f7	EC2 Volume	-	-	非準拠

[リソースの設定変更履歴]

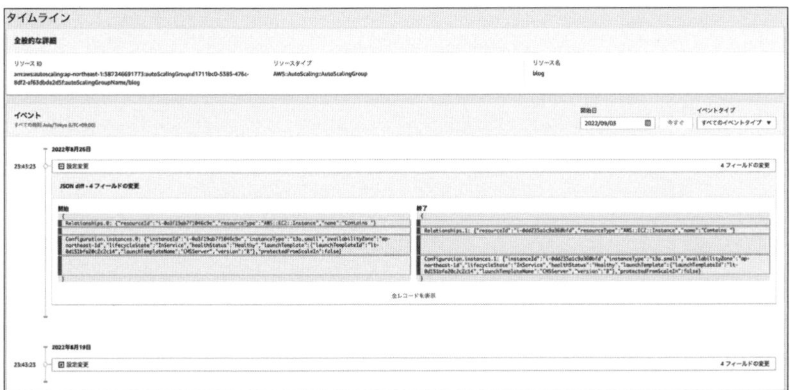

第3章 セキュリティとコンプライアンス

試験対策

AWS Config で、あるべき状態を設定し、コンプライアンス違反の発見や修復ができます。

4 AWS CloudTrail

AWS CloudTrail は、AWS に対する操作（API の実行）を記録するサービスです。

利用者のマネジメントコンソールやコマンドライン上での操作はもとより、リソースが呼び出した API や、アプリケーションや外部サービスが呼び出した API も含め、対応している AWS サービスの操作がすべて記録されます。

記録された内容は最大 90 日間保持され、管理者であるルートユーザー（107 ページ）でも削除できないので、監査用のログとして利用できます。さらに、証跡を作成すると CloudWatch Logs や Amazon S3 のストレージにログを保存できるので、90 日より前のログを保持することもできます。作成された証跡にはコストが発生します。

例として、EC2 インスタンスを起動したときの AWS CloudTrail のログを次に示します。EC2 インスタンスの起動には、RunInstances という API が呼び出されますが、筆者のアカウントから実行されていることがわかります。RunInstances 以外にも、参照したセキュリティグループへのリクエストや、筆者のアカウントではなく、AWS のサービスからの呼び出しも記録されていることがわかります（ユーザー名が "–" となっているログ）。

[EC2 インスタンス起動時のログ]

イベント履歴 (100+) 情報

イベント履歴には、過去 90 日間の管理イベントが表示されます。

ユーザー名 ▼ ユーザー名を入力

イベント名	イベント時間	ユーザー名	イベントソース
DescribeTrails	September 03, 2022, 16:32:10 (...	ytakayama	cloudtrail.amazonaws.com
GetBucketAcl	September 03, 2022, 16:32:09 (...	-	s3.amazonaws.com
GenerateDataKey	September 03, 2022, 16:32:09 (...	-	kms.amazonaws.com
SharedSnapshotVolumeCreated	September 03, 2022, 16:32:07 (...	-	ec2.amazonaws.com
RunInstances	September 03, 2022, 16:32:05 (...	ytakayama	ec2.amazonaws.com
DescribeSecurityGroups	September 03, 2022, 16:32:00 (...	ytakayama	ec2.amazonaws.com
DescribeSecurityGroups	September 03, 2022, 16:31:57 (...	ytakayama	ec2.amazonaws.com
DescribeKeyPairs	September 03, 2022, 16:31:40 (...	ytakayama	ec2.amazonaws.com

AWS CloudTrailは、いつ、だれが、どんなパラメータでAPIを呼び出し、結果がどうなったかを記録します。

5　AWS License Manager

Amazon EC2で稼働する仮想マシンなどで、サードパーティから購入したソフトウェアを動作させる場合、ソフトウェア・ライセンスを適切に管理していないと、気がつかないうちにライセンス違反を起こしてしまうことがあります。

AWS License Managerは、保有するソフトウェア・ライセンスとその利用状況を管理するサービスです。Windows ServerやOracle Databaseなどの代表的なソフトウェア、AWS Marketplace（345ページ）で購入したソフトウェアについても管理することができます。

[AWS License Managerのダッシュボード]

3-5 アクセス管理

AWS責任共有モデルにおいて、アクセス管理は利用者側の責任範囲として定義されています。本節では、AWSにおけるアクセス管理について説明します。

1 ユーザー管理とアクセス管理の基本

アクセス管理で重要な概念に**認証**(authentication)と**認可**(authorization)があります。両者は英語でも日本語でも似たような言葉ですが、その中身はまったく異なります。

●認証

認証とは、相手を確認する行為のことです。たとえば、誰かが自宅に来たとき、相手を確認せずに部屋に招き入れることは稀でしょう。一般的には、インターフォンや玄関ののぞき窓などから相手を確認したうえで部屋へ入れるべきかどうかを判断することが多いと思います。このように、相手を確認する行為を**認証**といいます。

ITシステムで最も一般的な認証方法は、利用者が入力したIDとパスワードが、システムが保持している内容と一致するかを確認することによっておこなわれます。ほかにも、利用者の指紋や顔を確認する生体認証や、PIN(暗証番号)による認証などがあります。

認証とは、ユーザーIDとパスワードなどで利用者を確認することです。

AWSにおける認証は、AWSの各サービスに対するAPI操作に対しておこなわれます。マネジメントコンソールであれば、ユーザーIDとパスワードの一致をもってユーザーを確認しています。また、コマンドラインやプログラムからの実行であれば、アクセスキーとシークレットアクセスキーによって確認しています。

[AWS の認証]

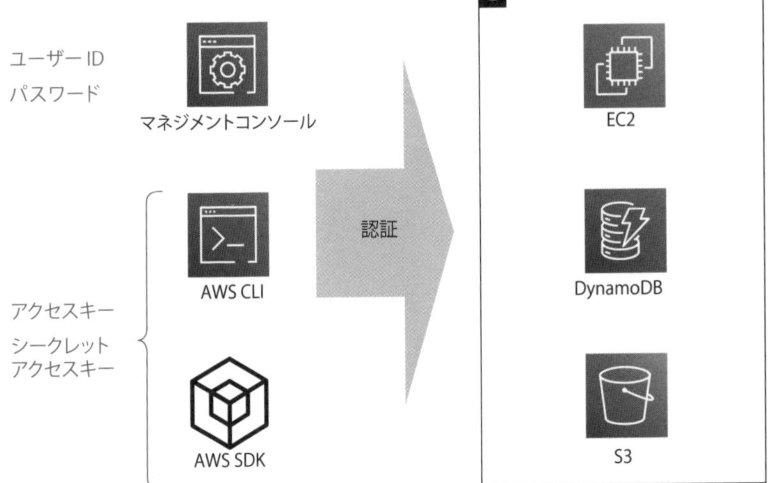

● 認可

認可とは、特定の条件下で許可される権利のことです。「特定の条件」の代表的なものが、「認証された利用者である」ということです。ただし、認証は認可の条件として必須とは限りません。

認証なしでも認可される例としては、鍵さえ持っていれば誰でも部屋に入ることができるような場合が考えられます。しかし、落ちていた鍵を拾った人が部屋に入ってきたら困るように、認可だけで権利が与えられるのは、セキュリティ上問題がある場合がほとんどでしょう。そのため、多くの場面で認可は認証と紐付けて与えられます。

試験対策

認可は、特定の条件下で許可された権利のことです。

AWS でも、認可は認証された利用者に対して、操作可能な範囲を制限するという形で実装されています。

［AWS の認可］

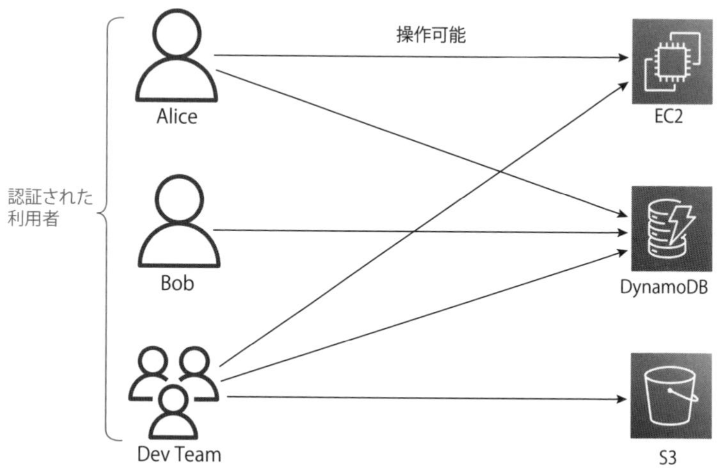

● 最小権限の原則

認証と認可の違いについて説明しましたが、セキュリティにおけるベストプラクティスに、**最小権限の原則**があります。簡単にいうと、「その人が日常的に必要とされる権限に絞って認可を与えましょう」ということです。

認可された行為は、本人の意思とは関係なく許可されてしまいます。たとえば、業務的に仮想マシンの停止をおこなう必要がない人にその権限を与えてしまうと、マネジメントコンソールなどから操作ミスによって仮想マシンを停止してしまうおそれがあります。

人間である以上は操作ミスは起こりえます。操作ミスをしないことよりも、被害を生み出さないことが最小権限の原則の考え方です。

日常的にはおこなわない操作に対して安全に権限を与える方法については、112 ページで解説します。

2 ユーザー認証の基本

AWSの認証の中で、主にプログラムや外部サービスが利用する**アクセスキー**と**シークレットアクセスキー**は、人が覚える必要がない情報なので、AWS側が自動生成します。

シークレットアクセスキーは、アクセスキーの作成時しか確認することができないので注意してください。もし、シークレットアクセスキーがわからなくなってしまった場合は、アクセスキーごと作り直す必要があります。また、そもそも利用する予定がないアクセスキーは発行するべきではありません。

[アクセスキーの作成]

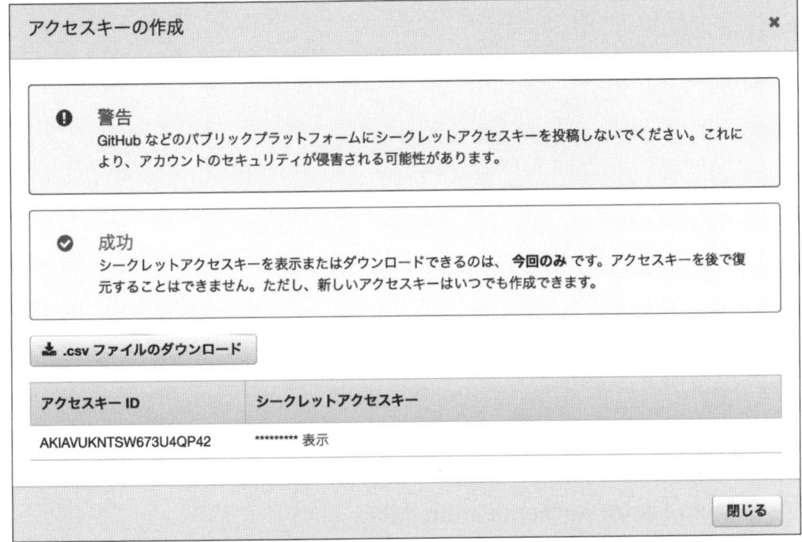

一方、マネジメントコンソールへのサインインには、ユーザーごとに設定されたIDとパスワードを利用します。マネジメントコンソールは主に人が利用するため、覚えやすいIDやパスワードが用いられる傾向があります。

こうした認証情報を保護する方法として、ユーザーに複雑なパスワードの設定や一定期間での変更を要求したり、IDとパスワードを含む複数の情報で認証したりする方法があります。

● パスワードポリシー

パスワードポリシーでは、ユーザーのパスワードの検証ルールを設定します。

一般的に、パスワードはある程度の長さがあり、アルファベットの大文字小文字や数字と記号など、複数の文字種を利用するほうがセキュリティ強度が増すといわれています。パスワードポリシーでは、パスワードの最小文字数や、使用する文字の種類を指定できます。

また、一定期間でパスワードのリセットを要求したり、再利用の禁止を強制することができます。コンプライアンス要件の中には、こうした定期的なパスワードの変更が求められるケースもあります。

[パスワードポリシーの変更]

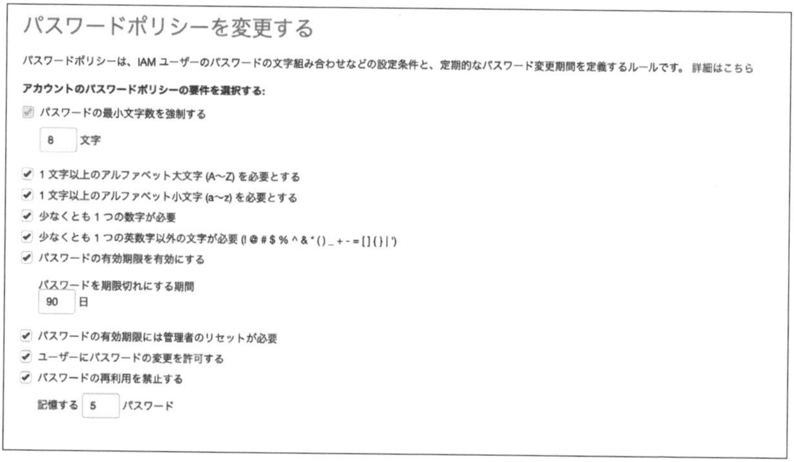

● Multi-Factor Authentication (MFA)

Multi-Factor Authentication (**MFA**) は、ID とパスワードによる認証に加えて、MFA デバイスと呼ばれる装置を使い、本人だけが知り得る情報で認証をおこなう認証方法です。**多要素認証**ともいいます。パスワードが流出した場合でも、MFA デバイスが無事なら攻撃者によるサインインの成功率を下げることができます。

AWS で利用可能な MFA デバイスは次のとおりです。

●仮想 MFA デバイス

スマートフォンのアプリなどソフトウェアで実現された MFA デバイスです。一定周期で 6 桁の数字が自動的に切り替わっていくので、切り替わる前に表示されている数字を入力することで認証します。

●セキュリティキー

USB に挿して利用するなどの物理的なデバイスです。ほかの MFA デバイスと違い、認証にコードの入力が不要などの特徴があります。

●ハードウェアトークンデバイス

仮想 MFA デバイスと同様に、一定周期で表示される数字を入力するタイプですが、物理的なハードウェアデバイスとして実装されています。

次の図は、筆者が実際に利用している仮想 MFA デバイスの一種である Authy の画面と、AWS の MFA 入力画面です。

[MFA 認証]

MFA はデフォルトでは無効ですが、認可する条件として「MFA 認証されたユーザーであること」といった利用もできます。

3 Identity and Access Management (IAM)

Identity and Access Management（IAM）は、AWSにおいて認証と認可を実現するサービスです。IAMでは、ユーザーの認証や認可だけでなく、グループ単位での認可の付与などAWSのサービスとリソースに対するアクセス管理をおこなえます。

次の図は、IAMを利用した権限管理の例です。AliceやBobといった個別の**IAMユーザー**を作成し、「開発チーム」「運用チーム」などの**IAMグループ**に所属させています。操作可能なリソースと操作可能なアクションは、**IAMポリシー**によってグループごとに設定しています。

[IAMによるアクセス管理]

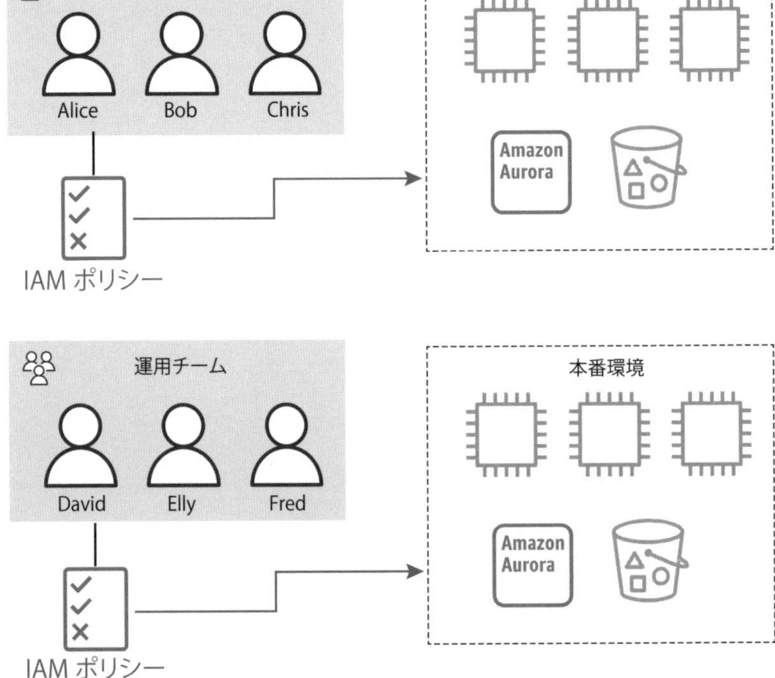

● AWSユーザーの種類

ここで、AWSにおけるユーザーについて整理しておきましょう。

AWSのユーザーには、大きく**ルートユーザー**と**IAMユーザー**の2種類があります。

[AWSのユーザー]

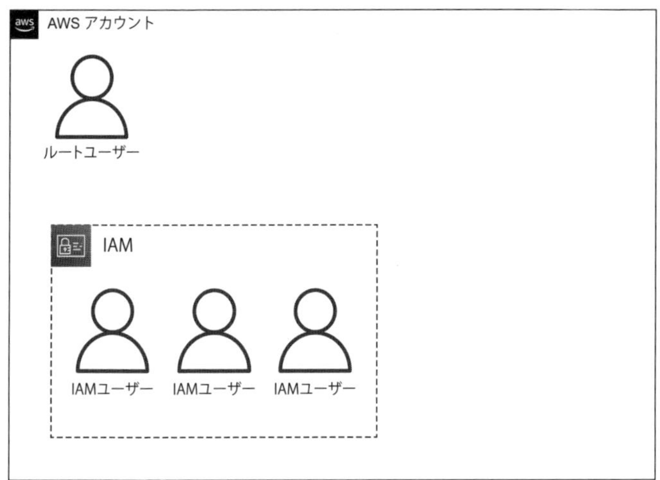

● ルートユーザー

ルートユーザーは、AWSアカウントを作成すると利用できるユーザーで、アカウント作成時に登録したメールアドレスとパスワードでサインインします。

ルートユーザーは、AWSアカウント内のすべての操作を実行できる管理者アカウントです。普段の業務では利用しない権限が多く含まれるため、日常的には利用しないことがベストプラクティスとして推奨されています。

ルートユーザーを日常的に利用しないために、後述するIAMユーザーを作成して利用します。しかし、一部の操作はIAMユーザーでは操作できないため、必要なときにだけルートユーザーを利用します。

[ルートユーザーしかできない主な操作]

・AWSアカウントの支払方法を変更する

・AWS アカウントの名前を変更する
・サポートプランの変更
・AWS アカウントの削除

参考 URL：https://docs.aws.amazon.com/ja_jp/general/latest/gr/root-vs-iam.html#aws_tasks-that-require-root

次の図は、AWS アカウント作成から IAM ユーザー作成までの流れを示したものです。管理者権限を持つ IAM ユーザーも、日常的には利用するべきではありません。

[アカウントセキュリティのベストプラクティス]

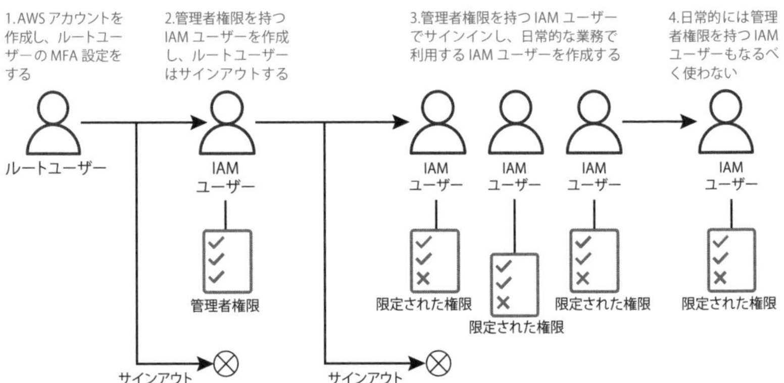

どうしてもルートユーザーでしかできない作業を除き、ルートユーザーの利用は避けるべきです。

● IAM ユーザー

IAM ユーザーは、AWS アカウント内に作成できる認証情報を持つリソースです。AWS を利用するユーザー以外に、アプリケーションや外部サービスなども IAM ユーザーとなります。

作成直後の IAM ユーザーは、アクセス権限を何も持っていません。後述する

IAM ポリシーを利用して、適切な権限を付与する必要があります。

各 IAM ユーザーに付与する権限は、必要最小限にとどめるのが原則です（最小権限の原則）。たとえば、アプリケーションや外部サービスなどの IAM ユーザーに対しては、通常マネジメントコンソールを利用する権限を与えません。逆に、マネジメントコンソールだけ利用できればいいユーザーに対しては、アクセスキーとシークレットアクセスキーを発行しないようにします。

このほか、IAM ユーザーは何人かで共有せず 1 人ずつ個別に用意したり、認証には MFA を利用したりすることが推奨されています。

[IAM ユーザー]

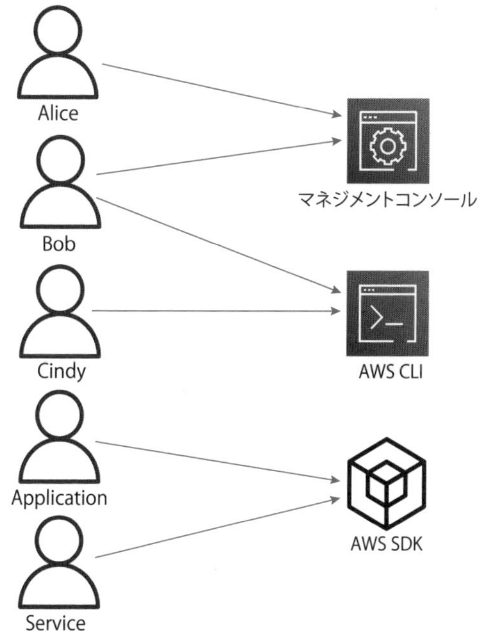

試験対策

IAM ユーザーは認証情報を持つリソースです。人だけではなく AWS に対するアクセスをおこなうアプリケーションやサービスも IAM ユーザーとして管理します。

●IAM グループ

IAM グループは、IAM ユーザーの集合です。IAM グループ自体は認証情報を持たず、作成直後はアクセス権限を持っていません。

IAM ユーザーが増えてくると、アクセス権限を個別に管理するのが大変になります。たとえば、人事異動でチーム間のメンバーの入れ替えがあった場合、個別にアクセス権限を設定し直すには 10 名程度でもかなりの時間がかかるでしょう。

IAM グループを作成し、IAM グループ単位でアクセス権限を管理すれば、所属する IAM グループを入れ替えるだけでアクセス権限の切り替えができます。

IAM ユーザーは、同時に複数のグループに所属できます。ただし、IAM グループがほかの IAM グループに所属することはできません。IAM グループに所属させられるのは IAM ユーザーに限られます。

[IAM グループ]

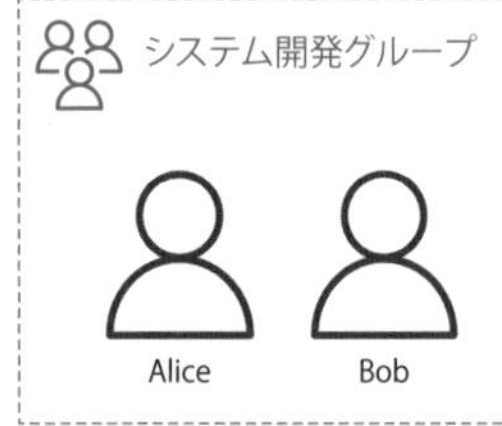

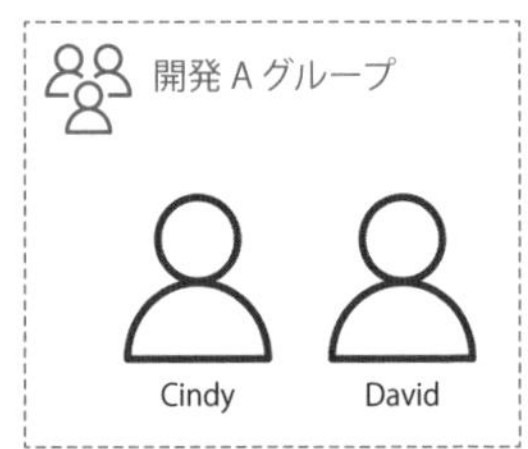

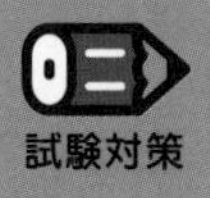

アクセス権限は IAM ユーザーごとではなく、IAM グループを利用して管理します。

●IAM ポリシー

IAM ポリシーは、IAM ユーザーや IAM グループ、後述する IAM ロール、さらに AWS のサービスに対して、付与するアクセスの許可や拒否を設定したドキュメントです。

IAM ポリシーを利用すると、利用者が操作できる範囲を IAM ユーザーや IAM グループ単位でカスタマイズすることができます。たとえば、「仮想マシンの作成と停止は許可するが、削除は許可しない」などです。

IAM ポリシーは、**JSON** (JavaScript Object Notation) というデータの表記法を用いて記述します。次の表は、IAM ポリシーのサンプルです。「example-bucket」という S3 のバケットに保存されているオブジェクトに対して、「GetObject」というデータの取得を許可しています。S3 については、第 6 章で解説します。

[IAM ポリシーの例]

```
{
 "Version": "2012-10-17",
 "Statement": {
   "Effect": "Allow",
   "Action": "s3:GetObject",
   "Resource": "arn:aws:s3:::example-bucket/*"
 }
}
```

IAM ポリシーを記述する際のベストプラクティスは、最小権限の原則を守ることです。日常的に必要となるアクセス権限のみ与えるようにします。

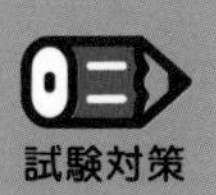

IAM ポリシーを利用してユーザーやグループのアクセス権限を最小権限の原則に従って与えます。

● IAM ロール

IAM ロールは、IAM ユーザーや AWS サービスが一時的に別のアクセス権限を利用できるようにする仕組みです。

防災訓練などでも、消火をする役の人や避難する人の役、誘導する人の役などいくつかの役割に分かれて訓練することがあります。IAM ロールを利用すると、防災訓練のときのように、一時的に IAM ロールに割り当てられたアクセス権限を持つ別のユーザーになることができます。

IAM ロールは認証情報を持たず、アクセス権限である IAM ポリシーが割り当てられています。IAM ロールの権限を利用することを、「IAM ロールを引き受ける」といいます。

次の図は、IAM ロールを引き受ける例です。ユーザー Alice は、EC2 の停止は許可されていますが、新しい EC2 の作成は許可されていないため、EC2 の作成は失敗します。このとき、Alice が EC2 の作成を許可された IAM ロールを引き受けることで、EC2 の作成を成功できます。

[IAM ロールを引き受ける]

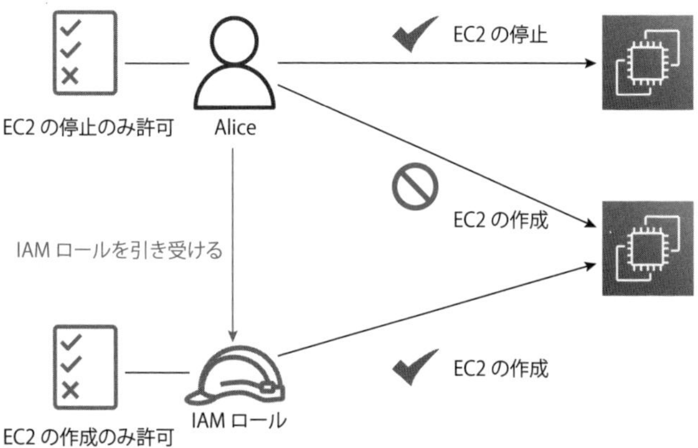

引き受けられる IAM ロールは、自分の AWS アカウントだけではありません。許可されているほかの AWS アカウントの IAM ロールを引き受けることもできます。

たとえば、本番環境用の AWS アカウントと開発用の AWS アカウントを分けて運用している場合、それぞれの AWS アカウントに IAM ユーザーを作成する代わりに、IAM ロールを切り替えて利用するようにすれば、ユーザー管理の手間も省けます。

[IAM ロールの切り替え（マネジメントコンソール）]

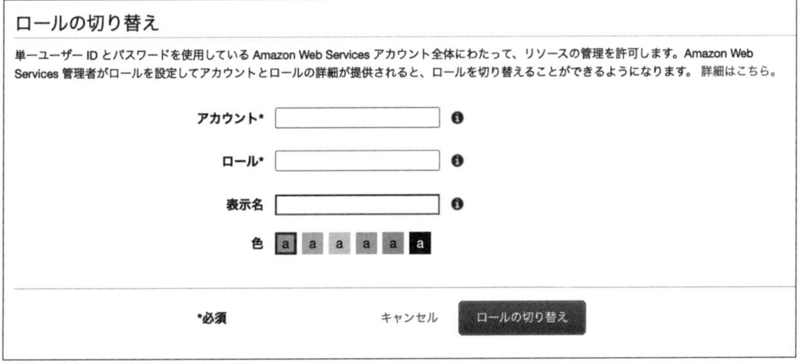

IAM ロールを利用すると、一時的にほかのアクセス権限を利用できます。

4 AWS IAM Identity Center

AWS IAM Identity Center は、複数の AWS アカウントや AWS リソースを利用する外部サービスに対して、シングルサインオンの仕組みを提供します。以前までは、AWS Single-Sign-On と呼ばれていたサービスです。

AWS IAM Identity Center によるシングルサインオンを利用すると、各 AWS アカウントに IAM ユーザーを作成することなく、IAM ロールベースでユーザーにアクセス権限を提供できます。

また、AWS アカウントのほかにも、AWS リソースを利用する一部の Web サービス（Microsoft 365 など）に対するシングルサインオンの機能を提供します。

[AWS IAM Identity Center]

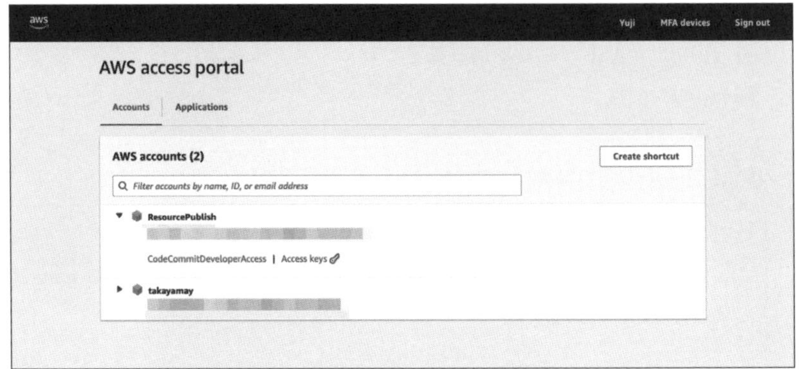

● シングルサインオン

シングルサインオンとは、ユーザーが1回サインインをおこなうだけで、複数のアプリケーションやサービスに対してアクセスが可能になる認証の仕組みです。

シングルサインオンが存在しない環境では、ユーザーはアクセスしたアプリケーションごとに、認証情報（IDやパスワードなど）を入力し、認証を行う必要があります。この場合、利用するアプリケーションが増えるたびにユーザーの手間が増えていきます。また、パスワードを変更したい場合は、それぞれのアプリケーションごとに設定をおこなう必要があるため、管理もたいへんです。

[シングルサインオンを利用しない場合]

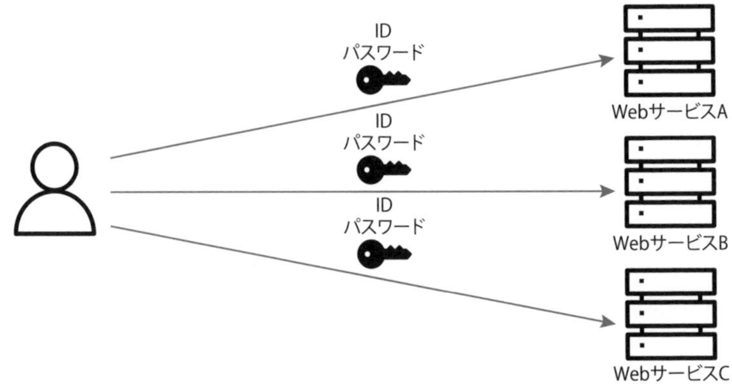

シングルサインオンが有効な環境では、ユーザーは最初にアクセスしたアプリケーションにサインオンをおこなうだけで、それ以降、シングルサインオンに対応したアプリケーションに対しては、サインオンをおこなわずに利用できるようになります。

[シングルサインオンを利用する場合]

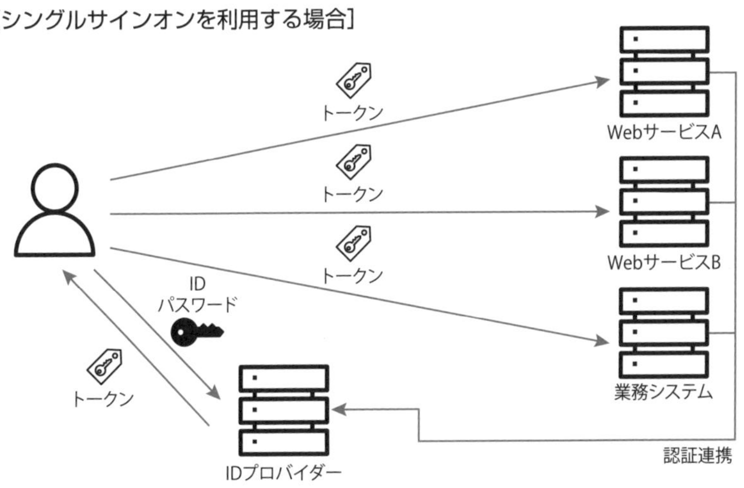

シングルサインオンを実現するアプリケーション間の認証連携の仕組みとしては、SAML 2.0、OAuth、OIDC（OpenID Connect）が代表的です。

5 AWS Directory Service

AWS Directory Service は、AWS クラウド上で Microsoft Active Directory を提供するフルマネージドサービスです。AWS Identity Center など、ほかの AWS サービスと連携することができます。

Microsoft Active Directory は、多くの企業が Windows ベースのネットワーク環境で利用しているディレクトリサーバーサービスです。Microsoft が提供するサーバー向け OS である Windows Server に標準で搭載されており、Windows OS へのサインオンや、シングルサインオンのための認証サーバーとしても利用されています。

● ディレクトリサーバー

ディレクトリサーバーとは、ユーザー認証情報などのアカウント管理や、ネットワーク上に配置されているサーバーやプリンターなどのリソース情報を管理するためのサーバーです。ディレクトリとは住所録のようなもので、各種サーバーの場所やアクセス権限などを管理します。

6 認証情報の保護

アプリケーションが利用するデータベースの接続情報や、外部サービスのAPIキーなどの認証情報は、どのように管理すれば良いでしょうか。よくある方法に次のようなものがあります。

- アプリケーションのコードに直接書いておく
- 設定ファイルとして実行環境に保存する
- 環境変数として実行環境に設定しておく

これらの方法は、アプリケーションコードを見ることのできる人や、実行環境にログインできる人なら誰でも認証情報を参照できてしまうため、好ましい方法とはいえません。

AWSには、こうした認証情報を必要なユーザーやアプリケーションだけが参照できるようにする仕組みが用意されています。

- AWS Systems Managerのパラメータストアを利用する
- AWS Secrets Managerを利用する

● AWS Systems Managerのパラメータストア

パラメータストアはAWS Systems Managerの機能のひとつで、Key-Value型のデータを保存することができます。これを利用すると、従来はアプリケーションの実行環境の環境変数に設定していたような情報を、クラウド上に保存できるようになります。

[パラメータストア]

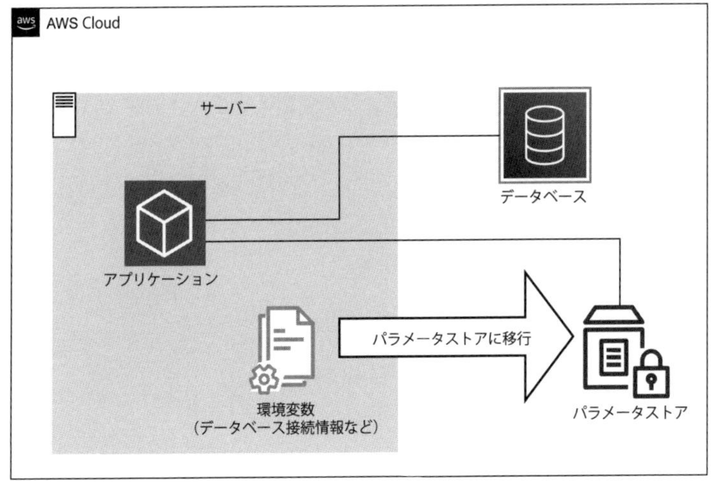

パラメータストアに保存されたデータの読み出しには、IAM ポリシーによるアクセス権限が必要になります。また、パスワードなど秘匿情報は暗号化されて保存されているため、認証情報を安全に保存できます。

● AWS Secrets Manager

AWS Secrets Manager は、データベース認証情報や API キーなどの秘密情報を保管し、許可されたユーザーのみがアクセスできるようにしたサービスです。

データベースのパスワードを定期的に変更するという要件はよくあります。パラメータストアでも定期的にパスワードを変更して保存すれば対応できますが、AWS Secrets Manager を利用すると自動的に変更されるように設定できます。

3-6 マルチアカウントの管理

AWSのアカウントは、個人や企業が複数作成することができます。プロダクトやサービスによってアカウントを分けたり、本番環境用や開発用など用途別にアカウントを分けるケースもあります。複数のアカウントを運用することのメリットや、組織として統制を図る方法について説明します。

1 マルチアカウントを利用するメリット

マルチアカウントとは、個人や企業が複数のAWSアカウントを利用することです。マルチアカウントでは、個々のAWSアカウントの中に、それぞれ個別にAWSリソースを作成して管理します。これによって得られる3つの利点を取り上げます。

● リソース境界の分離

たとえば、本番環境用と開発環境用にAWSアカウントを用意した場合、開発環境へアクセスできるIAMユーザーは開発環境のサーバーやデータにだけアクセスができます。もし開発環境のデータを消してしまったとしても、本番環境への影響を防ぐことができます。

● アクセス権限の分離

たとえば、サービスAとサービスBでAWSアカウントを分けているケースでは、Aチームに対してはサービスBへのアクセス権限を許可せず、逆にBチームに対してはサービスAへのアクセス権限を許可しないことで、セキュリティやコンプライアンスが保持しやすくなります。

● 請求の分離

AWSの請求は、原則的にそれぞれのAWSアカウントで個別におこなわれます。AWSアカウントを分離することで、各サービスやプロダクトにおいてどれだけのコストを費やしているのかを把握しやすくなります。

2 マルチアカウントの問題点

マルチアカウントにはメリットがある一方、管理する AWS アカウントが増えることにより管理が煩雑化するなど、考慮すべき点もあります。

● 組織全体としてのコンプライアンスやガバナンスが難しくなる

AWS アカウントの管理や運用をそれぞれのチームに一任してしまうと、チームによってはセキュリティが甘くなったり、コンプライアンス違反が発生するリスクが発生します。

一方で、情報システム部門などが AWS アカウントの発行を一元管理するようにしてしまうと、情報システム部門の作業が肥大化します。

● 請求処理が煩雑化する

経理部門では、数十、数百の AWS アカウントの請求書とクレジットカードの明細の突き合わせをおこなう必要がでてくるので、経理部門の作業が肥大化します。

● 共通リソースの管理が複雑化する

システムの認証基盤のような共通基盤がある場合、各システムから共通基盤を利用する手順が煩雑化してしまします。

こうした問題点を解決する AWS サービスを次項から説明します。

3 AWS Organizations

AWS Organizations は、複数の AWS アカウントを統合的に管理する仕組みを提供します。

新しい AWS アカウントを作成することもできますし、作成済みの AWS アカウントを **OU**（Organizations Unit）というグループ単位で管理することで、それぞれの AWS アカウントで許可する範囲を限定することもできます。

[AWS アカウントの管理]

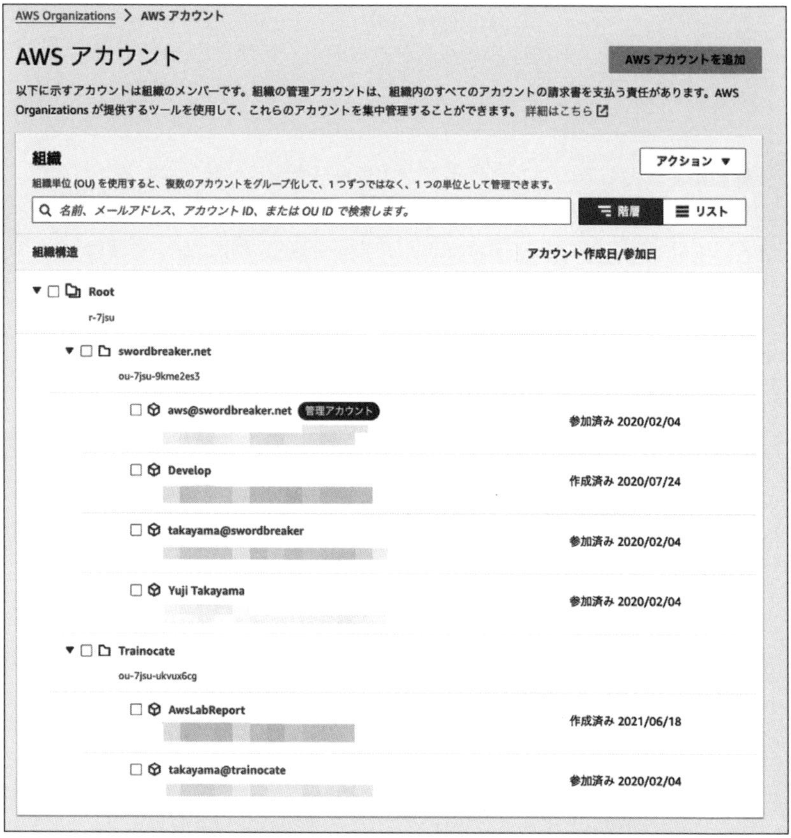

AWS Organizations > AWS アカウント

AWS アカウント

AWS アカウントを追加

以下に示すアカウントは組織のメンバーです。組織の管理アカウントは、組織内のすべてのアカウントの請求書を支払う責任があります。AWS Organizations が提供するツールを使用して、これらのアカウントを集中管理することができます。詳細はこちら

組織

アクション ▼

組織単位 (OU) を使用すると、複数のアカウントをグループ化して、1 つずつではなく、1 つの単位として管理できます。

名前、メールアドレス、アカウント ID、または OU ID で検索します。

階層 リスト

組織構造	アカウント作成日/参加日
Root r-7jsu	
swordbreaker.net ou-7jsu-9kme2es3	
aws@swordbreaker.net 管理アカウント	参加済み 2020/02/04
Develop	作成済み 2020/07/24
takayama@swordbreaker	参加済み 2020/02/04
Yuji Takayama	参加済み 2020/02/04
Trainocate ou-7jsu-ukvux6cg	
AwsLabReport	作成済み 2021/06/18
takayama@trainocate	参加済み 2020/02/04

●一括請求（コンソリデーテッドビリング）

AWS Organizations で管理している AWS アカウントは、使用量を 1 つの請求書にまとめることができるので、経理部門は 1 つの請求書だけ処理すれば良くなります。また、それぞれの AWS アカウントごとの料金を確認することもできます。

複数の AWS アカウントの使用量をまとめることができるので、ボリュームディスカウント（326 ページ）などの適用を受けやすくなるというメリットもあります。

●新しいAWSアカウントの作成

AWSアカウントの作成には、メールアドレスとクレジットカードの登録が必要になりますが、AWS Organizationsを利用すると一括請求になるため、個別のAWSアカウントの発行に対してクレジットカードの情報が不要になり、担当者のメールアドレスだけでAWSアカウントを発行することが可能になります。

[AWSアカウントの追加]

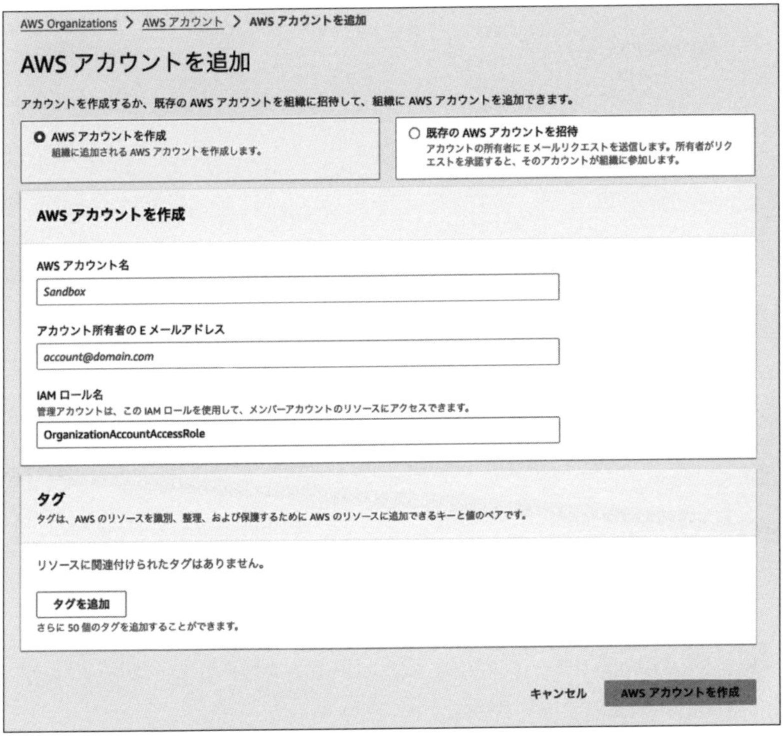

AWS Organizations > AWS アカウント > AWS アカウントを追加

AWS アカウントを追加

アカウントを作成するか、既存の AWS アカウントを組織に招待して、組織に AWS アカウントを追加できます。

AWS アカウントを作成
組織に追加される AWS アカウントを作成します。

既存の AWS アカウントを招待
アカウントの所有者に E メールリクエストを送信します。所有者がリクエストを承諾すると、そのアカウントが組織に参加します。

AWS アカウントを作成

AWS アカウント名
Sandbox

アカウント所有者の E メールアドレス
account@domain.com

IAM ロール名
管理アカウントは、この IAM ロールを使用して、メンバーアカウントのリソースにアクセスできます。
OrganizationAccountAccessRole

タグ
タグは、AWS のリソースを識別、整理、および保護するために AWS のリソースに追加できるキーと値のペアです。

リソースに関連付けられたタグはありません。

タグを追加
さらに 50 個のタグを追加することができます。

キャンセル　AWS アカウントを作成

●サービスコントロールポリシー（SCP）

サービスコントロールポリシー（SCP）では、OU単位またはAWS Organizationsで管理しているAWSアカウントに対して、必ず拒否したいポリシーを設定することができます。これにより、管理下にあるAWSアカウントの最大権限の範囲を設定できます。

SCP を使用すると、AWS アカウントのルートユーザーに対しても、アクセス権限の境界を設定することが可能です。

[サービスコントロールポリシー]

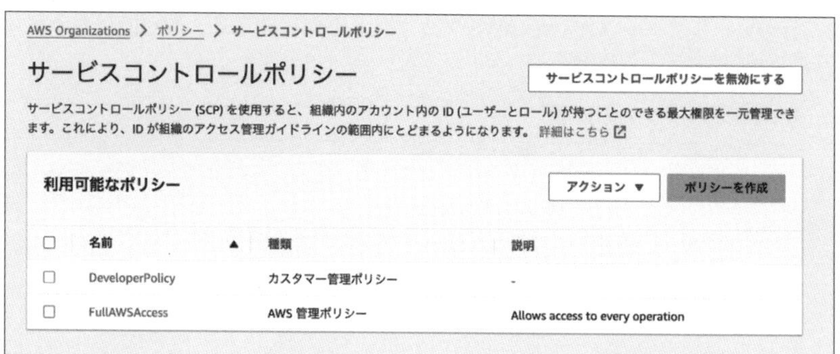

AWS Organizations については、第 10 章でくわしく説明します。

4 AWS Control Tower

AWS には、マルチアカウントの AWS 環境のベストプラクティスとして、**ランディングゾーン**と呼ばれるフレームワークが用意されています。

AWS Control Tower は、AWS Organizations や AWS Config、AWS Service Catalog といった複数の AWS サービスを連携して、ランディングゾーンの構築ができるサービスです。

5 AWS Resource Access Manager

AWS Resource Access Manager は、AWS アカウントに作成されたリソースをほかの AWS アカウントに対して安全に共有することができるサービスです。

AWS Organizations と連携することで、組織の中で共有するリソースへのアクセスを簡単に制御することができます。

3-7 仮想ファイアウォール

AWSでは、データ保護やアクセス管理以外にも、ネットワークやアプリケーションの保護、セキュリティ評価などに関するサービスが提供されています。本節では、AWSの仮想ファイアウォールについて説明します。

1 ファイアウォールによる防御

ファイアウォールは、「防火壁」という意味です。ビルなどで火災が発生した場合、区画と区画の間に難燃性の素材でできた壁が降りてきます。あれが防火壁です。区画間に壁を作ることで、炎がほかの区域に入り込んで延焼することを防ぎます。

IT分野における**ファイアウォール**も、区画間で通信をブロックする役割を持っており、通過を許可する通信と許可しない通信を、条件によって分類しています。このような処理を**フィルタリング**といいます。

［一般的なファイアウォール］

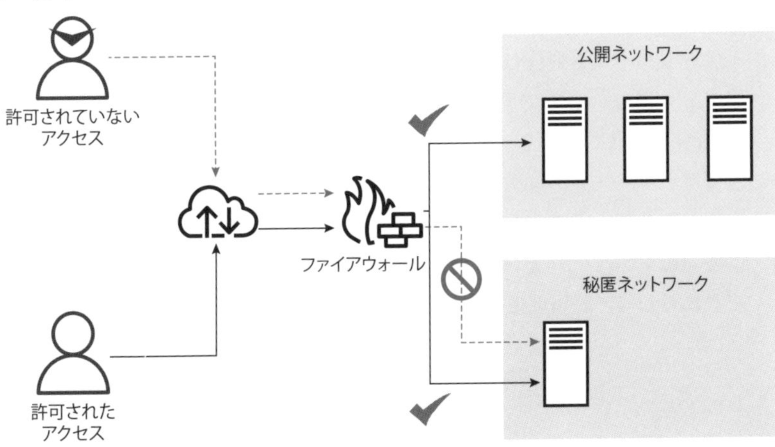

AWSには、**ネットワークACL**と**セキュリティグループ**という2種類の仮想ファイアウォールが用意されています。また、このほかに必要に応じてサーバー内のファイアウォールを組み合わせて利用できます。

[AWSでのファイアウォール]

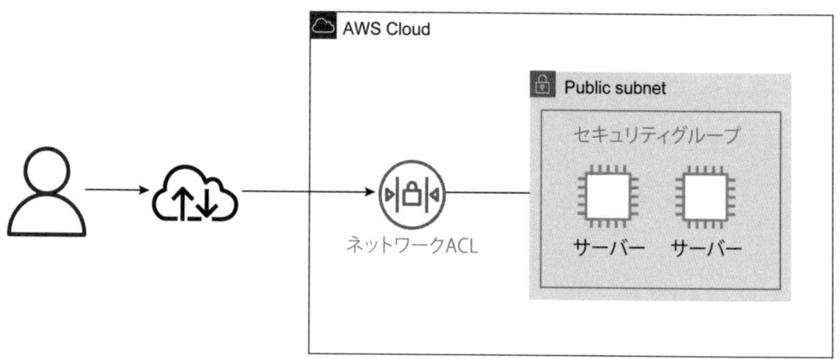

●インバウンド通信とアウトバウンド通信

ファイアウォールの設定の際に出てくるネットワーク用語として、**インバウンド通信**と**アウトバウンド通信**があります。

インバウンド通信は、ファイアウォールの外側から内側に入ってくる通信のことです。たとえば、Webサーバーであれば、インターネットから受け付けるリクエストの通信などです。

アウトバウンド通信はインバウンド通信の逆で、ファイアウォールの外側へ出ていく通信のことです。たとえば、アプリケーションサーバーでWindows Updateなど OSの更新をおこなうときには、アップデート用のサーバーに対してアップデートプログラムのリクエスト通信が発生しています。このように、内部から外部に出ていく通信をアウトバウンド通信といいます。

多くのファイアウォールでは、インバウンド通信とアウトバウンド通信それぞれに対して、許可と拒否の設定をおこなうことができます。

2 セキュリティグループ

セキュリティグループは、仮想マシンなどのAWSのリソースをグループ化し、グループに所属するリソースへのインバウンド通信、アウトバウンド通信をフィルタリングするファイアウォールです。

新規に作成した直後のセキュリティグループは、すべてのアウトバウンド通信が許可されており、インバウンド通信については何も設定されていません。セキュリティグループのインバウンド通信は、許可されたもの以外はすべて拒否されるので、許可する通信の送信元とポート番号の組み合わせを、必要に応じてインバウンドルールに追加します。

たとえば次の設定では、送信元0.0.0.0/0に対して80番ポートと443番ポートのインバウンド通信を許可しています。これにより、インターネットを含めたすべての送信元を対象として、HTTPとHTTPSの通信が許可されます。

[セキュリティグループの例]

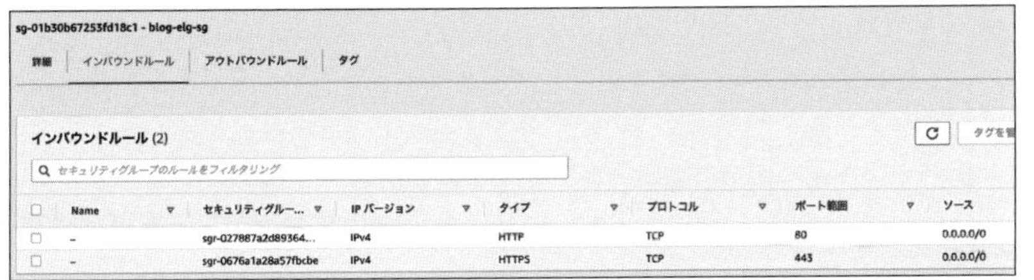

Name	セキュリティグル...	IP バージョン	タイプ	プロトコル	ポート範囲	ソース
-	sgr-027887a2d89364...	IPv4	HTTP	TCP	80	0.0.0.0/0
-	sgr-0676a1a28a57fbcbe	IPv4	HTTPS	TCP	443	0.0.0.0/0

送信先に、別のセキュリティグループのIDを指定することもできます。これにより、Webサーバー（セキュリティグループ1）→アプリケーション（セキュリティグループ2）→データベース（セキュリティグループ3）のように、複数の段階で通信を制限できます。

[セキュリティグループのチェイン]

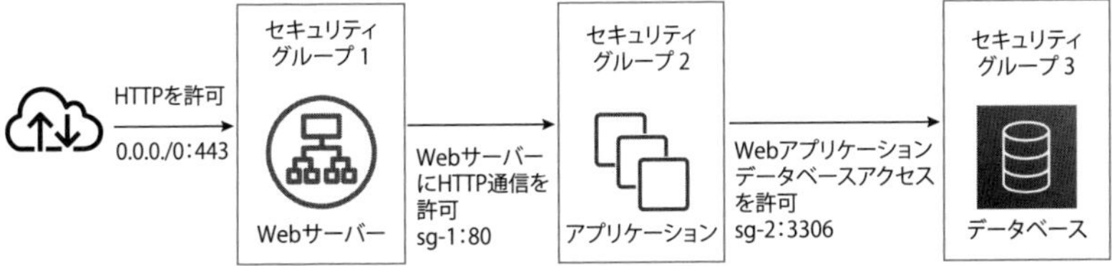

● ステートフルファイアウォール

セキュリティグループは、**ステートフルファイアウォール**として機能します。ステートフルというのは、アウトバウンド通信で発信されたリクエストに対しては、インバウンドルールが適用されず、暗黙的に許可されることを意味します。

[ステートフルファイアウォールの例]

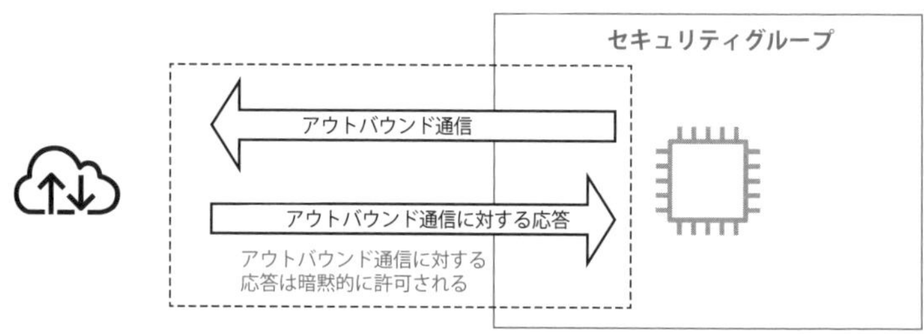

3 ネットワーク ACL

ネットワーク ACL（ネットワークアクセスコントロールリスト）は、仮想プライベートネットワーク（VPC）のサブネット（208 ページ）ごとに設定するファイアウォールで、そのサブネットに配置されているすべてのリソース宛の通信をルールに従ってフィルタリングします。

ネットワーク ACL は、作成直後からインバウンド、アウトバウンドともにすべての通信を許可するように設定されています。セキュリティグループと違い、ネットワーク ACL では許可だけではなく拒否のルールも設定できます。拒否のルールは、特定の IP アドレスやネットワークからの通信を拒否するブラックリストとして機能します。

[ネットワーク ACL の動き]

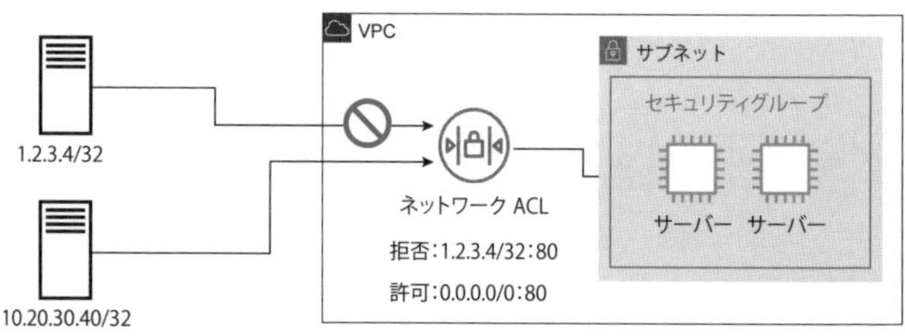

次の画面は、初期状態のネットワーク ACL です。ネットワーク ACL で許可（Allow）と拒否（Deny）が設定できることが確認できます。

[ネットワークACL]

ネットワーク ACL: acl-00b21b4c698ccfcca　　ネットワーク ACL の関連付けの編集

インバウンドルール (2)

ルール番号	タイプ	プロトコル	ポート範囲	送信元	許可/拒否
100	すべてのトラフィック	すべて	すべて	0.0.0.0/0	Allow
*	すべてのトラフィック	すべて	すべて	0.0.0.0/0	Deny

アウトバウンドルール (2)

ルール番号	タイプ	プロトコル	ポート範囲	送信先	許可/拒否
100	すべてのトラフィック	すべて	すべて	0.0.0.0/0	Allow
*	すべてのトラフィック	すべて	すべて	0.0.0.0/0	Deny

ネットワーク ACL は、ルール番号の小さい順にルールが評価され、条件にマッチしたルールを適用します。それ以降のルールは評価されません。マッチするルールが見つからなかった場合は、ルール番号が＊となっているルールが適用されます。

● ステートレスファイアウォール

ネットワーク ACL は、**ステートレスファイアウォール**として機能します。ステートフルでは、アウトバウンド通信に対するレスポンスは無条件に許可されますが、ステートレスでは設定されたインバウンドルールに従って処理されます。

[ステートレスファイアウォールの例]

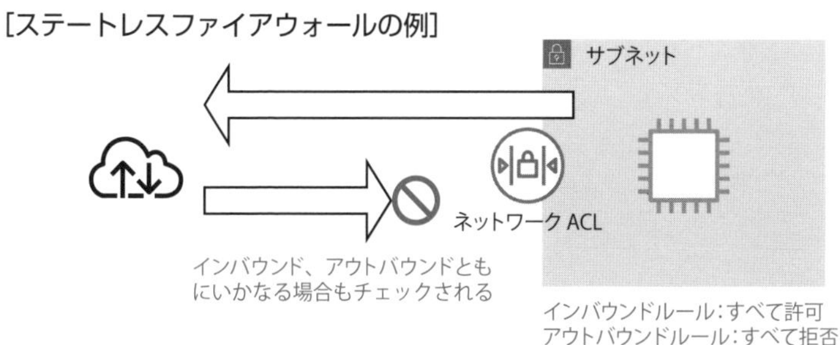

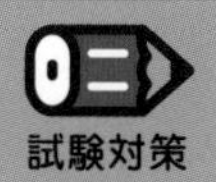

セキュリティグループはステートフル、ネットワーク ACL はステートレスのファイアウォールです。

4 AWS Firewall Manager

AWS Firewall Manager は、AWS Organizationsで管理する複数のAWSアカウント全体で、セキュリティグループや後述するAWS WAFなどのファイアーウォールルールを一元的に設定・管理するサービスです。

5 AWS Network Firewall

AWS Network Firewall は、ネットワークACLやセキュリティグループと同様にVPCへのアクセスをフィルタリングできるファイアーウォールサービスです。

ネットワークACLやセキュリティグループとは違い、VPCへのアクセスの手前で動作するので、インターネットからのアクセスはもちろん、Site-to-Site VPNやDirect Connectを利用したオンプレミスとの通信に対してもフィルタリングが可能です。

また、AWS Firewall Managerと連携できるので、AWS Organizationsのアカウント全体にルールを提供することができます。

3-8 アプリケーションを攻撃から守る

不特定多数の利用者がアクセスするWebアプリケーションなどは常に悪意ある攻撃の脅威にさらされています。本節では、アプリケーションに対する一般的な攻撃の種類と、攻撃に対応するためのAWSサービスについて解説します。

1 アプリケーションに対する攻撃の種類

インターネットを介したアプリケーションへの攻撃手法は、今日では複雑かつ多様化しています。ここでは代表的な攻撃手法を挙げておきましょう。

● ブルートフォースアタック（総当たり攻撃）

機械的に様々な文字列でログインを試してパスワードを特定する攻撃です。対策としては、一定回数以上の認証エラーが発生した場合に一定期間（または永遠に）ログインを受け付けないロックアウトという方式にするのが一般的です。

● SQLインジェクション

多くのアプリケーションでは、リレーショナル・データベースが利用されているため、アプリケーションへのリクエストにSQL文を紛れ込ませてデータの削除や改ざんをしたり、本来閲覧できない情報を閲覧したりする攻撃です。対策としては、SQL文がリクエストに含まれている段階で拒否したり、リクエスト文字列をエスケープしてSQL文として動作しない文字列にしたりする方式が一般的です。

● OSコマンドインジェクション

SQLインジェクションと似ていますが、こちらはアプリケーションへのリクエストにOSのコマンドを紛れ込ませることで、OSを不正に操作する攻撃です。対策としては、SQLインジェクション同様に、入力データをそのまま実行しない方式が一般的です。

● クロスサイトスクリプティング（XSS）

HTML にユーザーからの入力をそのまま出力してしまうアプリケーションの脆弱性を利用し、JavaScript などのスクリプトによってフィッシングサイトへ誘導したり、機密情報を入力させたりする攻撃です。対策としては、ユーザーからの入力に含まれる JavaScript を、リクエストの段階で拒否したり、ユーザーの入力内容をそのまま出力せずにエスケープしたりすることが一般的です。

● DDoS 攻撃

大量のリクエストを送り付けることでサービスの応答性を著しく低下させたり、サービス自体を停止させる攻撃のことを DoS (Denial of Service) 攻撃といいます。DDoS（Distributed DoS）攻撃は、DoS 攻撃を不特定多数の拠点からおこなうことで、DoS 攻撃よりも遥かに多くの攻撃を送り付けます。また、複数の拠点を利用していることから対応が難しい攻撃のひとつです。対策としては、攻撃元と思われるコンピュータの IP アドレスからのアクセスを遮断することが考えられますが、すべてに対応することは難しいため、Web アプリケーションファイアウォール（WAF）製品を導入して機械的に対応することが一般的です。

AWS では、こうした攻撃への対策として Amazon Cognito や AWS WAF などのサービスが用意されています。

2 Amazon Cognito

Amazon Cognito は、アプリケーションにユーザー認証機能やアクセス管理の機能を追加するサービスです。主な機能に、アプリケーションにユーザー認証機能を提供する**ユーザープール**と、アプリケーションやその利用者に AWS への一時的なアクセス権限を提供する **ID プール**の 2 つがあります。

ユーザー認証機能は、多くのアプリケーションで同じような処理となることが多いため、アプリケーションごとに実装するよりも、ユーザープールを利用したほうが効率的です。ユーザープールの主な機能には、次のものがあります。

[ユーザープールの主な機能]

- ・ユーザー ID とパスワードを管理し、ユーザーを認証する
- ・ユーザーの個人情報として名前やメールアドレスなどを管理する
- ・MFA 認証のサポート
- ・ユーザーの自己サインアップ
- ・パスワード復旧
- ・一定回数の認証失敗でアカウントをロック
- ・サインアップ画面やサインイン画面の提供

次の図は、Amazon Cognito の利用例です。認証されたユーザーだけが API を呼び出せるアプリケーションにおいて、アプリケーションは、独自にユーザー管理や認証機能を実装せずに Amazon Cognito と連携してユーザー認証をおこないます。API サーバーは Amazon Cognito と連携して認証情報の検証をおこなうことができるので、正しいユーザーだけが API を呼び出せる仕組みを構築できます。

[Amazon Cognito の例]

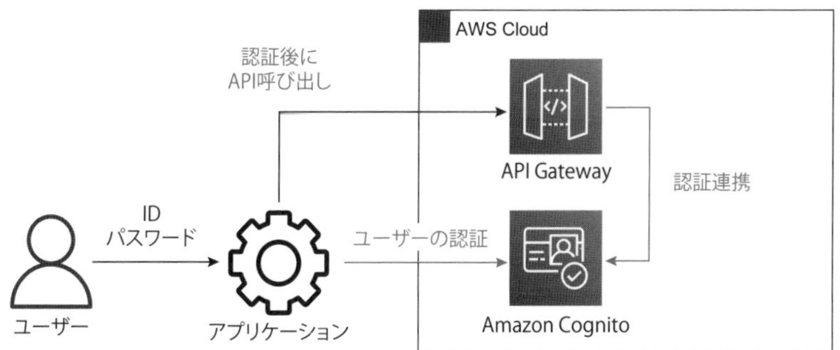

3 AWS WAF

AWS WAF は、アプリケーションに対する攻撃を遮断する Web アプリケーションファイアウォール機能を提供するサービスです。

セキュリティグループやネットワーク ACL は、IP アドレスやポート番号と

いった基本的なレベルで外部からの通信を遮断します。しかし、もともと外部に公開する必要があるWebアプリケーションでは、外部との通信をすべて遮断することはできません。

そのため、Webアプリケーションを狙ったSQLインジェクション攻撃やOSコマンドインジェクション、クロスサイトスクリプティングといった攻撃は、セキュリティグループやネットワークACLで完全に防御することができません。よって、WAFが必要になります。

WAFは、Webアプリケーション宛に届いた通信を、設定したルールにもとづいて検査し、攻撃を含む通信を検出して、Webアプリケーションの手前でブロックします。

適用できるルールは、AWSやサードパーティが定義済みのものを利用することも、利用者がカスタマイズしたルールを作成することもできます。

次の画面は、筆者のブログサイトで実際に動作しているAWS WAFの状況です。いくつかの攻撃を防いでいることがわかります。

[AWS WAFの動作例]

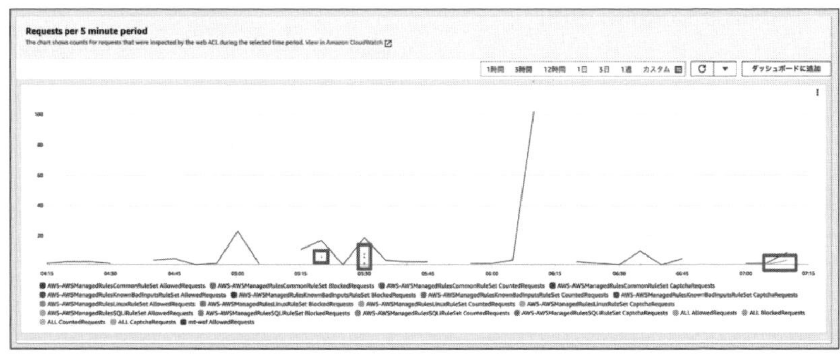

AWS WAFは、以下のAWSサービスで利用できます。

[AWS WAFが利用できるサービス]

- Amazon CloudFront
- Amazon API Gateway
- Application Load Balancer

4 AWS Shield

AWS Shield は、DDoS 保護サービスです。AWS Shield には、Standard と Advanced の 2 種類が用意されています。

AWS Shield Standard は、すべての AWS アカウントにおいて無料で利用可能なサービスです。ネットワーク層及びトランスポート層への DDoS 攻撃を防御します。

AWS Shield Advanced は有料のサービスですが、Standard の機能に加えてアプリケーション層への攻撃からも防御します。AWS Shield Advanced を有効にすると、AWS WAF と連携して動作するとともに、詳細なレポートを受け取ることができます。また、攻撃によって生じた AWS 料金の補填を受けられます。

5 Amazon Macie

クレジットカードの情報や、個人の医療記録などの機密データのことを、**センシティブデータ**といいます。AWS のストレージにこうした機密データが保存されている場合、これらの情報が暗号化されずに閲覧可能な状態にあるのはコンプライアンス要件的に好ましい状態ではない場合があります。

Amazon Macie は、Amazon S3 に保存されているデータに対して、機械学習をもとにしたセンシティブデータの自動検出を定期的におこなうことができます。検出された内容は、通知を受け取ることができるので、毎日増え続けるデータに対する自動的な確認処理を実現できます。

3-9 セキュリティを評価する

AWS には受動的な保護だけではなく、各種ログファイルや利用状況をモニタリングしてセキュリティを評価してくれるサービスや、調査に役立つサービスがあります。

1 Amazon GuardDuty

Amazon GuardDuty は、AWS アカウント内のログを機械学習を用いて解析することで、脅威の検出をおこなう脅威検知サービスです。具体的には、AWS API の呼び出しを記録する AWS CloudTrail のログや、VPC ネットワーク内のトラフィックを記録する VPC フローログ、データベースの監査ログなど様々なログを収集し、AI を使って脅威を検出します。

脅威検知に AI を利用することによって、たとえば、通常とは異なる地域からサインインしたとか、操作ミスでサーバーを公開してしまった、監査に必要なログの取得を停止したといった、ルールとして規定しにくい脅威も検知します。

Amazon GuardDutyは、無料トライアル期間が設定された有料サービスです。

2 Amazon Detective

Amazon Detective は、Amazon GuardDuty と同様に AWS の様々なログデータを分析するサービスですが、脅威検出というよりも、検出された脅威の調査に主眼が置かれたサービスです。Amazon GuardDuty とも連携して動作します。ちなみに、Detective は、「探偵」という意味です。

一般的なセキュリティ対策では、検出された脅威に対していつから影響があったのかや、どこまで影響が及ぶのかといった調査をおこなう必要があります。

調査をおこなう際に各種ログを探っていくわけですが、過去のログを遡って検索したり、フォーマットもそれぞれ違うため調査には時間がかかります。

Amazon Detective では、これらのログを一元的かつ視覚的に見やすくしてくれるので、素早く調査をおこなうことができます。

3 Amazon Inspector

Amazon Inspector は、仮想マシンである EC2 インスタンスなどの脆弱性診断を、自動的におこなうサービスです。

次の画面では、起動したばかりの EC2 インスタンスに対して自動的に診断がおこなわれ、10 件の脆弱性が発見されています。

[Amazon Inspector による脆弱性の検出]

個別のリンクを開くと、脆弱性の内容や推奨される対処法について確認することができます。

Amazon Inspector は、あくまでも脆弱性の検出をしてくれるサービスなので、検出された脆弱性にいつ対応するかは利用者側の判断となります。

4 AWS Trusted Advisor

AWS Trusted Advisor は、セキュリティ面だけではなくコスト面を含む 5 つのカテゴリについて、AWS の利用状況をモニタリングして推奨事項を教えてくれるコンシェルジュのようなサービスです。

AWS Trusted Advisor が評価するカテゴリは次のとおりです。

●コスト最適化

使用率の低い EC2 インスタンスや利用されていないリソースの検出などをお

こない、コスト改善に繋がる推奨を挙げてくれます。

●パフォーマンス

使用率が高いEC2インスタンスや、性能が不足しているボリュームの検出などをおこない、パフォーマンスの改善に繋がる推奨を挙げてくれます。

●セキュリティ

パブリックに公開されているSSH (22)、FTP (21) などの検出や暗号化されていないボリュームなどの検出をおこない、セキュリティの改善に繋がる推奨を挙げてくれます。

●耐障害性

自動バックアップが無効になっているデータベースや、EC2インスタンスの分散性などを評価し、耐障害性の改善に繋がる推奨を挙げてくれます。

●サービスの制限

作成数の上限に達しそうなリソースなど、制限に抵触しそうなリソースを検出してくれます。

AWS Trusted Advisorのすべてのチェック項目について評価を受ける場合は、AWSのサポートプランを有料のビジネスプランか、エンタープライズプランに変更する必要があります。同じく有料のデベロッパープランや、無料で利用できるベーシックプランでは、「セキュリティ」中の6項目と「サービスの制限」の全項目のみが評価されます（338ページ）。

[AWS Trusted Advisor]

5 AWS Security Hub

AWS Security Hub は、AWS アカウント内のセキュリティチェックの自動化とセキュリティリスクへの警告を一元的に管理できるサービスです。

また、AWS のその他のセキュリティサービスやサードーパーティーのサービスと連携ができるので、セキュリティチェックの結果や、セキュリティリスクに対する警告を一元的に集約して確認することができます。

[AWS Security Hub]

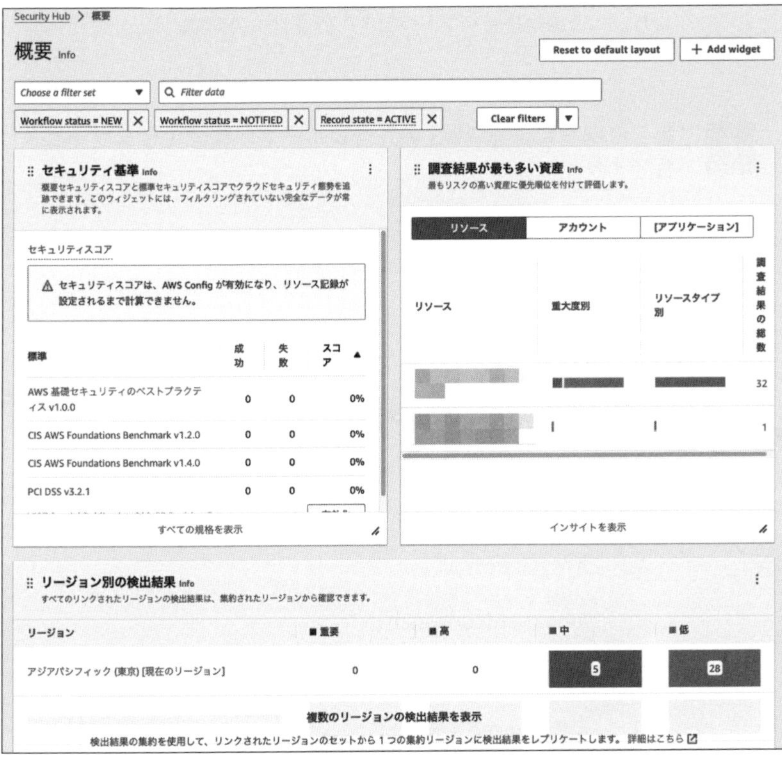

Q 演習問題

1 **AWS 責任共有モデルにおいてお客様の責任である作業はどれですか。**

A. 物理的なハードウェアの保守

B. アプリケーションのアクセスとデータの保護

C. データセンターの監査

D. 仮想化基盤ソフトウェアの脆弱性への対応

2 **第三者機関による AWS の監査レポートが確認できるサービスはどれですか。**

A. AWS Compliance Reports

B. AWS Config

C. AWS Artifact

D. Amazon Detective

3 **AWS のサービスや IAM ユーザーの行動と結果を確認できるサービスはどれですか。**

A. AWS CloudTrail

B. Amazon CloudWatch

C. Amazon Inspector

D. AWS Trusted Advisor

4 最小権限の原則を実現するリソースはどれですか。

A. IAM ユーザー

B. IAM グループ

C. IAM ロール

D. IAM ポリシー

5 アプリケーションやシステムを DDoS 攻撃から保護するサービスはどれですか。

A. Amazon GuardDuty

B. AWS Shield

C. Amazon Cognito

D. AWS Systems Manager

6 アプリケーションを守るファイアウォール機能を実現する機能はどれですか。(2つ選択)

A. セキュリティグループ

B. Multi-Factor Authentication

C. ウェブ ACL

D. ネットワーク ACL

E. DHCP

7 **AWS Organizationsの利点について正しく表現しているものはどれですか。**

A. 複数のAWSアカウントを一括して作成できる

B. 料金の一括請求が利用できる

C. 複数のAWSアカウントに対してIAMポリシーを一元的に管理できる

D. AWSリソースをそれぞれのAWSアカウントで共有できる

8 **ある企業は、オンプレミスからのアクセスとインターネットアクセスについて統合的に制御できるファイアウォールを必要としています。選択するべきサービスはどれですか。**

A. AWS Firewall Manager

B. AWS Security Hub

C. AWS Network Firewall

D. AWS Security Manager

A 解答

1 B

A、C、D はすべて AWS が負うべき責任です。

2 C

A は、正しくありません。そのような名前のサービスはありません。
B は、正しくありません。AWS Config は、AWS のリソースの設定を監視するサービスです。
D は、正しくありません。Amazon Detective は、セキュリティの調査に役立つサービスです。

3 A

B は、正しくありません。Amazon CloudWatch は、AWS のリソースとアプリケーションのモニタリングをするサービスです。
C は、正しくありません。Amazon Inspector は、EC2 インスタンスの脆弱性を診断するサービスです。
D は、正しくありません。AWS Trusted Advisor は、AWS の利用状況をモニタリングして推奨事項を提示してくれるサービスです。

4 D

IAM ポリシーで必要最低限のアクセス権限を定義します。

5 B

A は、正しくありません。Amazon GuardDuty は、機械学習と AI によって各種ログから脅威を検出するサービスです。
C は、正しくありません。Amazon Cognito は、アプリケーションに認証機能を提供するサービスです
D は、正しくありません。AWS Systems Manager は、運用に役立つ機能が提供されるサービスです。

6 A、D

Bは、正しくありません。Multi-Factor Authenticationは、サインインに際してIDとパスワード に加えて本人だけが知り得る要素を用いて認証をする方法です。
Cは、正しくありません。ウェブACLは、AWS WAFで利用するルールの定義です。
Eは、正しくありません。DHCPは、IPアドレス管理の仕組みです。

7 B

Aは、正しくありません。 AWS Organizationsでは、新しいAWSアカウントの作成はできますが、複数のアカウントを一括して作成する機能はありません。
Cは、正しくありません。AWS Organizationsで管理できるポリシーは、サービスコントロールポリシーです。
Dは、正しくありません。AWS Resource Access Managerを利用することで、AWS Organizationsに対してAWSリソースの共有を作成・管理できます。

8 C

Aは、正しくありません。AWS Firewalll Managerは、セキュリティグループなどのファイアウォールルールをAWS Organizations内で一元的に管理できるサービスです。
Bは、正しくありません。AWS Security Hubは、AWS Organizations内のアカウントに対するセキュリティチェックの自動化や、各種サービスからのセキュリティ情報を集約できるサービスです。
Dは正しくありません。そのようなサービスはありません。

第4章

AWS 環境の構築

4-1 AWS 環境の構築と運用

AWS クラウド環境は、Web 上で操作するほかにも、スクリプトやプログラムを利用できます。
本節では、AWS クラウドの環境構築と運用の手法について説明します。

1 AWS クラウド導入モデル

AWS を利用してサーバーなどを構築する場合でも、必ずしもすべてのリソースをクラウド上に展開しなければならないわけではありません。既存のオンプレミス環境と組み合わせてハイブリッドクラウド（29 ページ）としたり、オンプレミス環境を利用しながら、AWS を活用していく方法もあります。それぞれの使い方で AWS を利用するメリットについてまとめます。

●すべてのリソースをクラウド上に展開する場合

AWS クラウド上にすべてのリソースを構築するモデルです。1 カ所ですべてのリソースを管理できるため、運用・管理の面やコストの面でもクラウドのメリットを受けやすいモデルです。

既存のアプリケーションを仮想マシン上に移行して実行できるだけではなく、AWS のサービスを利用したアーキテクチャに改善したり、新規のアプリケーションをクラウドネイティブとして構築することで、素早い展開や開発をおこなえるというメリットがあります。

●オンプレミス環境上に展開する場合

コンプライアンス要件や性能要件によっては、リソースをオンプレミスに構築しなければならない場合もあります。たとえば、データの保全要件のためにクラウドに移行できない場合や、常にマイクロ秒以下の応答性能が求められるアプリケーションなどです。

AWS には、既存のオンプレミス環境を使いながら AWS のメリットを享受できるサービスも用意されています。こうしたサービスでは、インフラ構築や運用・管理の部分を AWS で実行しながら、リソースやデータの保存場所としてオンプレミス環境を利用します。

オンプレミスのデータセンター内に、AWS がラックまたはサーバーを設置する AWS Outposts というサービスもあります（161 ページ）。

● ハイブリッドモデル

ハイブリッドモデルでは、AWS 上のリソースとオンプレミス上のリソースの双方を扱います。

たとえば、月末だけデータの集計に膨大なコンピューティングリソースが必要なケースでは、月末だけ AWS 上に複数のサーバーを構築して集計処理をおこない、終わったらリソースを削除するか停止して、コストを最低限に抑えることができます。

また、AWS をデータの保存先として利用するケースもよくあります。AWS には、容量無制限かつ耐久性の高いストレージサービスがあるため、オンプレミスのバックアップ先や、ファイルサーバーとしても活用できます。

最近は災害時の復旧や事業継続のために AWS を利用するケースもあります。通常時はオンプレミス環境を利用して、災害などでオンプレミス環境が利用できなくなった場合に AWS 上のシステムを稼働するといった利用方法です。

どの展開モデルについても、AWS を利用するメリットがあります。

2 AWS クラウドとの接続

AWS クラウド上にあるリソースを利用するには、利用者の PC やスマートフォン、あるいは自社のオンプレミス環境などを、AWS クラウドと接続する必要があります。AWS との接続にはインターネットを利用するのが一般的ですが、専用線を用いることもできます。

● パブリックインターネット

ここでいうパブリックインターネットとは、一般的に利用されるインターネット回線のことです。企業や自宅などからインターネットプロバイダー経由でアクセスしたり、スマートフォンなどの 4G 回線や 5G 回線、Wi-Fi といったモバイル通信によってアクセスしたりできます。

パブリックインターネットのメリットとしては、導入が容易である点が挙げられます。ただし、一般に通信帯域の速度保証はなく、ベストエフォート(可能な範囲で最大の速度を提供)である点や、誰でも使えることからセキュリティ面が課題になるなどのデメリットもあります。

[パブリックインターネット]

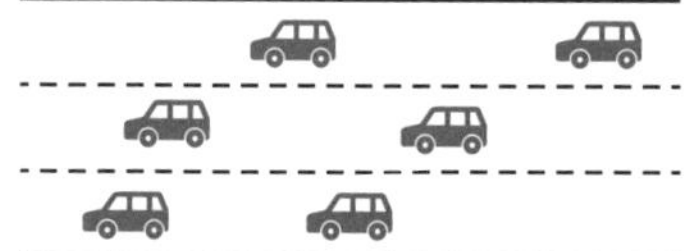

不特定多数と広い道路を共有。
空いていれば高速で移動できる

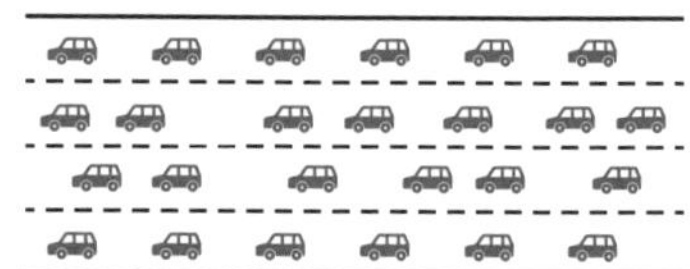

混んでくると速度が落ちる(ベストエフォート)。
公共の道路なのでセキュリティは低い

● インターネット VPN

インターネットなどのパブリック回線を経由しながらも、セキュリティを考慮した通信をおこなう方法に、**VPN 接続**があります。

VPN は Virtual Private Network の略で、その名称が示すとおり、インターネットなどのパブリックな回線を利用して、仮想的なプライベート接続を実現します。

VPN 接続では、トンネリングや暗号化などの技術が利用されています。たとえるなら公共の道路の一部にトンネルを通して、自分たちしか通行できないようにしてしまうイメージです。

AWS で利用できる VPN サービスは後述します (217 ページ)。

[インターネット VPN]

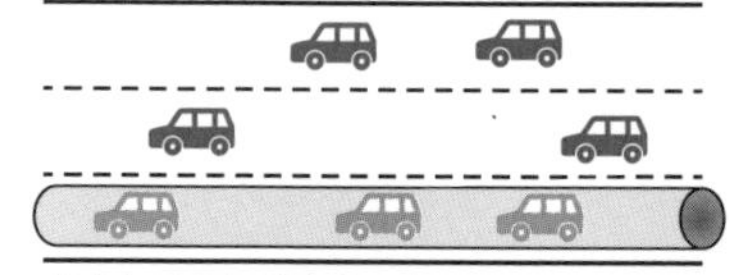

他人に見られず移動でき、
空いていれば高速で移動できる

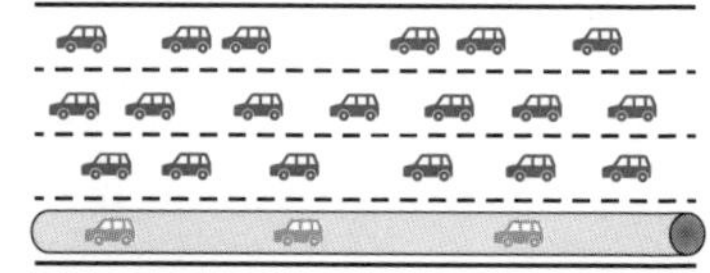

他人に見られず移動できるが、道路の幅は
変わらないので、混んでくるとトンネルが
狭くなり、速度が落ちる

● プライベート専用線

VPN 接続を利用すれば、パブリック回線を利用していても通信の安全を確保できます。しかし、通信品質に関してはパブリック回線を利用している限りはベストエフォートのままです。

プライベート専用線（単に専用線とも呼ばれます）は、誰もが利用するパブリック回線ではなく、拠点同士を専用のネットワーク回線で接続する方法です。常に大容量のデータを比較的高速に通信する場合に採用されます。たとえるなら、目的地と自宅の間に自分専用の高速道路を敷設するイメージです。

拠点間を結ぶプライベート専用線であれば、自分たちしか利用しないため、セキュリティ面でも安心といえます。一方、通信キャリアが提供している閉塞網を利用する場合は、セキュリティ面に考慮しプライベート専用線＋ VPN を採用するのが一般的です。

AWS で利用できるプライベート専用線サービスについては後述します（220 ページ）。

[プライベート専用線]

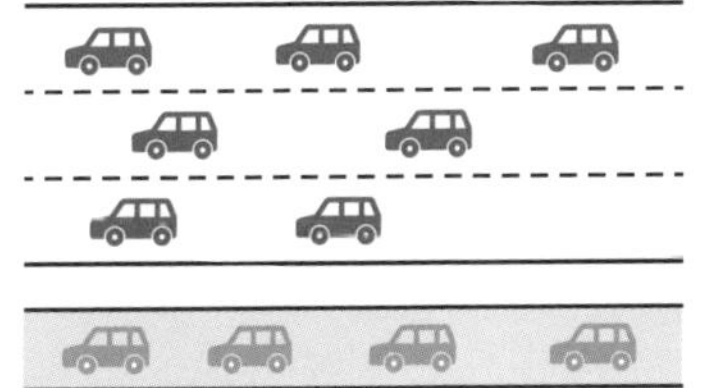

自分たち専用

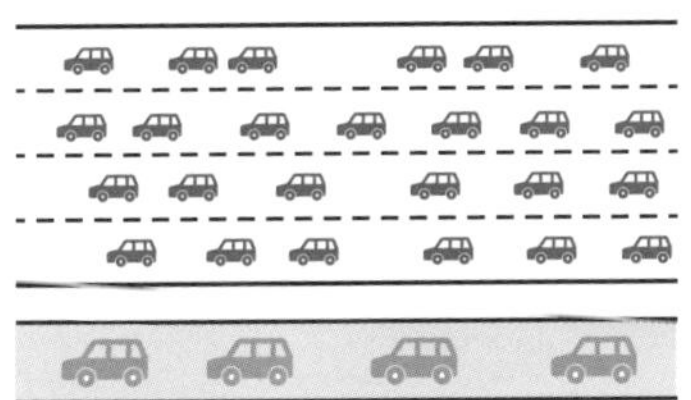

自分たち専用なので、他人の影響を受けにくい

3 AWS の利用方法

AWS では、新規にサービスの利用を開始したり、利用中のサービスを管理するために、以下のような管理ツールが用意されています。

・マネジメントコンソール
・AWS CLI
・AWS SDK

● マネジメントコンソール

マネジメントコンソールは、Webベースの GUI（グラフィカルユーザーインターフェース）管理ツールです。ブラウザでサインイン画面にアクセスし、ID とパスワードを入力してサインインすると、「コンソールのホーム」画面が表示され、各種の操作ができます。

マネジメントコンソールには、サービスの利用状況や現在と過去の請求、リソースの状態などを確認するダッシュボード機能があり、AWS からの通知やサポートへの問い合わせなどができます。

多くのサービスと機能がマネジメントコンソールに対応していますが、一部のサービスや機能については、後述する AWS CLI や AWS SDK を利用します。

[AWS マネジメントコンソール]

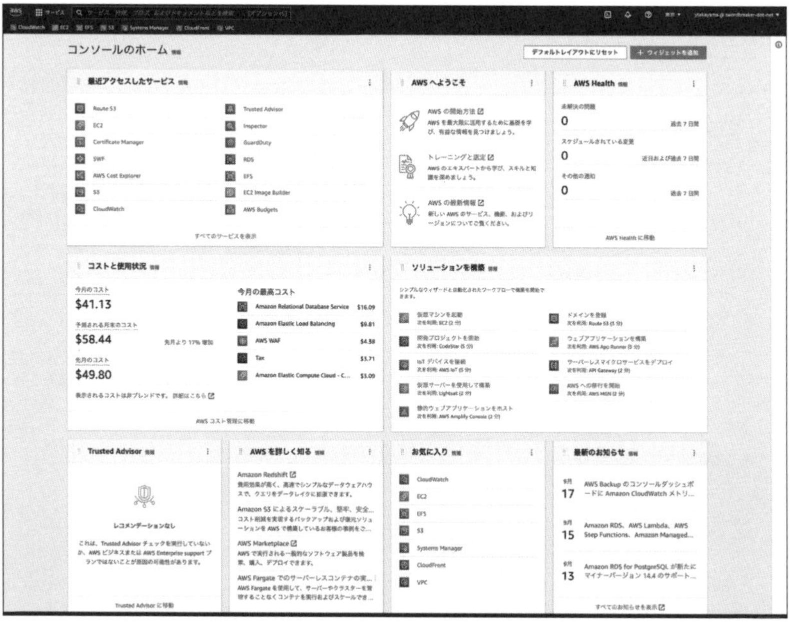

● AWS CLI

CLI は「Command Line Interface」の略で、マネジメントコンソールのような GUI ではなく、コマンド（命令語）を入力して AWS を操作します。

[AWS CLI]

```
bash-3.2$ aws s3 sync dist/ s3://lab-report-front/ --profile LabReport --delete
upload: dist/favicon.ico to s3://lab-report-front/favicon.ico
upload: dist/index.html to s3://lab-report-front/index.html
upload: dist/js/app.05dfdb96.js to s3://lab-report-front/js/app.05dfdb96.js
upload: dist/js/app.05dfdb96.js.map to s3://lab-report-front/js/app.05dfdb96.js.map
upload: dist/css/chunk-vendors.ff9d3c6e.css to s3://lab-report-front/css/chunk-vendors.ff9d3c6e.css
upload: dist/js/chunk-vendors.55e548f3.js to s3://lab-report-front/js/chunk-vendors.55e548f3.js
upload: dist/js/chunk-vendors.55e548f3.js.map to s3://lab-report-front/js/chunk-vendors.55e548f3.js.map
bash-3.2$
bash-3.2$
bash-3.2$ aws s3 ls s3://lab-report-front --profile LabReport
                           PRE css/
                           PRE js/
2023-02-27 10:10:26       4286 favicon.ico
2023-02-27 10:10:27        794 index.html
bash-3.2$ 
```


AWS CLI は、Windows、macOS、Linux 環境向けに提供されています。Python 言語によって作られたプログラムなので、実行環境には Python のインストールが必要です。

AWS CLI では、実行したい一連のコマンドを記述したスクリプトを作成することができます。定型的な手順をスクリプトにして実行すれば、複雑な手順でも操作ミスの心配をせずに自動的に実行できます。

● AWS SDK

SDK は「Software Development Kit」の略で、アプリケーション開発用に用意されたプログラミング用ライブラリです。JavaScript や Python など、様々な開発言語向けに提供されています。

AWS SDK を利用することで、プログラムの中から直接 AWS のサービスやリソースにアクセスできます。

[AWS SDK]

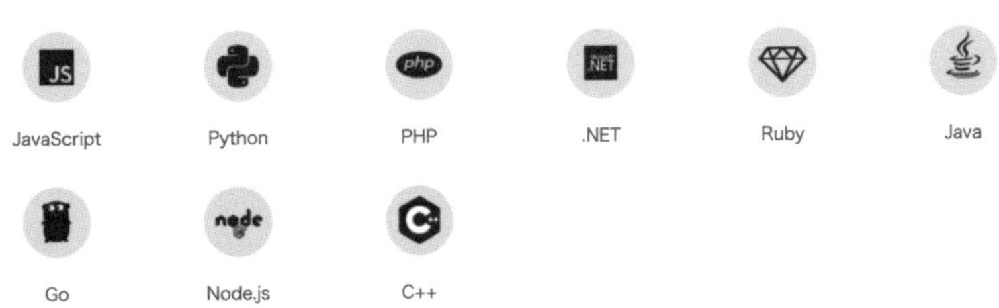

マネジメントコンソール、AWS CLI、AWS SDKはいずれも無料で利用できます（サービスの利用には料金がかかります）。

4 AWS クラウド環境の自動構築

AWS には、リソースの作成、変更、削除を自動化し、環境を自動的に構築してくれるサービスも用意されています。

● AWS CloudFormation

サーバーなどのインフラストラクチャの環境構築には、必要なソフトウェアのインストールや設定ファイルの作成といった様々な作業が必要です。従来、こうした作業は構築マニュアルなどのドキュメントに従っておこなうのが一般的でしたが、ソフトウェアがアップデートされてもマニュアルが更新されていなかったり、手順を見落として環境を再構築できないといったトラブルが生じることがあります。

こうした問題を解決する方法のひとつに、**IaC**(Infrastructure as Code)があります。IaCは、サーバーなどのインフラストラクチャの管理を、あらかじめ用意されたコード(プログラムやテキストで記述されたスクリプト)でおこなう手法です。

[Infrastructure as Code]

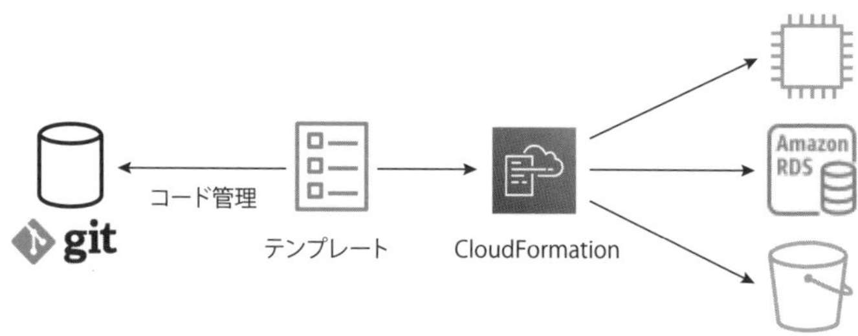

AWS CloudFormation は、AWS リソースの作成、更新、削除を自動化する IaC サービスです。利用者は、JSON または YAML 形式で記述されたテンプレートを用いて、様々な AWS リソースを管理できます。

テンプレートから作成されたAWSリソースの集合を、**Stack**と呼びます。AWS CloudFormationでは、リソースをStack単位で削除できるので、リソースの削除漏れを心配せずに、様々なパターンの検証などにも利用されます。

[AWS CloudFormation]

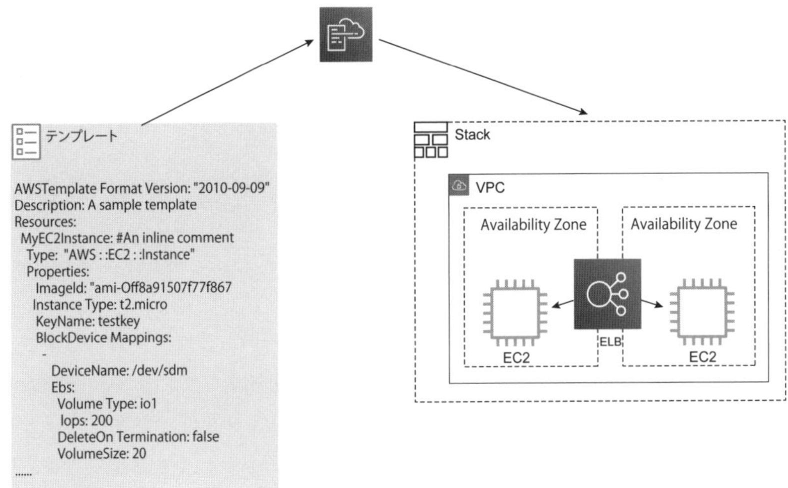

AWS CloudFormationを利用すると、テンプレートを使うことによって同じ構成を何度でも自動的に構築できます。

● AWS Elastic Beanstalk

AWS Elastic Beanstalkは、主にWebアプリケーションの実行環境の自動構築に利用されます。AWS CloudFormationと同様に、環境を自動構築できるサービスですが、テンプレートを用意する必要がないため、より簡単に環境構築をおこなうことができます。

利用者は、業務用アプリケーションやオープンソースソフトウェアなど、実際に動作させたいアプリケーションを用意し、マネジメントコンソールやCLIから構築したい環境の設定をパラメータとして指定します。すると、サーバーを含めたアプリケーションの実行環境をElastic Beanstalkが自動構築します。

● AWS Service Catalog

AWS Service Catalogは、AWS上で動作するアプリケーションやインフラストラクチャをシステム管理部門がコントロールしながら、事業部門や開発部門などのユーザーが自分たちに必要なものを必要なときにすぐ利用できる環境を提供するカタログサービスです。

次の画面は、AWS Service Catalogの製品カタログ画面です。

[AWS Service Catalog]

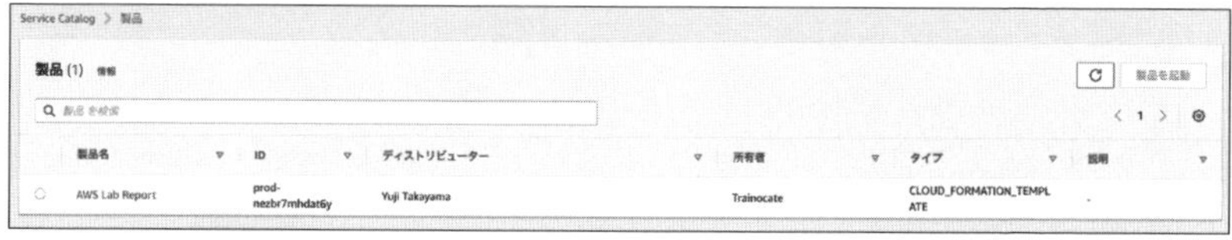

たとえば筆者は、AWSトレーニングのラボ演習のあとに、受講者の皆さんにコメントを投稿していただくアプリケーションを利用しています。ほかのインストラクターの方から「自分もこのアプリケーションを使ってみたい」とリクエストが来た場合は、AWS Service Catalogに製品として登録しておき、ほかのAWSインストラクターのIAMユーザーが自分自身で製品を選んで構築できる仕組みが作れます。また、「AWSインストラクター以外のインストラクターには提供しない」といったように、構築できる人を制限することもできます。

AWS Service Catalogでは、製品としてAWS CloudFormationのテンプレートや、構築済みのStackを登録できます。

4-2 グローバルインフラストラクチャ

AWS のすべてのリソースは、AWS が管理する物理的なデータセンターに構築されます。AWS は、このようなデータセンターを世界中に設置しており、利用者は利用したいデータセンターの地域を自由に選択できます。本節では、AWS が提供するこれら物理的なインフラストラクチャについて解説するとともに、選択の基準について解説します。

1 AWS グローバルインフラストラクチャ

AWS が世界各地に保有するデータセンターやネットワーク回線などの物理的なインフラストラクチャは、**グローバルインフラストラクチャ**と呼ばれます。グローバルインフラストラクチャは、

・リージョン
・アベイラビリティーゾーン
・エッジロケーション

によって構成されます。

2 リージョン

リージョンは、AWS グローバルインフラストラクチャの中で最も大きい単位で、物理的なデータセンターが集積された拠点の地域を表します。

全世界に 33 個のリージョン（2024 年 4 月時点）が展開されており、日本国内では「東京」と「大阪」リージョンがあります。

各リージョンは、AWS のグローバルネットワークによって接続されているため、遅延を抑えつつセキュリティに考慮した IT システムを世界規模で構築する

ことができます。

多くのリージョンが、特別な契約や手続きを必要とせずAWSにサインアップするだけで利用できますが、中国国内のリージョンは別途契約を必要としており、AWSアカウントも別になります。また、GovCloudと呼ばれるリージョンは、アメリカ政府関連専用リージョンとして提供されています。

[AWSのリージョンの位置]

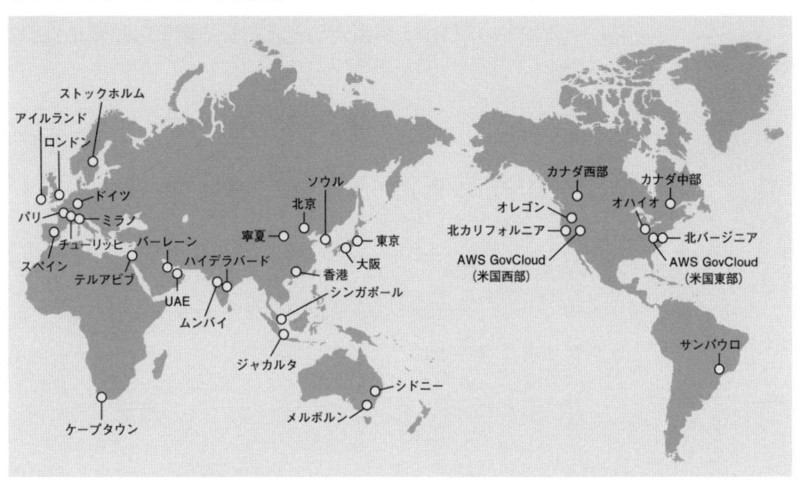

● リージョンの選択基準

AWSのサービスの多くはリージョン内で利用します。利用するリージョンを選択する際に検討すべき4つのポイントについて説明します。

●コンプライアンス遵守

たとえば、国外に持ち出しが禁止されているデータを国外のリージョンに保存すると法令違反にあたることがあります。あるいは、法令で規定されていなくても企業ガバナンス要件を満たしていなければ、国外のリージョンの利用は検討するべきではありません。

●エンドユーザーとの近接性

アプリケーションやデータは、実際に利用するエンドユーザーに近いほうがネットワーク遅延を少なくできます。

●利用できるサービス

AWSのサービスは、すべてのリージョンで等しく同じサービスが利用できるとは限りません。リージョンによっては、提供されていないサービスもあります。

●コスト最適化

AWSの料金は、リージョンによって単価が違います。これは、地域ごとに維持費用に差があるためと言われています。

リージョンは、コンプライアンス要件を考慮しながら、近接性やサービス提供の有無、コストの面で選択します。

リージョンよりも利用者に近い場所でアプリケーションの実行環境やストレージなどのサービスを提供するインフラストラクチャサービスとして、AWS Wavelength（159ページ）やAWS Local Zones（160ページ）があります。

3 アベイラビリティーゾーン

アベイラビリティーゾーンは、1カ所以上の物理的なデータセンターの集合です。データセンターは物理的な建屋なので収容上限があります。上限以上のリソースを提供するためにAWSは追加でデータセンターを建設することがあります。こうした複数のデータセンターを、仮想的に1つのデータセンターとして扱えるようにしたものがアベイラビリティーゾーンです。

[リージョンとアベイラビリティーゾーン]

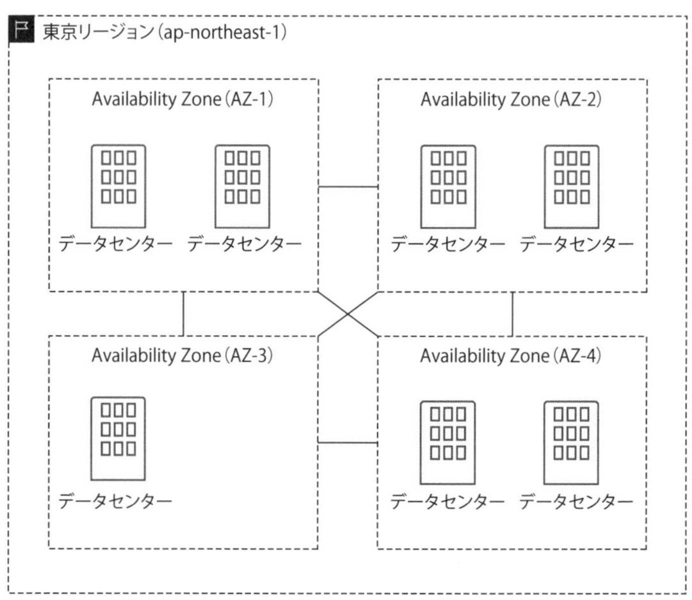

リージョンは、一部の例外を除き3カ所以上のアベイラビリティーゾーンで構成されています。リージョン内の各アベイラビリティーゾーン間は、高速なAWSの内部ネットワークで接続されており、通常1～2ミリ秒程度のネットワーク遅延で通信できるように設計されています。

また、各アベイラビリティーゾーンは停電や火災、水害などの地域災害による影響が複数のアベイラビリティーゾーンに及ばないように地理的に離れた場所に存在し、電源やインターネットとの接続回線を共有しないように設計されています。一般的には、100キロメートル以内で数キロから数十キロ程度離れています。

● 複数のアベイラビリティーゾーンを利用できる理由

オンプレミス環境でも、ミッションクリティカルなシステムでは災害からインフラストラクチャを守る方法として複数の離れた場所にあるデータセンターを契約し、専用線で接続する場合が少なくありません。この場合、専用線は基本的に自分たちで用意する必要があります。

一方、AWS のリージョンには、最低3カ所以上の独立したデータセンターであるアベイラビリティーゾーンが存在し、すでに専用ネットワークで接続されています。複数のアベイラビリティーゾーンを利用すれば、どんなシステムに対しても追加の時間と費用をかけずに可用性の高いインフラストラクチャを構築できます。

試験対策

リージョンでは、最低3カ所以上のアベイラビリティーゾーンが提供されており、アベイラビリティーゾーン間は地理的にも設備的にも独立しています。

4 エッジロケーション

エッジロケーションは、リージョンやアベイラビリティーゾーンから独立して存在するデータセンターです。執筆時点で全世界に 600 カ所以上存在しています。

エッジロケーションとリージョンは AWS の高速なグローバルネットワークで結ばれているため、インターネット経由での通信よりも低遅延な通信ができます。

[エッジロケーション通信とインターネット通信]

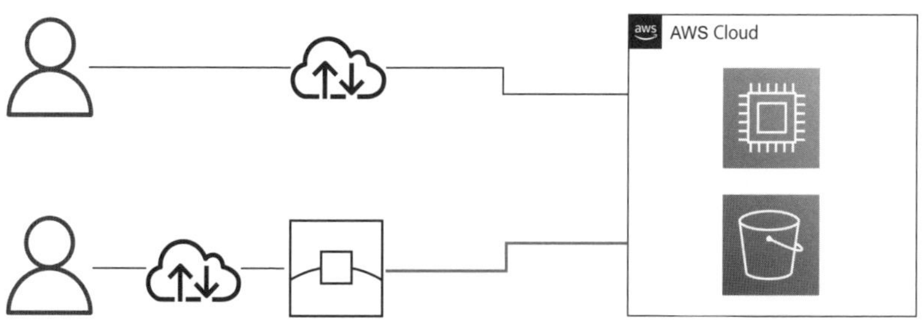

エッジロケーションは、主に次の2つの用途で利用されています。目的は、いずれもユーザーにより近づくことです。

・低遅延な配信
・世界規模の可用性

● 低遅延な配信

低遅延な配信をサポートするサービスとして、**Amazon CloudFront** と **Amazon Route 53** がエッジロケーションで動作しています。各サービスの説明は後述しますが、Amazon CloudFront は Web コンテンツのキャッシュサーバーで、Amazon Route 53 は DNS サーバーです（222，223 ページ）。

たとえば、アメリカ在住の人が東京リージョンで提供される動画を閲覧しようとした場合、日本国内からアクセスする場合よりも多くのネットワーク遅延が発生します。このような場合、最寄りのエッジロケーションにコンテンツが存在していれば、より少ない遅延でコンテンツを閲覧できます。

Amazon CloudFront と Amazon Route 53 は、第 3 章で登場した AWS WAF や AWS Shield による保護の対象です。

● 世界規模の可用性

エッジロケーションを利用したサービスとして、**AWS Global Accelerator** があります。AWS Global Accelerator は、Amazon CloudFront と同様にユーザーからのリクエストをエッジロケーションで受け付け、リージョン内のサーバーまでは AWS グローバルネットワークを利用することでネットワーク遅延を低くできるサービスです。

Amazon CloudFront との違いとして、コンテンツのキャッシュはおこなわないため、すべてのリクエストはリクエスト先のサーバーに送られます。

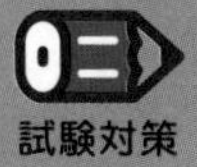

エッジロケーションを利用した主なサービスとして、Amazon CloudFront、Amazon Route 53、AWS Global Accelerator があります。

5 ユーザーの近くに配置する

エッジロケーションでは、仮想マシンなどのコンピューティングリソースを利用することはできません。しかし、たとえば多くのユーザーが接続するリアルタイムゲームのサーバーなどのように、低遅延のコンピューティングリソースが必要なケースがあります。

低遅延を実現するため、よりユーザーに近い場所にコンピューティングリソースを配置するサービスとして、以下のようなサービスがあります。

● AWS Wavelength

5Gに対応したスマートフォンなどのデバイスでは、5G通信事業者の基地局経由でインターネット通信がおこなわれます。**AWS Wavelength**は、通信事業者のモバイルネットワーク内にAmazon EC2などのAWSサービスを配置します。これを利用することで、5Gを利用するユーザーに対して、より低遅延なアプリケーションを提供できます。

[AWS Wavelength]

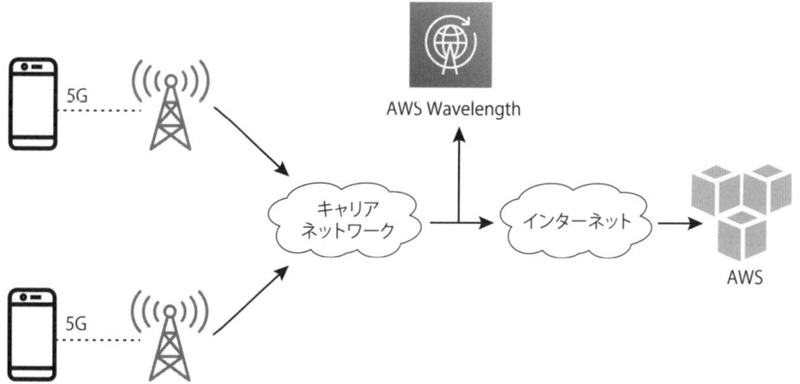

AWS Wavelengthでは、**Wavelength Zone**と呼ばれるVPC内のサブネットのようなゾーンを有効にすることで、Amazon EC2などのリソースが設置可能になります。

日本では、東京リージョンに東京エリアと大阪エリアのWavelength Zoneが用意されています。

[Wavelength Zone]

設定

データ保護とセキュリティ | ゾーン | デフォルトのクレジット仕様 | EC2 シリアルコンソール | コンソールの実験

ゾーン (6)

リージョンを切り替えて、別の AWS リージョンのゾーンを管理します。

すべてのゾーン ▼ 　属性でゾーンを検索 　アクション ▼

ゾーン ID	ゾーン名	ゾーンのタイプ	ロケーション	状態	オプトイン
apne1-az4	ap-northeast-1a	アベイラビリティー...	-	利用可能	デフォル
apne1-az1	ap-northeast-1c	アベイラビリティー...	-	利用可能	デフォル
apne1-az2	ap-northeast-1d	アベイラビリティー...	-	利用可能	デフォル
apne1-tpe1-az1	ap-northeast-1-tpe-1a	ローカルゾーン	台湾 (台北)	利用可能	無効
apne1-wl1-kix-wlz1	ap-northeast-1-wl1-kix-wlz-1	Wavelength Zone	大阪	利用可能	無効
apne1-wl1-nrt-wlz1	ap-northeast-1-wl1-nrt-wlz-1	Wavelength Zone	東京	利用可能	無効

● AWS Local Zones

AWS Local Zones は、AWS リージョンよりもユーザーに近い場所からコンピューティングやストレージなどのインフラストラクチャを構築できるサービスです。

たとえば、本書執筆時点で台湾にリージョンはありません。その代わり、東京リージョンには台湾 (台北) ローカルゾーンが用意されています。台湾ローカルゾーンのデータセンターは台湾に存在しているため、台湾国内でシステムやアプリケーションを展開する場合、東京リージョンや大阪リージョンよりもより低遅延な通信が可能になります。

逆に、日本国内のユーザーに対しては、一般に台湾ローカルゾーンのほうがネットワーク遅延が大きいので、東京リージョンや大阪リージョンを利用するほうが良いです。

● AWS Outposts

AWS Outposts は、リージョンよりもユーザーに近い場所でコンピューティングリソースを利用できるという点では、AWS Local Zones と似ています。

AWS Local Zonesは、台北やロサンゼルスなど都市部にAWSを拡張しますが、AWS Outpostsはユーザーのデータセンターに AWSを拡張します。いわば、AWSの出張所を自社データセンター内に構築するサービスです。

具体的には、ユーザーのデータセンター内に、AWSのサーバーやサーバーラックを設置します。ユーザーのデータセンター内でAmazon EC2などのサービスが利用できるので、極低遅延の要件や、設置要件によりデータをデータセンターから出すことができない場合でもAWSのサービスを利用したシステムを構築できます。

[AWS Outpostsのサーバー、サーバーラック]

試験対策

各サービスそれぞれ低遅延を実現できますが、用途による使い分けを意識して覚えましょう。

6 高可用性の実現

AWSのサービスには、リージョンだけを指定すれば良いサービスと、アベイラビリティーゾーンの指定が必要なサービスがあります。

リージョンを選択するだけのサービスは、マネージドサービスなのでAWSが高可用性を維持しています。

アベイラビリティーゾーンを指定する必要があるサービスでは、要件に合わせて高可用性を設計できます。

●複数のアベイラビリティーゾーンを利用する

1つのリソースが利用できなくなるとサービス全体が止まってしまう地点のことを**単一障害点**といいます。

本番環境においてサーバーが1台しか存在しない場合は、サーバーが単一障害点になってしまうため、2台以上のサーバーによる冗長構成を組むことが一般的です。

AWSでは、1つのリージョンに最低3個以上のアベイラビリティーゾーンが存在するように設計されているため、こうした複数のサーバーなどのリソースを複数のアベイラビリティーゾーンに分散することで、データセンターレベルはもとより、地域災害レベルの障害に対しても冗長性を発揮することができます。

こうした複数のアベイラビリティーゾーンを利用した冗長構成のことを**マルチAZ**構成と呼びます。

●複数のリージョンを利用する

ミッションクリティカルな環境においては、アベイラビリティーゾーンレベルの障害のみならず、リージョンレベルの災害に対する備えを必要とするケースがあります。

AWSでは、複数のリージョンにリソースを配置し、リージョン間でデータのコピーをおこなうことができます。

こうした機能を利用して複数のリージョンにインフラストラクチャを構築する仕組みのことを**マルチリージョン**構成と呼びます。

[マルチ AZ とマルチリージョン]

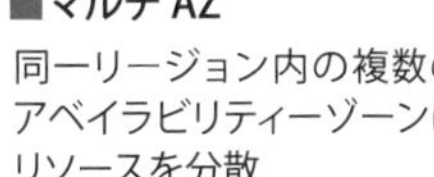

■マルチ AZ
同一リージョン内の複数の
アベイラビリティーゾーンに
リソースを分散

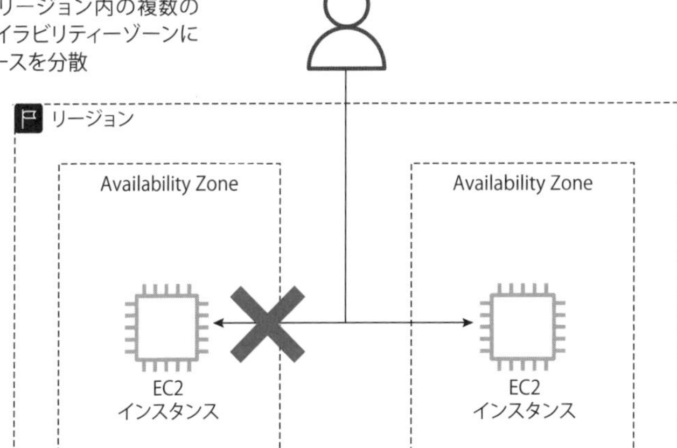

■マルチリージョン

複数のリージョンに
リソースを分散

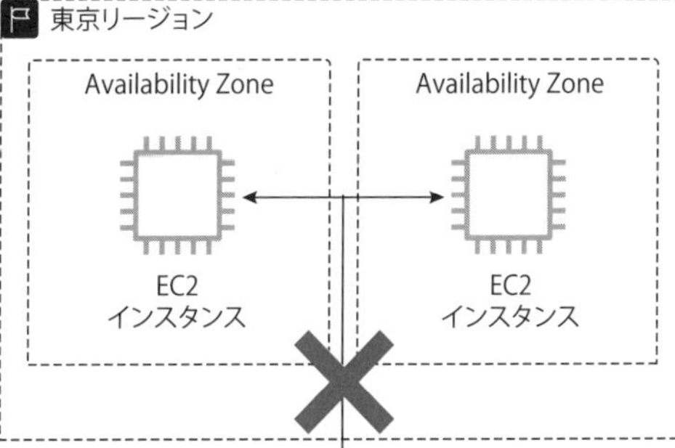

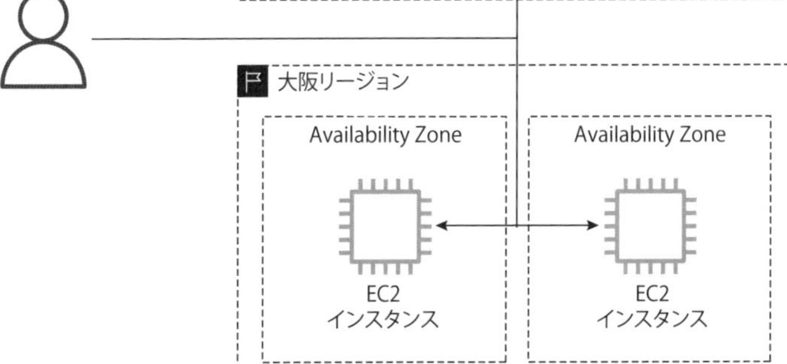

Q 演習問題

1 **AWSの使用に際して利用できるものはどれですか。（3つ選択）**

A. Windowsアプリケーション

B. マネジメントコンソール

C. AWS CLI

D. AWS CDK

E. AWS SDK

2 **Infrastructure as Codeについて正しく表現しているものはどれですか。**

A. Infrastructure as Codeでは、手作業による構築を推奨している

B. Infrastructure as Codeは、再現可能なインフラストラクチャ構築を実現する

C. Infrastructure as Codeは、ソフトウェア開発手法のひとつである

D. Infrastructure as Codeは、AWSを利用するために必須である

3 **AWSで、Infrastructure as Codeを利用できるサービスはどれですか。**

A. AWS CloudFormation

B. Amazon CloudWatch

C. Amazon CloudFront

D. AWS IaC

4 **AWS マネジメントコンソールについて正しく表現しているものはどれですか。**

A.　AWS マネジメントコンソールは、AWS のすべての機能が実行可能である

B.　AWS マネジメントコンソールの利用は特別な契約は必要ない

C.　AWS マネジメントコンソールと AWS CLI の操作が同時におこななわれた場合、マネジメントコンソールの操作が優先される

D.　AWS マネジメントコンソールの利用はコストがかかる

5 **AWS グローバルインフラストラクチャの特徴として正しいものはどれですか。（2 つ選択）**

A.　リージョンはデータセンターの集積された地域のことである

B.　アベイラビリティーゾーンは、最低 3 つ以上のリージョンに所属している

C.　アベイラビリティーゾーンは、リージョンに必ず3カ所以上存在する

D.　エッジロケーションは、アベイラビリティーゾーンの一部である

E.　アベイラビリティーゾーン同士はなるべく近い場所に存在する

6 **Amazon CloudFront が利用する AWS グローバルインフラストラクチャの要素はどれですか。**

A.　リージョン

B.　アベイラビリティーゾーン

C.　エッジロケーション

D.　AWS Local Zones

7 利用者が実行したいアプリケーションパッケージファイルを用意するだけで実行環境を自動構築できるサービスはどれですか。

A. AWS Elastic Beanstalk

B. Amazon Elastic Compute Cloud

C. AWS Service Catalog

D. Elastic Load Balancing

8 高可用性を実現するために用意されている AWS グローバルインフラストラクチャの要素はどれですか。（2 つ選択）

A. リージョン

B. アベイラビリティーゾーン

C. エッジロケーション

D. AWS Local Zones

E. データセンター

9 利用者がリージョンを選択する際に考慮すべき事柄として正しいものはどれですか。

A. データセンターのセキュリティレベル

B. アベイラビリティーゾーンの場所

C. 法令遵守

D. リージョンごとの利用規約

10 企業は、5G ネットワークを利用したコネクテッド・カーアプリケーションを構築しようとしています。最適なAWSサービスはどれですか。

A. AWS Wavelength

B. AWS Local Zones

C. AWS Outposts

D. Amazon CloudFront

A 解答

1 B、C、E

A は、正しくありません。公式には Windows アプリケーションは提供されていません。
D は、正しくありません。AWS CDK は、Cloud Development Kit の略で、プログラミング言語で IaC を実現するものです。

2 B

A は、正しくありません。手作業による構築はミスや属人的になるため、多くのケースで推奨されません。
C は、正しくありません。ソフトウェア開発の手法をインフラストラクチャ構築に応用したものです。
D は、正しくありません。IaC は必ずしも必須ではありません。

3 A

B は、正しくありません。Amazon CloudWatch はモニタリングのサービスです。
C は、正しくありません。Amazon CloudFront はコンテンツ配信ネットワークのサービスです。
D は、正しくありません。AWS IaC というサービスは存在しません。

4 B

A は、正しくありません。AWS CLI などを利用しないとおこなえない操作があります。
C は、正しくありません。マネジメントコンソールと AWS CLI に優先順位はないので、最後に実行された結果が適用されます。
D は、正しくありません。マネジメントコンソールは無料です。

5 A、C

B は、正しくありません。アベイラビリティーゾーンはリージョンに属するデータセンターの集合です。
D は、正しくありません。エッジロケーションは、リージョンやアベイラビリティーゾーンから独立したデータセンターです。
E は、正しくありません。アベイラビリティーゾーン間には、地域災害の影響を受けにくい距離（おおよそ100km以内）が設けられています。

6 C

Amazon CloudFront は、エッジロケーションにキャッシュサーバーを構築しています。
エッジロケーションを利用するサービスとしては、Amazon CloudFrontのほかにAmazon Route 53、AWS Global Acceleratorがあります。

7 A

B は、正しくありません。Amazon EC2 はアプリケーションの実行環境として利用できるサービスですが、環境の自動構築はされません。
C は、正しくありません。AWS Service Catalog は、事前に製品を登録することで利用者が自身で環境を自動構築できるサービスです。
D は、正しくありません。Elastic Load Balancing は、クライアントからのリクエストを負荷分散するサービスです（188ページ）。

8 A、B

C は、正しくありません。エッジロケーションは、低遅延を実現するための要素です。
D は、正しくありません。AWS Local Zones は、低遅延を実現するための要素です。
E は、正しくありません。データセンターを気にせず利用できます。

9 C

A は、正しくありません。データセンターのセキュリティは AWS の責任範囲です。
B は、正しくありません。利用者はリージョンに存在するアベイラビリティーゾーンを利用した高可用性について考えます。
D は、正しくありません。リージョンごとに利用規約は存在しません。

10 A

5G ネットワークを利用するという条件なので、AWS Wavelengthが正解です。

第5章

コンピューティングサービス

5-1 AWSのコンピューティング環境

AWSクラウドでは、アプリケーションの仕様や要件、組織のスキルに応じた様々なコンピューティングサービスを選択できます。本節では、代表的なコンピューティング環境について説明します。

1 仮想マシン

アプリケーションやバッチ処理など、プログラムを動作させるためにはサーバーが必要です。AWSでは、クラウド上に**仮想マシン**と呼ばれるサーバーコンピュータを設置して、様々な用途に利用できます。

仮想マシンは、物理的なコンピュータと同じ機能を、ソフトウェアによって擬似的に実現したコンピュータです。AWSの施設内にある物理的なサーバー(物理ホスト)上には、ハイパーバイザーと呼ばれるソフトウェアによって、複数の仮想マシンが動作しています。それぞれの仮想マシンは独立して動作しており、それぞれにOSをインストールし、必要なライブラリやアプリケーションを設定して利用できます。そのため利用者からは物理的なコンピュータと区別がつきません。

AWSクラウドでは、代表的な仮想マシンのサービスとして、**Amazon Elastic Compute Cloud(Amazon EC2)**(173ページ)が提供されています。

[仮想マシン]

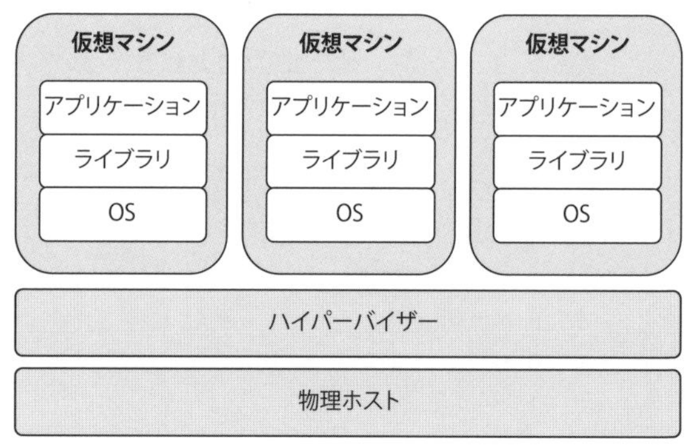

2 コンテナ

コンテナとは、仮想マシンと同様に、複数の擬似的な環境を構築する方法のひとつです。コンテナは、アプリケーションとその実行に必要なライブラリを1つの仮想環境に閉じ込めたものです。各コンテナは独立したサーバーコンピュータとして動作しますが、仮想マシンとは違ってOSは含まれておらず、実行環境のOSを共有して利用します。

コンテナの特徴として、仮想マシンよりも高速に起動や終了ができる点と、ポータビリティの高さが挙げられます。**ポータビリティ**とは、持ち運びが容易であるという意味です。たとえば開発環境と本番環境のように、異なる環境間でアプリケーションを展開するとき、それぞれの環境でOSやライブラリのバージョンなどを合わせておかないと、特定の環境でアプリケーションが正しく動作しないといった不具合が発生することがあります。コンテナでは、アプリケーションと必要なライブラリが一緒になっているため、環境ごとの差異が生まれにくいという特性があります。

[コンテナ]

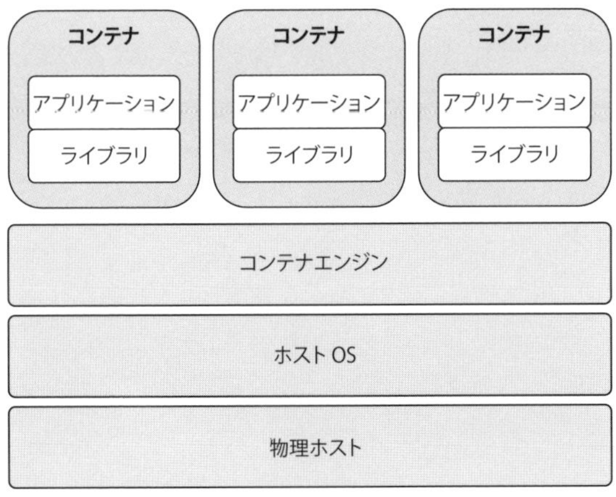

コンテナの利用には、**Docker**(ドッカー)や**Kubernetes**(クバネティス)という実行管理ソフトウェアを利用するのが一般的です。AWSでは、Dockerコンテナの実行環境を構築してくれるサービスとして**Amazon Elastic Container Service**(**Amazon

第5章 コンピューティングサービス

ECS)、Kubernetes のマネージドサービスとして **Amazon Elastic Kubernetes Service (Amazon EKS)** が提供されています (192, 193 ページ)。

Docker：https://www.docker.com/
Kubernetes：https://kubernetes.io/ja/

3 サーバーレスコンピューティング

サーバーレスコンピューティングは、サーバーの管理や運用、構築をすることなく利用できるコンピューティング環境です。

通常、アプリケーションを実行するには、用意したサーバーに OS やミドルウェアをインストールして、アプリケーションの実行環境を構築し、運用・管理していく必要があります。サーバーレスコンピューティングは、こうした実行環境の構築や運用・管理を、すべてクラウド側に任せてしまうサービスです。

これにより、ユーザーは本来のやるべきことであるプログラムの開発のみに集中することができます。

AWS クラウドでは、ソースコードを用意するだけでその実行結果を受け取ることができる **AWS Lambda**（ラムダ）（195 ページ）や、ECS や EKS でコンテナを実行する環境をサーバーレスにできる **AWS Fargate**（193 ページ）などがあります。

5-2 Amazon Elastic Compute Cloud (Amazon EC2)

Amazon Elastic Compute Cloud（Amazon EC2）は、利用者にクラウド上で稼働する仮想マシンを提供するサービスです。名称に「Elastic（柔軟な）」とあるとおり、負荷に応じて性能や稼働台数を柔軟に変更できるのが特徴です。本節では、Amazon EC2の主な機能や特徴について説明します。

1 Amazon EC2 とは

Amazon Elastic Compute Cloud（Amazon EC2）は、AWS クラウド上で稼働する仮想マシンを提供するサービスです。EC2 を利用すると、ユーザーはAWSマネジメントコンソールなどから、簡単な操作で仮想マシンを作成できます。作成した仮想マシンのことを**EC2 インスタンス**と呼びます。EC2 インスタンスでは、従来のサーバー・コンピュータと同様に、様々なアプリケーションを動作させることができます。

● Amazon EC2 の特徴

サービス名称に含まれている Elastic は、日本語で「弾力のある」、「柔軟な」「伸縮性のある」といった意味で、Amazon EC2 の特徴を端的に表しています。

たとえば、作成した EC2 インスタンスの性能をあとから変更したり、必要に応じて複数の EC2 インスタンスを一度に起動したりできます。また、利用しないときには停止させたり終了したりすることで、余分なコストを抑えることができます。

● EC2 インスタンス作成の流れ

EC2 インスタンスは、次の手順でアベイラビリティーゾーンに作成します。

1. Amazon Machine Imageの選択
⬇
2. インスタンスタイプの選択
⬇
3. ストレージの選択
⬇
4. ネットワークの選択
⬇
5. その他の選択

ここでは、Amazon Machine Image（AMI）とインスタンスタイプについて説明します。ストレージとネットワークについては次章以降で説明します。

2 Amazon Machine Image（AMI）

Amazon Machine Image（AMI）は、OSやアプリケーションがインストールされたEC2インスタンスのひな形です。ユーザーはAMIを選択するだけで、OSや必要なアプリケーションがインストールされた環境をすぐ利用できるようになります。

AMIには多くの種類があり、Amazonが用意しているAMI以外にも、自分自身でAMIを作成して利用したり、サードパーティのベンダーが販売しているAMIをAWS Marketplace（345ページ）から購入して利用したりできます。

利用者が作成したAMIは、ほかのAWSアカウントと共有することもできます。

[作成したAMIの共有]

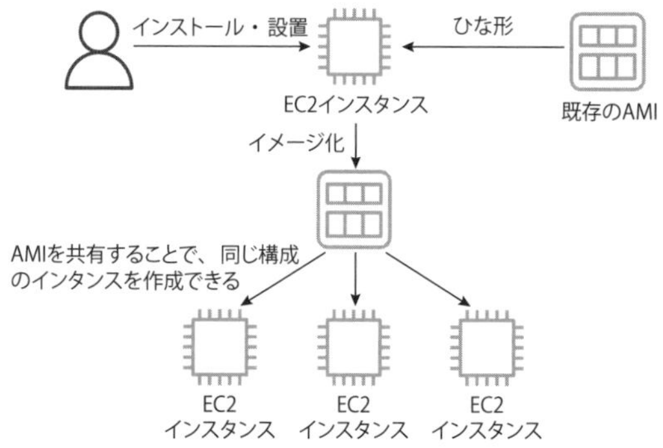

試験対策

Amazon Machine Image（AMI）は、OSやアプリケーションをインストール済みのEC2インスタンスのひな形です。

3 インスタンスタイプ

AMIには、EC2インスタンスの性能に関する情報は含まれていません。これらは、**インスタンスタイプ**というあらかじめ定義されたリストの中から、ユーザーが選択して決定します。

● インスタンスタイプの種類

EC2のインスタンスタイプは、大きく5つのカテゴリーに分けられています。

●汎用

汎用インスタンスは、その名のとおりCPU、メモリ、ネットワークなどのバランスが取られたインスタンスタイプです。Webサーバーや開発サーバーなど、複数の用途を同じ割合で利用する機会が多いサーバーに向いています。

●コンピューティング最適化

コンピューティング最適化インスタンスは、CPU性能に優れており、高速なコンピューティングリソースを必要とする場合に向いています。一般的に、本番環境で利用されるサーバー用途で利用されます。CPU性能が高い一方で、メモリ容量はそこそこの量です。

●メモリ最適化

メモリ最適化インスタンスは、CPU 性能はコンピューティング最適化ほどではありませんが、利用できるメモリ容量が多い点が特徴です。データベースサーバーやキャッシュサーバーなど、メモリにデータを大量に格納するような使い方に向いています。

● 高速コンピューティング

高速コンピューティングインスタンスは、ハードウェアアクセラレータが利用できます。精度の高い浮動小数点演算や、グラフィックス処理、機械学習や動画のエンコーディングなどの要件に向いています。

● ストレージ最適化

ストレージ最適化インスタンスは、仮想マシンが動作している物理ホストに接続されている高速かつ大容量のローカルストレージを利用することができます。大量のファイルの読み書きをおこなうような要件に向いています。

[インスタンスタイプの用途]

インスタンスタイプ	用途
汎用インスタンス	Web サーバー、アプリケーションサーバー、開発サーバーなど
コンピューティング最適化	計算負荷の高いアプリケーションサーバー、バッチ処理システムなど
メモリ最適化	データベースサーバー、キャッシュサーバーなど、大量な非構造化データのリアルタイム処理
高速コンピューティング	浮動小数点演算、グラフィックス処理、機械学習など
ストレージ最適化	分散ファイルシステム、データウェアハウスなど

用途に応じて適切なインスタンスタイプを選択できるようにしましょう。

● インスタンスタイプの命令規則

インスタンスタイプは、次の図のような命名規則によって名前が付けられています。

[インスタンスタイプの命名規則]

インスタンスファミリーは、インスタンスタイプの5つのカテゴリーを、サーバーの用途に応じて分類したものです。

世代は、数字が大きいほど新しい世代になります。新しい世代のほうが古い世代よりも性能面とコスト効率が良くなります。

オプションは、利用可能なCPUの種類や、ネットワークに特化した機能などの特徴を表しています。オプションがないインスタンスタイプもあります。

インスタンスサイズは、CPUやメモリ、ストレージやネットワーク性能を表します。洋服やドリンクのサイズのように、smallやlargeなどが用意されています。

[インスタンスタイプの特徴]

種類	特徴	ファミリー
汎用	バランスの取れたタイプ	T、M、A、Mac
コンピューティング最適化	高い計算能力	C
メモリ最適化	メモリを多く搭載	R、X、zなど
高速コンピューティング	グラフィック演算や推論処理に最適化	P、Gなど
ストレージ最適化	高速・大容量のストレージ	I、Dなど

4 Amazon EC2の料金プラン

Amazon EC2の料金は、起動した時間に対する**従量課金**です。起動するOSによって1時間単位か秒単位で繰り上げされて課金されます。

ただし、一定期間の利用量を確約することで安く利用したり、コンプライアンス要件などに応じた物理ホストの専有オプションを利用したりできるなど、柔軟な料金プランが用意されています。

[Amazon EC2の料金プラン]

- オンデマンドインスタンス
- スポットインスタンス
- リザーブドインスタンス
- Savings Plans
- ハードウェア専有インスタンス
- Dedicated Hosts

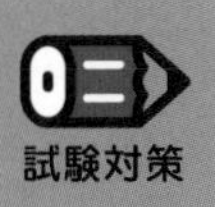

インスタンスの利用用途に応じて適切な料金プランを選択することでコストの最適化ができます。

●オンデマンドインスタンス

オンデマンドインスタンスは、EC2インスタンスが起動している時間に対して課金されます。料金単価はインスタンスタイプによって異なります。最少利用時間などの制約はないので、動き始めたら中断ができない作業や、終了時間が予測できない作業に向いています。

インスタンスが起動するホストを選ぶことはできず、同一ホストにほかのAWSアカウントのインスタンスが起動することがあります（もちろん他のAWSアカウントからは完全に分離されています）。

[オンデマンドインスタンスの料金イメージ]

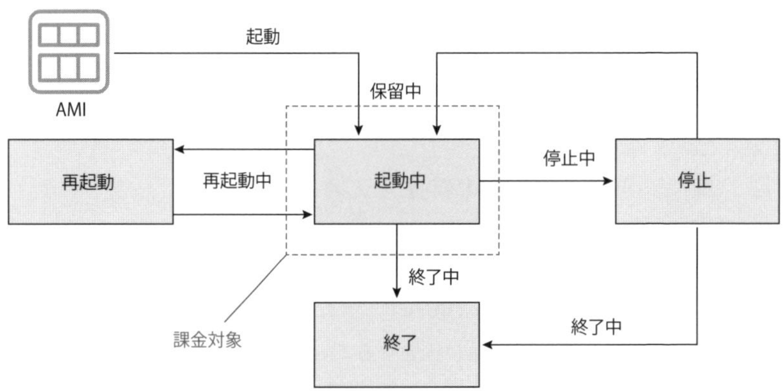

●スポットインスタンス

スポットインスタンスは、AWS上で余っているEC2のキャパシティを、オンデマンドインスタンスと比較して**最大で90%**安く利用できます。利用されていないEC2キャパシティを利用させてもらうので、余っている量に応じて価格は変動します。また、AWS側のキャパシティが不足してきた場合などには、利用中であっても中断される場合があります。

こうした特徴から、途中で中断しても影響のない作業や、短期間の利用に向いています。

オンデマンドインスタンスと同様に、インスタンスを起動するホストを選ぶことはできず、同一ホストに複数のAWSアカウントのインスタンスが起動することがあります。

● リザーブドインスタンス

リザーブドインスタンスは、特定のEC2インスタンスに対する課金ではなく、1年または3年間の利用を確約することで、**最大72%**の割引を受けることができる料金プランです。

リザーブドインスタンスを購入すると、購入した条件（OSやインスタンスタイプ）にマッチしたオンデマンドインスタンスの料金が相殺されます。条件にマッチしたインスタンスが存在しない場合でも、リザーブドインスタンスの料金は課金されてしまうので注意が必要です。

こうした特徴から、OSやインスタンスタイプを変えることなく、安定して長期間利用が見込まれる作業に向いています。

[リザーブドインスタンスの料金イメージ]

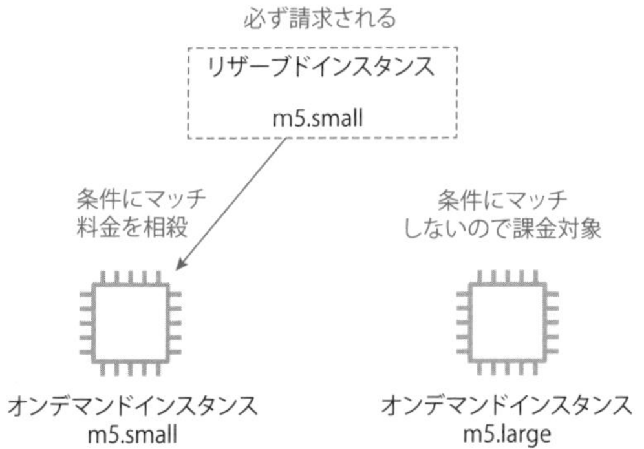

● Savings Plans

Savings Plansは、リザーブドインスタンスと同様に1年または3年間の利用を確約することで、**最大72%**の割引を受けることができる料金プランです。リザーブドインスタンスと違い、1時間あたりどれくらいの利用料金を予定しているのかを条件として購入します。

Compute Savings Plansは、途中でインスタンスファミリーを変更することができ、割引率は最大66％です。また、Amazon EC2だけではなく、AWS LambdaやAWS Fargateに対しても利用できます。

EC2 Instance Savings Plansは、Amazon EC2専用で、割引率は最大72％です。インスタンスファミリーを指定しますが、サイズは指定する必要がないので、同一インスタンスファミリー間であれば自由にインスタンスタイプを変更できます。

Savings Plansは、こうした特徴からリザーブドインスタンスと同様に長期的な利用に向いていますが、リザーブドインスタンスよりも柔軟な構成が利用できるのが特徴です。

[Savings Plansの料金イメージ]

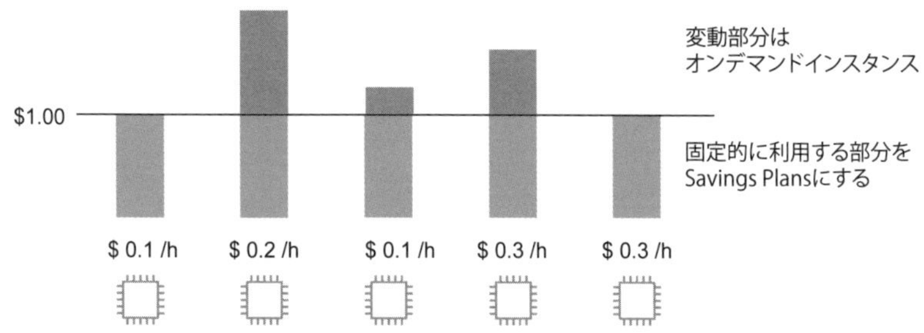

● ハードウェア専有インスタンス

ハードウェア専有インスタンスは、EC2インスタンスが起動するホストを、自分たちのAWSアカウントのインスタンスだけで独占し、ホストを専有的に利用するものです。専有するトレードオフとして、オンデマンドインスタンスより割高になります。なお、インスタンスが起動するホストを選ぶことはできません。

ハードウェア専有インスタンスは、コンプライアンス要件などで、インスタンスをほかのAWSアカウントのホストと分離する必要がある場合に利用します。

Dedicated Instancesと記載されている場合もあります。

[ハードウェア専有インスタンスの料金イメージ]

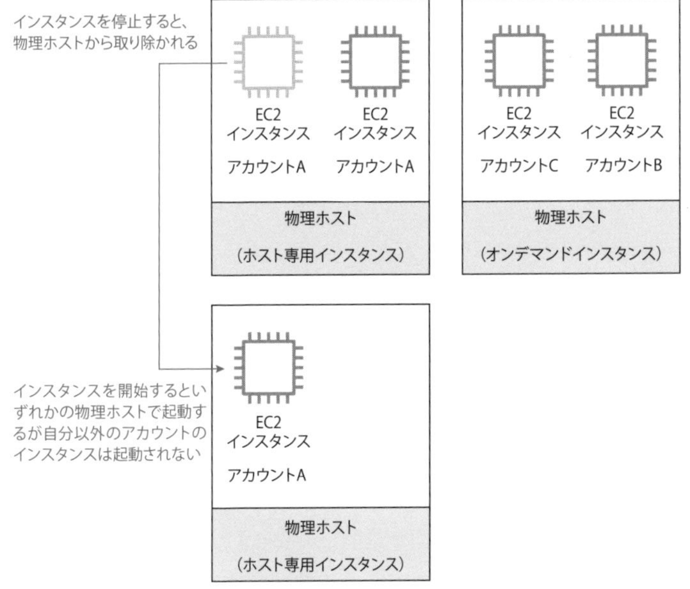

● Dedicated Hosts

Dedicated Hosts は、ハードウェア専有インスタンス同様にホストを専有するプランですが、インスタンスを起動するホストを指定できます。

ほかの料金プランと違い、Dedicated Hosts の料金は専有したホスト 1 台に対する料金になります。そのため、最も料金が高いプランとなります。ソフトウェアライセンスによっては、CPU ライセンスのように同一物理ホストの利用が求められるものがあるため、Dedicated Hosts が必要な場合があります。

[Dedicated Hosts の料金イメージ]

インスタンスが停止すると物理ホストから取り除かれるが、次に起動するときも同じ物理ホストが利用できる

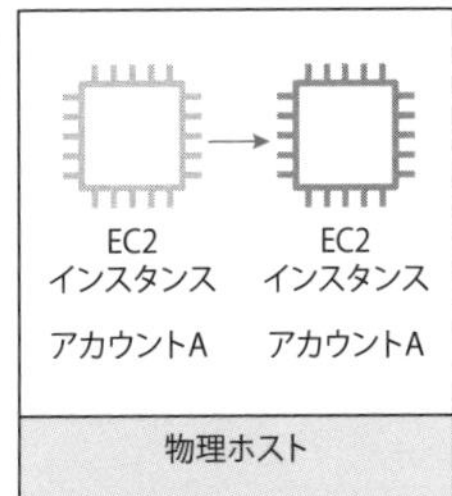

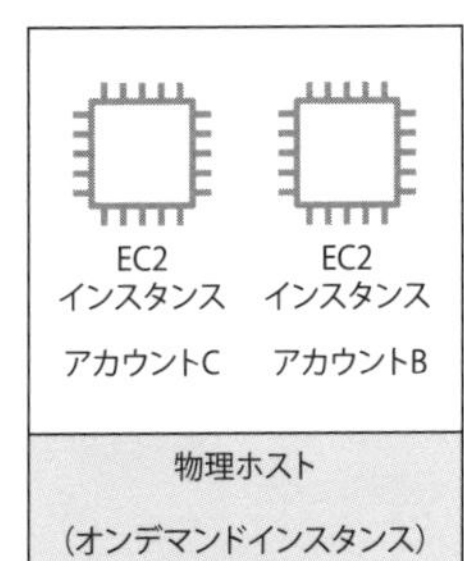

5-3 Amazon EC2 Auto Scaling

Amazon EC2 Auto Scaling は、Amazon EC2 の仮想マシンのキャパシティを負荷変動に応じて自動的に増減し、可用性や耐障害性の向上を実現します。

1 スケーリングの基本

●需要に対して供給量を調整

システムにかかる負荷は、時間帯や時期によって大きく変化することがあります。たとえば、勤怠管理システムはたいてい朝と夕方に負荷が集中します。また、経理システムは月末に負荷が集中しがちです。

従来のオンプレミス環境では、こうした負荷変動に備えて、負荷の上限に対応するスペックのサーバーを準備するのが一般的でした。しかし、見積もりを誤ってリソース不足に陥ったり、逆に余ってしまったりすることも少なくありません。

この問題は、変化する需要に対して、リソースの供給量が固定されているために生じます。

[需要に対する過剰リソース]

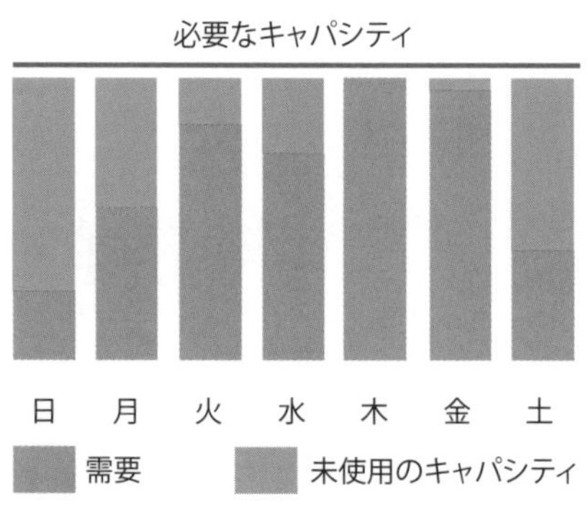

需要の変化に応じて供給量を自動的に調整し、リソースを常に過不足のない状態にする仕組みが**スケーリング**です。

● スケーリングとは

スケーリングとは、サーバーやストレージなどのリソースの性能や台数を拡大・縮小することを意味します。

スケーリングには、**スケールアップ／スケールダウン**と**スケールアウト／スケールイン**の2種類があります。

●スケールアップ／スケールダウン

スケールアップは、CPUをより良いものに変えたり、メモリの搭載量やディスクのサイズを増やしたりして、サーバー単体の性能を向上させることです。**スケールダウン**は逆に単体の性能を下げることです。

スケールアップ／ダウンは、起動中のサーバーに対しておこなうことはできないため、実行するにはサーバーの停止が必要となります。

[スケールアップ／スケールダウン]

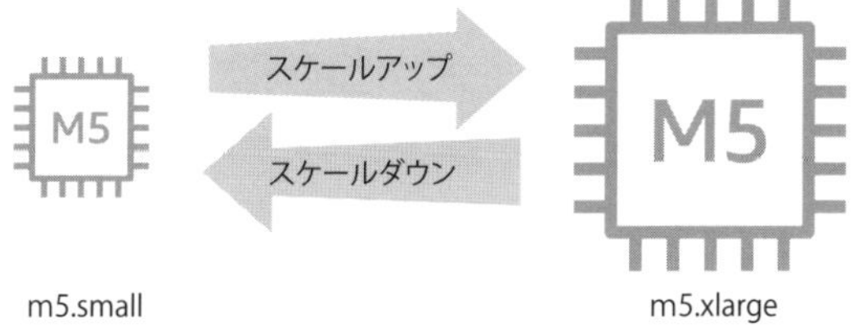

●スケールアウト／スケールイン

たとえば、1台で4時間かかる仕事を4台に分散して作業すれば、1時間で終わらせることができます。**スケールアウト**は、このようにサーバーの台数を増やすことで全体のパフォーマンスを向上させるという考え方です。**スケールイン**は、スケールアウトとは逆に台数を減らしていくことを指します。

スケールアウトは、仕事が複数に分散できなければ効果がありません。そのため、プログラムやシステムが分散可能な仕組みである必要があります。

クラウドでは、ITリソースを必要なときに必要な分をすぐに調達可能なインフラストラクチャを提供してくれます。このことから、クラウドではスケールアウトを活用することを主軸として考えます。

[スケールアウト／スケールイン]

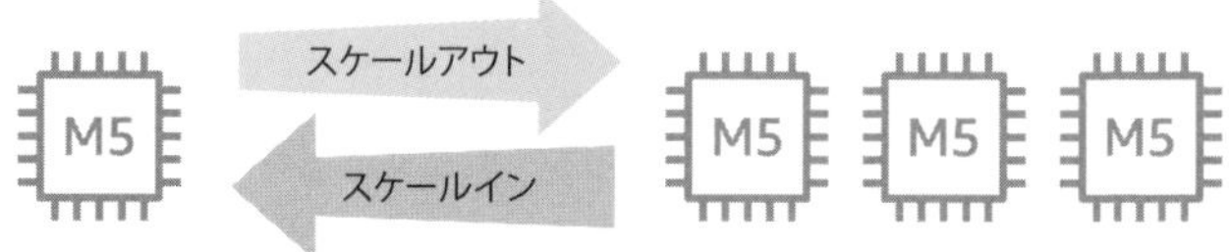

2 Amazon EC2 Auto Scaling の概要

Amazon EC2 Auto Scaling（以下、Auto Scaling）は、EC2 インスタンスのスケールアウトとスケールインを自動でおこなう仕組みです。たとえば、CPU 使用率が 60% 以上の状態が続いている場合はインスタンスを 1 台増やし、逆に CPU 使用率が 60% を下回る状態が続いている場合は 1 台減らすといったように、条件に従ってスケーリングを自動でおこないます。

[Auto Scaling の関係]

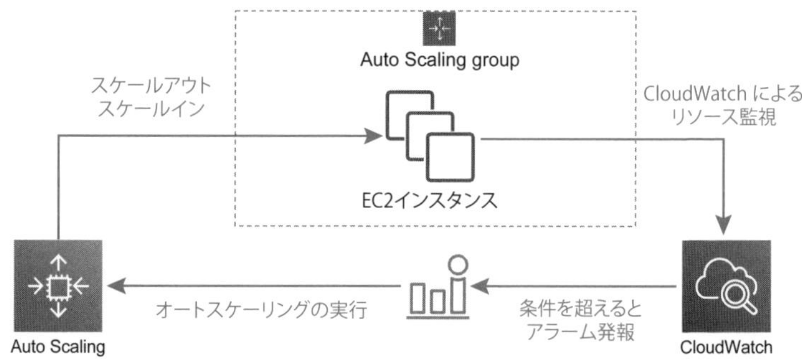

Auto Scaling は、EC2 インスタンスの状態やリクエスト数などのデータを Amazon CloudWatch（90 ページ）によって収集し、スケーリングの条件を指定したアラームが発報されることで、EC2 インスタンスの増減をおこないます。

●起動テンプレート

Auto Scaling によって起動する EC2 インスタンスが利用する AMI やインス

タンスタイプなどは、**起動テンプレート**で定義します。

作成した起動テンプレートは、Auto Scaling だけでなく通常の EC2 インスタンスの起動時にも選択できるため、よく利用するものは起動テンプレートを作成しておくと EC2 インスタンス起動時の手間が省けます。

起動テンプレートを使うと、起動する EC2 インスタンスの設定をあらかじめ定義できます。

● Auto Scaling グループ

Auto Scaling で起動された EC2 インスタンスは、**Auto Scaling グループ**としてグループ化されます。Auto Scaling グループには、「希望する容量」「最小容量」「最大容量」の 3 つの設定値があり、希望する容量に設定されたインスタンス数を常に維持してくれます。

Auto Scaling グループ内のインスタンス数が希望する容量よりも少なければ、設定された起動テンプレートをもとに、EC2 インスタンスを起動します。逆に、希望する容量よりも多いときは、インスタンスを終了します。

[Auto Scaling グループ]

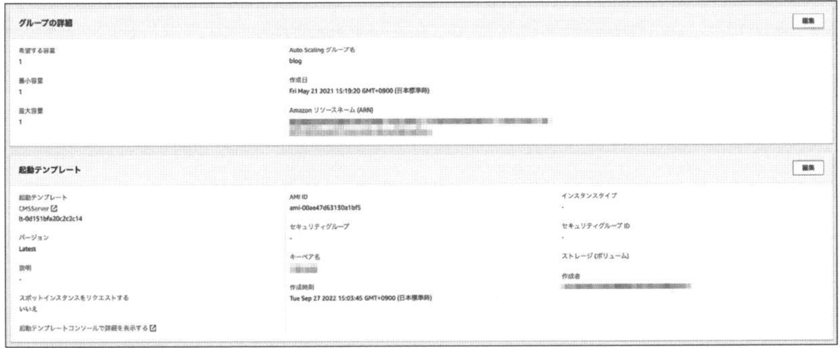

Auto Scaling グループは、Auto Scaling によって起動する EC2 インスタンスの台数を調整します。

●スケーリングポリシー

スケーリングポリシーは、Auto Scalingが実行されるタイミングや条件を設定する仕組みです。スケーリングポリシーには大きく3つのタイプがあります。

●動的スケーリングポリシー

負荷の変動が予測できない場合に利用します。アラームに条件を動的に設定し、アラームが発報されるとスケーリングを実行します。

●予定されたアクション

指定した日時や周期でスケーリングを実行するもので、負荷がかかるタイミングがあらかじめわかっている場合に利用します。たとえば、セールが始まる時間やサービスのローンチのタイミングなどです。

●予測スケーリングポリシー

使用するメトリクスを指定することで、過去14日分のデータをもとに機械学習によって将来の需要を予測します。細かい設定をする必要がないのがメリットですが、予測できない急激な負荷上昇は予測できません。

[スケーリングポリシーの一覧]

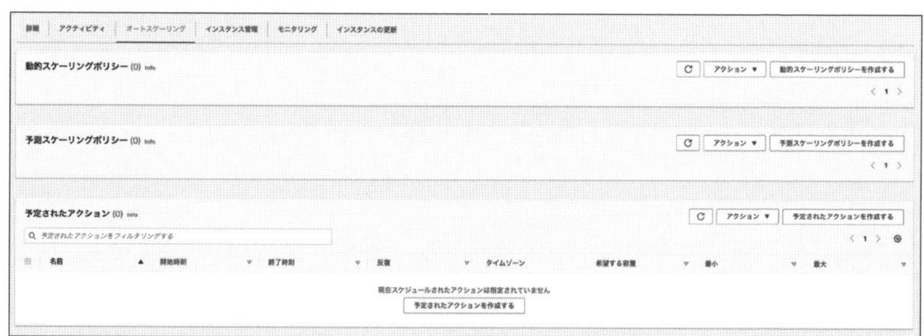

スケーリングポリシーが実行されると、Auto Scalingグループの「希望する容量」の値が書き換えられ、Auto Scalingグループによる台数調整がおこなわれます。ただし、最小容量よりも少ないインスタンス数になったり、最大容量よりも多いインスタンス数になることはありません。

スケーリングポリシーを設定することで需要に対する供給のコントロールが実施できます。

Auto Scaling というと、自動的にインスタンス数を増減する仕組みと思われがちですが、希望する容量、最小容量、最大容量を同じ数にすることで、常に一定の容量のインスタンスを維持する場合に利用できます。インスタンスが応答しない場合にはインスタンスの終了と起動を自動でおこなってくれるため、自動復旧の仕組みとして利用できます。こうした仕組みを Auto Healing パターンと呼びます。

5-4 Elastic Load Balancing

Elastic Load Balancing（ELB）は、アプリケーションへのトラフィックを、EC2 インスタンスなどのリソースへ自動的に分散するAWS のサービスです。

1 Elastic Load Balancing（ELB）の概要

● ロードバランサーとは

スケールアウトによって複数のサーバーを用意しても、その中の1台のサーバーに負荷が集中してしまっては意味がありません。効率良く仕事をおこなうには、各サーバーに均等に負荷を分散させる必要があります。そのためには、**ロードバランサー**（負荷分散装置）というネットワーク機器を使用するのが一般的です。

ロードバランサーは、サーバーへのアクセスを、ターゲットと呼ばれる複数のサーバーに自動的に振り分け、各サーバーに負荷を分散させる装置です。

[ロードバランサーによる負荷分散]

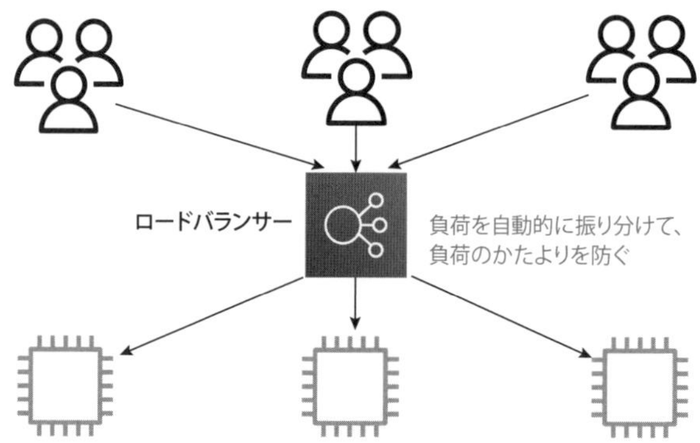
ロードバランサー
負荷を自動的に振り分けて、
負荷のかたよりを防ぐ

● Elastic Load Balancing

Elastic Load Balancing（ELB）は、AWS クラウド上で利用できるロード

バランサーサービスです。EC2インスタンスやコンテナ、AWS Lambdaなどをターゲットとして登録でき、複数のアベイラビリティーゾーンにまたがった負荷分散を実現できます。

次の図は、可用性と対障害性に配慮して複数のアベイラビリティーゾーンにWebサーバーなどのインスタンスを配置し、ロードバランサーでアクセスを振り分ける例です。

[EC2インスタンスを複数のアベイラビリティーゾーンに配置する例]

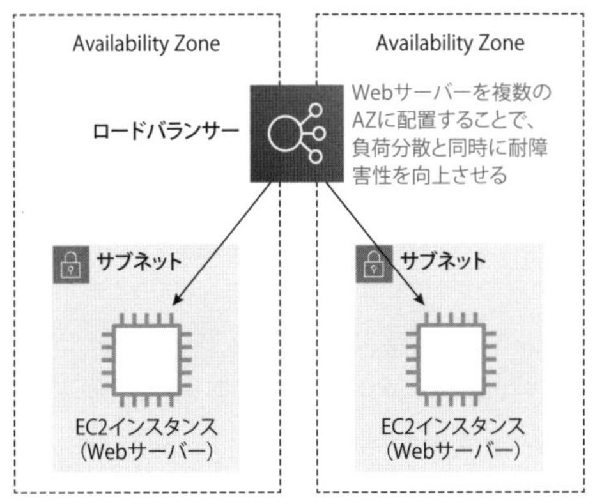

Elastic Load Balancingはマネージドサービスであるため、管理・運用が不要かつ単一障害点にはなりません。

2 Elastic Load Balancing の種類

Elastic Load Balancingには以下の4種類のロードバランサーがあり、目的に応じて選択します。

● Application Load Balancer（ALB）

HTTPまたはHTTPSのリクエストを対象とした負荷分散をおこないます。一般的に、WebサーバーやWebアプリケーションでの利用に特化した機能が提供されています。

● Network Load Balancer（NLB）

TCP や UDP といったプロトコルをベースとした負荷分散をおこないます。HTTP や HTTPS 以外のプロトコルを利用する場合や、静的なグローバル IP アドレスを必要とする場合に利用されます。1 秒間に数百万リクエストを処理できます。

● Gateway Load Balancer（GWLB）

ネットワーク同士の接続に対する負荷分散をおこないます。すべてのリクエストに対して侵入検知やウイルスチェックなどのサードパーティ製の仮想アプライアンスセキュリティを通したい場合に利用します。

● Classic Load Balancer（CLB）

ALB や NLB がサービスを開始する以前からあるもので、過去の互換性のために残されています。これから ELB を利用する場合は必要ありません。

Elastic Load Balancing の種類として、ALB（アプリケーション）、NLB（ネットワーク）、GWLB（ゲートウェイ）の 3 種類を覚えましょう。

3 ヘルスチェック機能

Elastic Load Balancing には、ターゲットに登録されている EC2 インスタンスなどが正常に応答を返すかをチェックする仕組みとして**ヘルスチェック機能**が提供されています。

異常な応答や、応答がタイムアウトするインスタンスに対しては、クライアントからのリクエストを送信しません。これにより、クライアントが異常状態のインスタンスに接続してしまうことを事前に防いでいます。

4 Auto Scaling との連携

Elastic Load Balancing と Auto Scaling を組み合わせて利用すると、Auto

Scaling によって起動されたEC2インスタンスが、自動的にElastic Load Balancingのターゲットとして登録されます。また、終了されたインスタンスは自動的にターゲットから外されます。

[Auto Scaling と ELB]

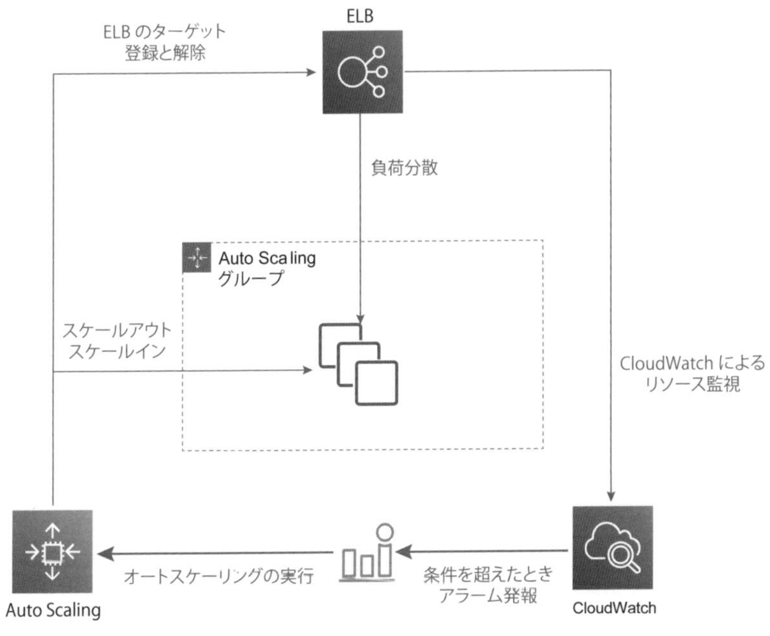

Elastic Load Balancingは、Auto Scalingと連携することで、増減するインスタンスに対し自動的に負荷を分散します。

5-5 コンテナの実行

AWSには、DockerコンテナとKubernetesアプリケーションの実行環境を構築するサービスとして、Amazon ECSとAmazon EKSの2種類があります。

1 Amazon Elastic Container Service（ECS）

Amazon Elastic Container Service（Amazon ECS）は、AWSクラウド上で実行するDockerコンテナ(171ページ)を管理するためのマネージドサービスです。

Dockerコンテナを起動するには、Amazon EC2のEC2インスタンスやAWS Fargate（193ページ）などを利用して、コンテナを起動させるためのインフラストラクチャを構築しなければなりません。起動するコンテナが複数になると管理も難しくなります。Amazon ECSは、コンテナの実行環境を自動的に構築し、実行する複数のコンテナを一元的に管理するサービスです。このようなコンテナ管理サービスを**オーケストレーションサービス**といいます。

たとえばインフラストラクチャとしてEC2インスタンスを利用する場合、起動するコンテナイメージやインスタンスタイプ、インスタンス数などをAmazon ECSに設定すると、設定した内容に従ってコンテナエンジンを含むEC2インスタンスを作成し、コンテナを起動します。

[Amazon ECSによるオーケストレーション]

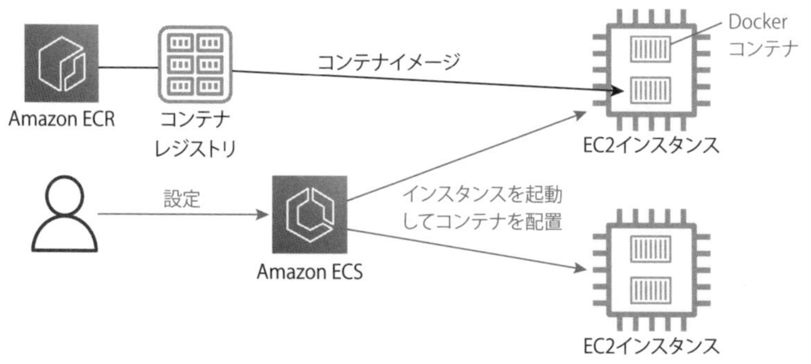

起動したコンテナはELB（188ページ）のターゲットに登録し、負荷を分散させることができます。また、負荷に応じたコンテナ数の増減やコンテナの配置、停止したコンテナの再稼働などを自動化することもできます。

Amazon ECSは、Dockerコンテナのオーケストレーションサービスです。

2 Amazon Elastic Kubernetes Service（EKS）

Amazon Elastic Kubernetes Service（Amazon EKS）は、Amazon ECSと同様のコンテナオーケストレーションサービスです。**Kubernetes**（クバネティス）はオープンソースのコンテナオーケストレーションツールで、AWS以外でも利用されています。そのため、他社クラウドやオンプレミス環境などですでにKubernetesを使用している利用者は、移行や相互運用性を確保するためにAmazon EKSを利用します。

Amazon ECSと同様に、EC2インスタンスやAWS Fargateなどを使用して、コンテナの実行環境を構築します。

Amazon EKSは、Kubernetesのオーケストレーションサービスです。

3 AWS Fargate

Amazon ECSやAmazon EKSはあくまでもコンテナ管理サービスなので、コンテナを実行するにはEC2インスタンスなどのサーバーを指定する必要があります。EC2インスタンスを指定した場合はCPUやOSなども細かく設定できますが、管理も利用者自身でおこなわなければなりません。**AWS Fargate**は、コンテナの実行環境をサーバーレス化し、AWSに管理をすべて任せてしまうサービスです。

Amazon ECSやAmazon EKSで環境を構築する際、実行環境としてEC2インスタンスの代わりにAWS Fargateを選択すると、コンテナの実行環境はサーバーレス化し、管理はAWSに任せることができます。

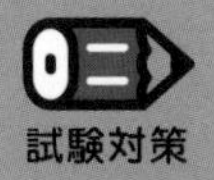

AWS Fargateは、Amazon ECSとAmazon EKSで構築されるコンテナ実行環境をサーバーレス化します。

4 Amazon Elastic Container Registry（ECR）

Amazon ECSやオンプレミス環境で利用するコンテナイメージを、ローカル環境ではなく複数のコンテナサーバーで利用するには、**コンテナレジストリ**と呼ばれるコンテナイメージの保管や、バージョン管理、コンテナイメージの配布をおこなうサーバーが必要です。

Amazon Elastic Container Registry（Amazon ECR）は、AWSクラウド上に構築されるフルマネージドなコンテナレジストリサービスです。

利用者は、組織内だけで利用するプライベートレポジトリと、広く一般に公開するパブリックレポジトリの両方をAmazon ECRで構築できます。

5-6 AWS Lambda

AWS Lambdaは、作成したプログラムをクラウド上で実行し、結果を受け取ることができるサーバーレスのサービスです。ほかのサービスと組み合わせて、イベントが発生すると自動的にプログラムを実行することもできます。

1 AWS Lambdaの特徴

AWS Lambda（ラムダ）は、サーバーを意識せずにプログラムコードを実行することができるサービスです。利用者は、実行したいプログラムコードを**Lambda関数**と呼ばれる関数として登録しておき、プログラムを実行するきっかけとなるトリガーを設定しておきます。設定したトリガーが発動すると、Lambda関数の実行環境となるインスタンスが自動的に用意され、プログラムが実行されます。

仮想マシンやコンテナは、アプリケーションが動作しているかによらず、インスタンスが起動している時間に対して課金されますが、AWS Lambdaでは、Lambda関数の実行にかかった時間に対してミリ秒単位で料金が算出されます。つまり、Lambda関数が動作していないときにはコストがかかりません。

なおLambda関数は、最大実行時間が15分までとなっているため、15分を超える処理は途中で終了されます。

試験対策

AWS Lambdaは、コストを最適化しながらサーバーのことを気にせずプログラムコードを実行できます。

2 サポートされている開発言語

AWS Lambdaで標準サポートされているプログラム言語は、執筆時点で次のとおりです。

第5章 コンピューティングサービス

・Java
・Go
・PowerShell
・Node.js
・C#
・Python
・Ruby

Lambda 関数をコンテナ形式でパッケージ化し、実行することもできます。これにより、最大 10GB のコンテナイメージをサーバーレスに実行できます。

3 イベント駆動

Lambda 関数の実行は、外部からのイベント発生によっておこなわれます。たとえば、指定した時間にプログラムを実行したり、データベースやストレージにデータが書き込まれると自動的にデータ処理プログラムを起動するといった処理が可能です。また、API 経由で直接 Lambda 関数を呼び出すこともできます。

[Lambda関数のトリガーとなるイベントと処理の例]

イベント	Lambda 関数による処理の例
Amazon S3 へのオブジェクトのアップロード	アップロードされた画像ファイルをリサイズする
DynamoDB のデータ更新	更新されたデータをほかのテーブルに反映する
Amazon SQS にメッセージを保存	メッセージにしたがって処理を実行（EC サイトの注文処理など）
Amazon API Gateway からの呼び出し	REST API リクエストに対してデータベースからデータを取得
Amazon Alexa からの呼び出し	Amazon Echo などから音声でプログラムを呼び出す
EventBridge 経由での呼び出し	指定した日時や定期的なスケジュールで実行

5-7 その他のコンピューティングサービス

AWSでは、これまでに解説したコンピューティングサービス以外にもいくつかのサービスが用意されています。この節では、それらのサービスについて説明します。

1 Amazon Lightsail

Amazon Lightsailは、AWSが提供するVPS(Virtual Private Server)サービスです。**VPS**とは、仮想マシンにOS、ストレージ、ファイアウォールといった、サーバーに必要な機能を1つのパッケージにして提供するサービスです。Amazon EC2の場合、提供されるのは基本的にコンピューティング環境だけなので、必要な環境はほかのサービスと組み合わせたり、ソフトウェアをインストールしたりして自分で構築する必要があります。一方、Amazon Lightsailでは必要なものがひととおり用意されているので、一般的なWebサイトなどであれば簡単かつ低価格に構築できます。ただし、Amazon EC2のような柔軟性はありません。

Amazon Lightsailでは、OSはLinuxやWindowsを選択することができます。また、WordPressやRedmineなどのCMSを選択することもできます。

CMS（Contents Management System）は、HTMLなどの知識がなくてもWebページの作成や更新など管理ができるシステムです。

2 Amazon WorkSpaces

Amazon WorkSpacesは、Virtual Desktop Infrastructure（VDI）サービスです。VDIサービスは**仮想デスクトップサービス**と呼ばれ、ネットワーク上にデスクトップ環境を構築することで、どこからでも同じ環境を利用できるメリットがあります。

Amazon WorkSpacesでは、WindowsまたはLinuxのGUIデスクトップ環境を利用できます。

3 AWS Batch

AWS Batchは、AWSクラウド上で数十万件に及ぶような大量のバッチジョブを、Amazon EC2やAmazon EKSなどのコンピューティング環境を利用して効率良く実行するサービスです。

バッチジョブとは、たとえば「ファイルを読み込み、データの整合性を確認しながらデータベースに登録する」といった一連の処理のことをいいます。

こうした処理には、AWS Lambdaが利用されるケースもあります。しかし、AWS Lambdaは15分間しか継続実行できません。また、同時実行数にも制限があります。AWS Batchは、こうした制限に抵触するようなユースケースで利用されます。

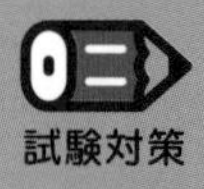

AWS Batchは、数十万件のバッチジョブの実行に適したサービスです。

演習問題

1　オンプレミスと比較したとき、Amazon EC2 が経済的に優れている理由はどれですか。

A.　Amazon EC2 の管理者権限は利用者だけが所有している

B.　EC2 インスタンスは、必要なときに必要な数を必ず起動できる

C.　起動時間に対する従量課金である

D.　Amazon EC2 は毎月請求書支払いである

2　サーバーのことを気にせずコンピューティングリソースを利用できるサービスはどれですか。

A.　Amazon EC2

B.　Amazon Elastic Container Service

C.　AWS Lambda

D.　Amazon EBS

3　Amazon EC2 Auto Scaling の利点について正しく表現しているものはどれですか。

A.　需要に合わせてインスタンスタイプを自動で変更する

B.　需要に合わせてインスタンスの台数を増減する

C.　複数のインスタンスにリクエストを分散する

D.　決められたコストに達したときに自動的にインスタンスを停止する

4 企業は、現在オンデマンド料金で利用しているコンピューティングリソースのコストを最適化したいと考えています。今後 1 年以上継続的に利用する予定であるとき、最適なプランはどれですか。（2 つ選択）

A. オンデマンドインスタンス

B. スポットインスタンス

C. リザーブドインスタンス

D. Savings Plans

E. Dedicated Hosts

5 AMI（Amazon Machine Image）の利点について正しく表現しているものはどれですか。

A. 環境ごとの違いを吸収することができる

B. OS のアップデート作業が不要になる

C. 同じ構成のインスタンスを作成できる

D. ほかのクラウドベンダーでも利用できる

6 企業は、一度動作を始めたら 10 時間は止めることができないバッチ処理を毎週土曜日に実行する EC2 インスタンスを必要としています。最適な料金プランはどれですか。

A. オンデマンドインスタンス

B. スポットインスタンス

C. リザーブドインスタンス

D. Savings Plans

7 **企業は、Docker コンテナで実装されたアプリケーションを実行する環境を必要としています。Docker コンテナの実行環境を自動構築できるサービスはどれですか。**

A. Amazon Elastic Container Registry

B. Amazon Elastic Container Service

C. Amazon Elastic Kubernetes Service

D. AWS Fargate

A 解答

1 C

A は、正しい記述ですが、Amazon EC2 の経済的な利点ではありません。
B は、正しくありません。AWS 側で十分な供給量が揃えられない場面では必ずしも必要な数を起動できる保証はありません。
D は、正しくありません。AWS の基本は毎月のクレジットカード支払いです。おおよそ 2,000 ドルを超えるような利用であれば、請求書支払いに変更できます。

2 C

A は、正しくありません。Amazon EC2 は、利用者がサーバーの運用・管理をする必要があるアンマネージドサービスです。
B は、正しくありません。Amazon ECS は、Docker コンテナのオーケストレーションサービスです。起動した EC2 インスタンスの運用・管理が必要です。
D は、正しくありません。Amazon EBS は、EC2 インスタンスから利用するブロックストレージサービスです。

3 B

A は、正しくありません。インスタンスクラスの自動的な変更はできません。
C は、正しくありません。Elastic Load Balancing の機能です。
D は、正しくありません。コストに応じたスケーリング機能はありません。

4 C、D

1 年または 3 年以上の利用が見込まれる場合は、リザーブドインスタンスか Savings Plans を利用することで最大 72% の割引を受けられます。

5 C

A は、正しくありません。AMI はある段階の EC2 インスタンスの状態を保持しているイメージです。
B は、正しくありません。AMI から起動された EC2 インスタンスの OS アップデート作業は利用者側の責務です。
D は、正しくありません。AMI をほかのクラウドベンダーに移行することはできません。

6 A

B は、正しくありません。スポットインスタンスは中断の可能性があるため、動作を始めたら止められないワークロードには向いていません。
C、D は正しくありません。週に一度の起動が想定されているため、継続的に動作しない場合は、割引を最大限利用できません。

7 B

A は、正しくありません。Amazon Elastic Container Registry は、コンテナイメージの管理をおこなうサービスです。
C は、正しくありません。Amazon Elastic Kubernetes Service は、Kubernetes コンテナアプリケーションのオーケストレーションサービスです。
D は、正しくありません。AWS Fargate は、Amazon ECS や Amazon EKS により起動する EC2 インスタンスをサーバーレス化するサービスです。

第6章

ネットワークサービス

6-1 ネットワークとIPアドレス

AWSクラウドは、インターネットからアクセス可能なクラウドサービスです。本節ではまず、ネットワークの基本的な用語を解説します。

1 IPアドレス

現在のインターネットで使われている標準的なネットワークプロトコルを、TCP/IPといいます。TCP/IPは、TCPとIPという2つのネットワークプロトコルを組み合わせたものです。このうちIPは、ネットワーク上のすべてのリソースに対して、**IPアドレス**と呼ばれる識別番号を付与します。IPアドレスは、データの宛先や送信元を特定するためのネットワーク上の住所のような役割を果たします。

● IPv4アドレス

TCP/IPの基本的なプロトコルであるIPには、IPv4（IPバージョン4）とIPv6（IPバージョン6）の2つのバージョンがあり、両者はIPアドレスの長さが異なります。**IPv4アドレス**の長さは32ビット（32桁の2進数）で、表記するときは8ビットごとに4つに区切って、それぞれを0～255の10進数で表します。4個の数字はピリオドで繋ぎます。たとえば「11001011 00000000 01110001 00000001」は、「203.0.113.1」のようになります。

IPv4アドレスは、現在のインターネットで広く普及しており、一般的に利用されています。

[IPv4 アドレス]

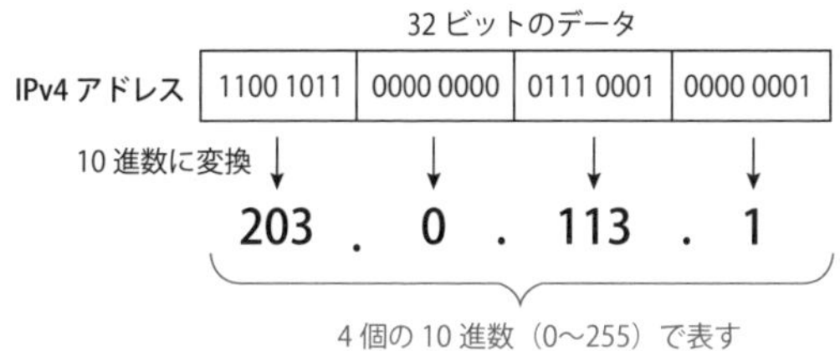

● IPv6 アドレス

IPv4 アドレスの長さは 32 ビットなので、利用できるアドレスは最大で 2^{32}（約 43 億）個しかありません。インターネットが普及して多数のデバイスが接続するようになると、IPv4 ではアドレスが足りなくなる心配が生じました。そこで、アドレスの長さを 128 ビットに拡張し、より多くのデバイスを接続できるようにしたのが**IPv6 アドレス**です。

IPv6 は、128 ビットのアドレスを 16 ビットずつ 8 つに区切り、それぞれを 4 桁の 16 進数で表します。それぞれの数字は

「2001:0db8:0000:0000:0000:0000:0000:0001」

のようにコロンで繋ぎます。0 の連続は省略できるため、上のアドレスは「2001:db8::1」のように表すことができます。

[IPv6 アドレス]

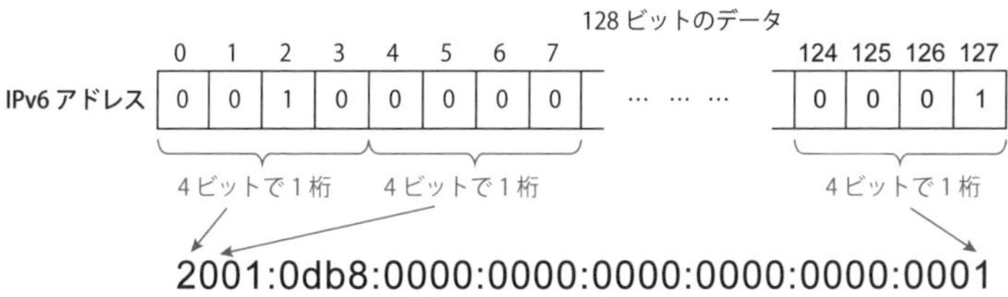

2 パブリック IP アドレスとプライベート IP アドレス

IP アドレスには、パブリック IP アドレスとプライベート IP アドレスの 2 種類があります。

●パブリックIPアドレス

インターネットに公開されているリソースに付与されているIPアドレスを、AWSでは、**パブリックIPアドレス**と呼びます。一般的にはグローバルIPアドレスといいます。

パブリックIPアドレスは、インターネット全体で重複のないように付与されます。そのため利用できる範囲は決まっており、各企業は割り当てられた範囲で利用する必要があります。

●プライベートIPアドレス

インターネットに公開しないリソースに対しては、**プライベートIPアドレス**を利用します。プライベートIPアドレスとして利用できる範囲も決まっています。また、プライベートIPアドレスを付与されたリソースであっても、NATゲートウェイ（216ページ）を利用してインターネットに接続することは可能です。

[パブリックIPアドレスとプライベートIPアドレス]

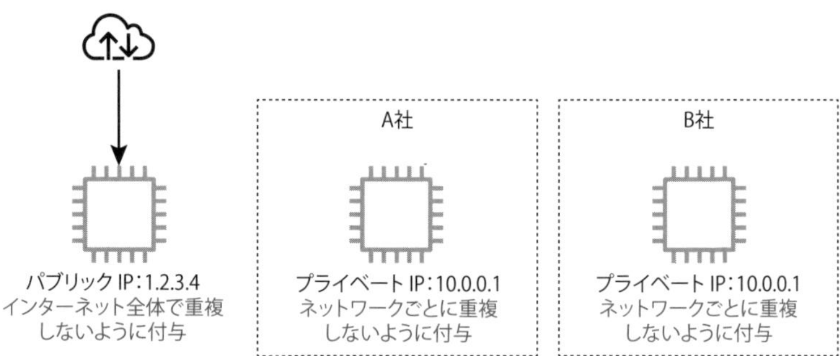

3 ネットワークアドレス

利用可能なIPアドレスの範囲を示す方法として、**CIDR表記**があります。CIDR表記では、「192.0.2.0/24」のように、IPアドレスに続いてスラッシュ（/）と0～32の数字を記述します。

TCP/IP では、1 個の IP アドレスを**ネットワークアドレス**と**ホストアドレス**の2つの区画に分けています。ネットワークアドレスは、組織のネットワーク全体、またはその下位ネットワークであるサブネットに付与されるアドレスです。一方ホストアドレスは、そのネットワークに所属する個々のリソースごとに付与されます。

CIDR 表記のスラッシュの後ろの 0 から 32 の数字は、ネットワークアドレスの範囲が何ビットあるのかを指定します。たとえば、「192.0.2.0/24」であれば、上位 24 ビットがネットワークアドレスで、残りの 8 ビットがホストアドレスとなります。したがって、このネットワーク内では「192.0.2.0」から「192.0.2.255」までの 256 個の IP アドレスが利用可能となります。

[ネットワークアドレス長と IP アドレスの数]

ネットワークアドレス長	利用できる IP アドレスの数
32	1
31	2
30	4
29	8
28	16
27	32
26	64
25	128
24	256

[ネットワークアドレスとホストアドレス]

192.0.2.0/24

上位24ビットをネットワークアドレスとする

ネットワークアドレスの部分のビットをすべて1にした数値をサブネットマスクといいます。たとえば、ネットワークアドレス長が24ビットであれば、サブネットマスクは2進数で「11111111 11111111 11111111 00000000」となります。この数値を、4つの10進数で「255.255.255.0」のように表します。

4 サブネット

ネットワークアドレスの長さを調整すると、1つのネットワークを複数のサブネットに分割できます。たとえば、ネットワーク「192.0.2.0/24」は、ネットワークアドレス長を26ビットにすることで、「192.0.2.0/26」「192.0.2.64/26」「192.0.2.128/26」「192.0.2.192/26」の4つに分割されます。分割されたそれぞれのネットワークを**サブネット**といいます。

インターネットに公開するリソースを配置する場合は、サブネットによってネットワークをパブリックなゾーンとプライベートなゾーンに分割します。インターネットに公開するリソースを配置するサブネットを一般に**DMZ**（非武装地帯）といい、ほかのリソースと分離することで、セキュリティを確保します。

[DMZ]

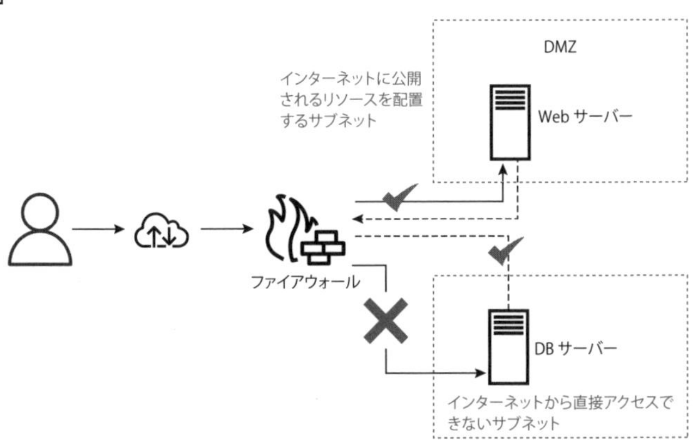

このように、ネットワークは管理面とセキュリティ面からサブネットに分割されるのが一般的です。

6-2 Amazon Virtual Private Cloud

本節では、AWS クラウドで仮想プライベートネットワーク（VPN）を構築するサービスであるAmazon Virtual Private Cloud(Amazon VPC)について解説します。

1 Amazon Virtual Private Cloud の特徴

Amazon Virtual Private Cloud（**Amazon VPC**、以下 VPC）は、AWS に仮想的なプライベートネットワークを作成できるサービスです。

VPC の中は完全なプライベートネットワーク空間なので、一般的な企業やデータセンターに構築するのと同じように、完全にコントロール可能なネットワークを作成できます。

AWS のリソースは、VPC 内部に作成するものと、VPC の外に作成するものがあります。たとえば、仮想マシンである EC2 インスタンスは VPC 内に構築しますが、S3 バケット（Amazon S3 のストレージ）は VPC の外に作成します。

[VPC構築が必要な主なAWSのサービス]

VPC 内	VPC 外
Amazon EC2	Amazon S3
Amazon RDS	Amazon DynamoDB
ELB	AWS Lambda
Amazon ElastiCache	Amazon Route 53
Amazon RedShift	Amazon CloudFront
など	AWS WAF
	など

VPC が必要な AWS サービスを理解しましょう。

次ページの図は、Amazon EC2 を利用した一般的な VPC の構築例です。

[VPC の構築例]

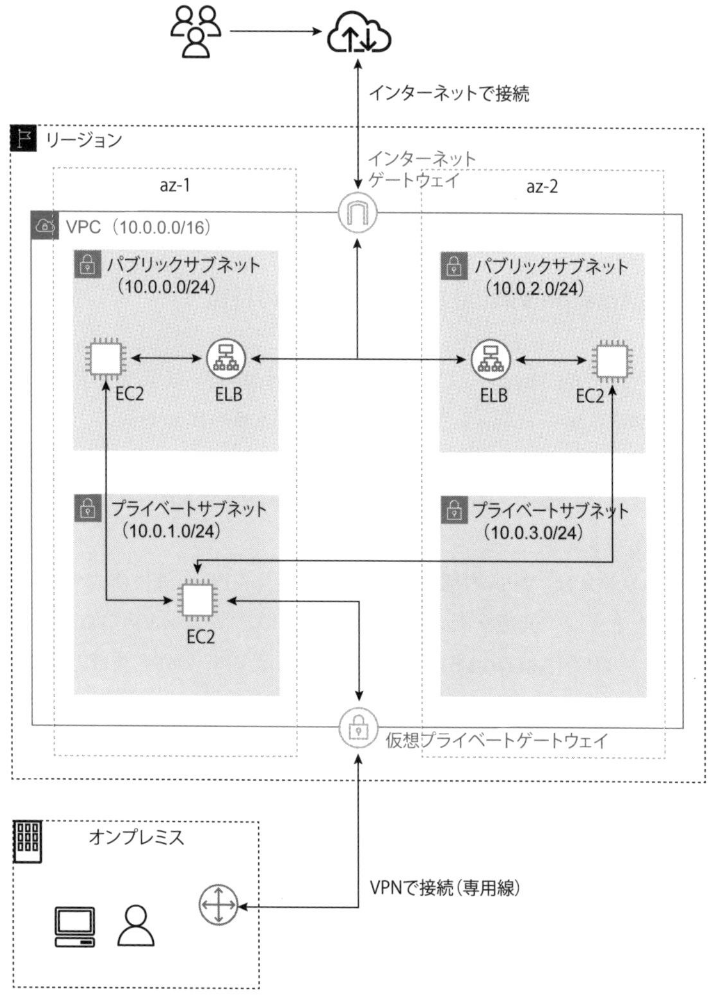

VPC はリージョンベースのサービスで、リージョンで利用できるすべてのアベイラビリティーゾーンを使った仮想ネットワークを構築できます。

VPC の中は、利用用途に応じて複数のサブネットに分割できます。VPC をインターネットに接続すれば、インターネットに公開するサブネットを構築できますし、インターネットに公開しないプライベートネットワークだけの構成にして、オンプレミスからの接続だけを受け付けるようなネットワークも構築できます。

2　VPC の構築

● リージョンの選択

VPC の作成は、リージョンの選択から始まります。リージョンを決めたあとに、VPC 内で利用する IP アドレスの範囲を決定します。VPC の IP アドレスの範囲は、あとから変更できません。

1 つのリージョン内には、デフォルトで 5 個までの VPC を作成することができるため、プロジェクトごとや開発用と本番用を分けるなど、用途によってネットワーク環境の分離をおこなえます。

[VPC によるネットワークの分離]

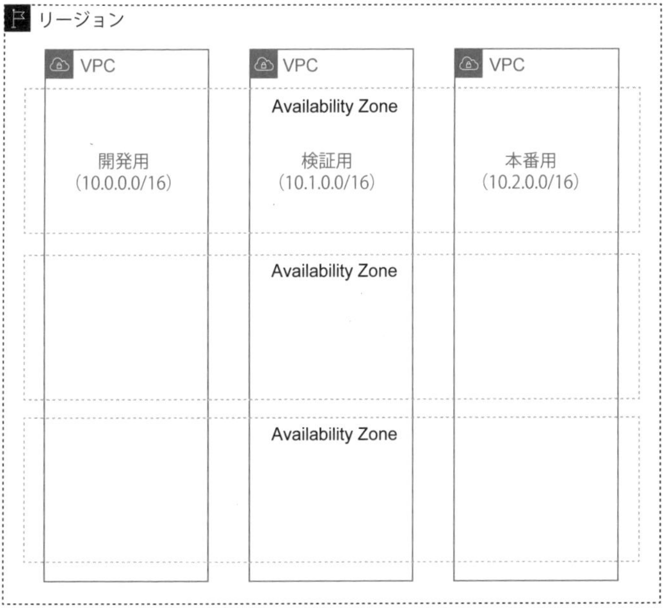

リージョン
VPC
VPC
VPC
Availability Zone
開発用
(10.0.0.0/16)
検証用
(10.1.0.0/16)
本番用
(10.2.0.0/16)
Availability Zone
Availability Zone

VPC同士はデフォルトでは通信が禁止されているため、環境の分離に役立ちます。

●インターネットゲートウェイ

インターネットゲートウェイは、VPCとインターネットを接続するための仮想ルーターとなるゲートウェイです。リージョン単位で作成しますが、VPCごとに1つだけ接続させることができます。

インターネットに接続する必要がなければ、利用する必要はありません。

[インターネットゲートウェイ]

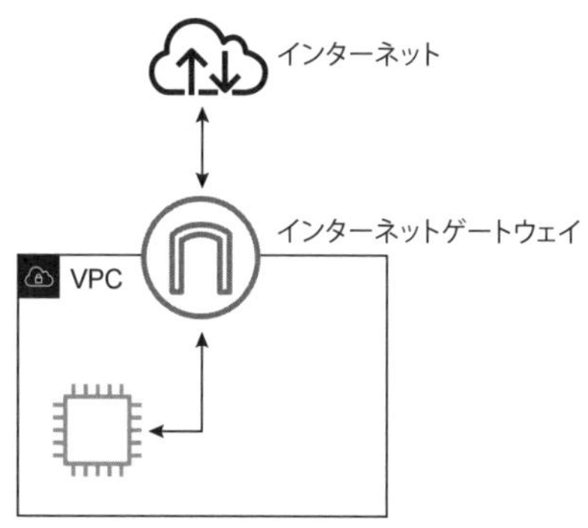

VPCがインターネットと通信をするには、インターネットゲートウェイが必要です。

●サブネット

VPCは非常に大きなネットワークなので、VPCのIPアドレスの範囲を複数のサブネットに分割して利用します。

サブネットは、VPCネットワークの一部なので、VPCのIPアドレス範囲と違うIPアドレス範囲を利用することはできません。IPアドレス範囲はほかのサブネットと重複してもいけません。また、アベイラビリティーゾーンをまたいだサブネットは作れません。

[サブネットの例]

Availability Zone	Availability Zone
VPC（10.0.0.1/16）	
サブネットA（10.0.1.0/24）	サブネットC（10.0.3.0/24）
サブネットB（10.0.2.0/24）	サブネットD（10.0.4.0/24）

サブネット内のホストに割り当てるIPアドレスのうち、5つのアドレスはAWSによって利用されます。そのため、サブネットで利用できるIPアドレスの数は実際よりも5つ少なくなります。VPCと同様に、サブネットのIPアドレス範囲もあとから変更することはできません。

サブネットは、VPCのネットワークを用途に応じて分割したネットワークのことで、EC2インスタンスなどVPC内部に構築するリソースはサブネット内に作成します。

AWSによって利用されている5つのIPアドレスの内訳を上図のサブネットAを例にすると、次のようになります。

10.0.1.0：ネットワークアドレス
10.0.1.1：ルーター用
10.0.1.2：AWSによって予約済み
10.0.1.3：AWSによって予約済み
10.0.1.255：ネットワークブロードキャストアドレス

●ルートテーブル

サブネットには、**ルートテーブル**と呼ばれるリソースが 1 つ設定されています。ルートテーブルには、ネットワークの経路情報が設定されています。

ネットワークの経路情報とは、宛先の IP アドレスに応じて、データをどの方向に送り出せば良いかを示す設定のことで、**ルート情報**とも呼ばれます。

VPC 内部は、すでにルートテーブルに設定されているため、サブネット同士の通信は問題なくおこなえます。

[ルートテーブルによるルーティング]

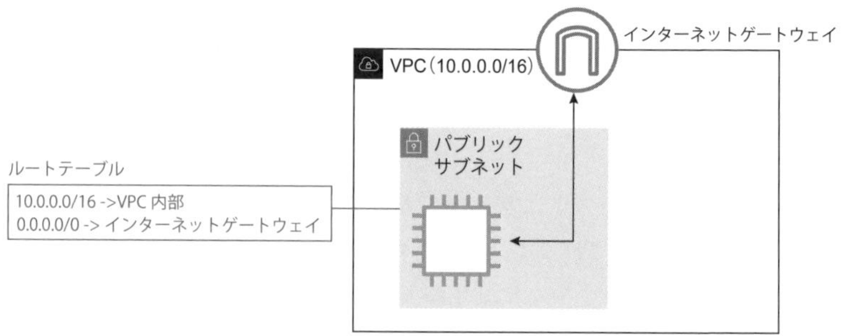

上図のルートテーブルでは、VPC 内部の IP アドレス範囲の通信以外を、すべてインターネットゲートウェイに振り向けています。「0.0.0.0/0」はすべての通信を意味していて、一般に**デフォルトルート**と呼ばれます。この設定により、サブネットから VPC 内部への通信以外は、すべてインターネットゲートウェイに向かいます。

VPC 外部との通信には、サブネットに設定されているルートテーブルに経路情報を設定する必要があります。

●パブリックサブネットとプライベートサブネット

サブネットは、インターネットへの接続の有無によって 2 つのタイプに分けられます。両者の違いは、インターネットゲートウェイへのルート情報があるルートテーブルを利用しているかどうかの違いです。

●パブリックサブネット

インターネットゲートウェイへのルート情報が設定されているサブネットを**パブリックサブネット**といいます。オンプレミス環境で、DMZと呼ばれているサブネットに相当します(208ページ)。

パブリックサブネットには、インターネットに公開するサーバーや、インターネットに向かって通信が必要なサーバーを設置します。

●プライベートサブネット

インターネットゲートウェイへのルート情報がルートテーブルに設定されていないサブネットを**プライベートサブネット**といいます。

プライベートサブネットには、データベースサーバーなど、直接インターネットに公開しないサーバーを設置します。

[パブリックサブネットとプライベートサブネット]

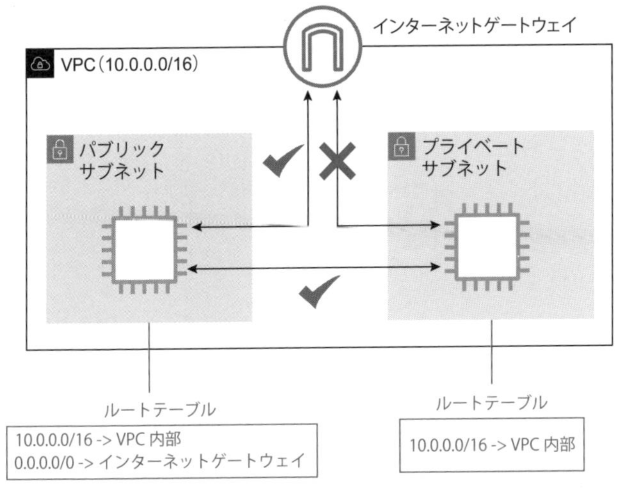

パブリックサブネット、プライベートサブネットという機能はありません。インターネットゲートウェイと通信可能なサブネットをパブリックサブネット、インターネットゲートウェイと通信ができないサブネットをプライベートサブネットといいます。

●NATゲートウェイ

NATゲートウェイは、パブリックサブネット内に設置されるリソースです。プライベートサブネットのルートテーブルのデフォルトルートとして設定することで、プライベートサブネットから、NATゲートウェイ経由でインターネットへのアウトバウンド通信ができるようになります。

逆に、インターネットからのインバウンド通信は、NATゲートウェイを通過できません。これにより、プライベートサブネットのリソースを守りながら、インターネットを利用することができます。

[NATゲートウェイ]

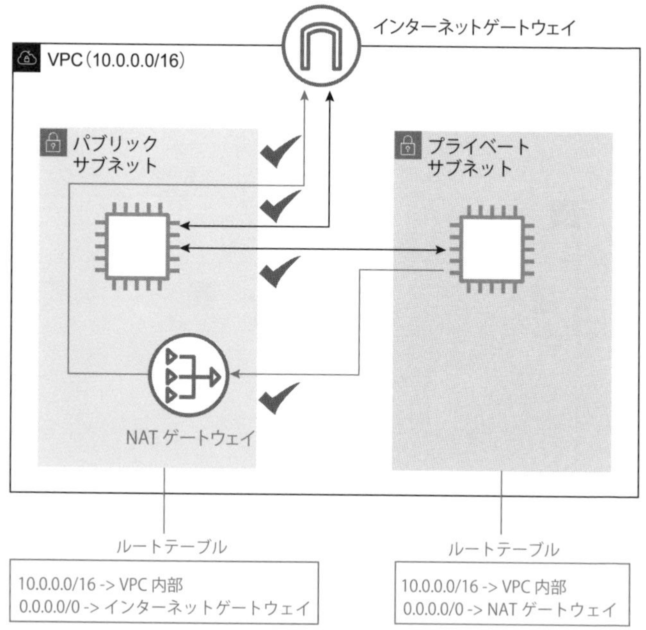

NATゲートウェイを利用することで、プライベートサブネットからインターネットへの通信ができるようになります。

● ネットワークACLとセキュリティグループ

第3章では、ネットワークを守る手段として、ネットワークACLとセキュリティグループを解説しました（125, 126ページ）。これらは、どちらもVPC内のリソースとして定義されます。

ネットワークACLはサブネットに対して設定をおこなうことで、サブネットへの通信に対する仮想ファイアウォール機能を提供します。

セキュリティグループは、EC2インスタンスなどのリソースを守る仮想ファイアウォール機能を提供しています。

[ネットワークACLとセキュリティグループ]

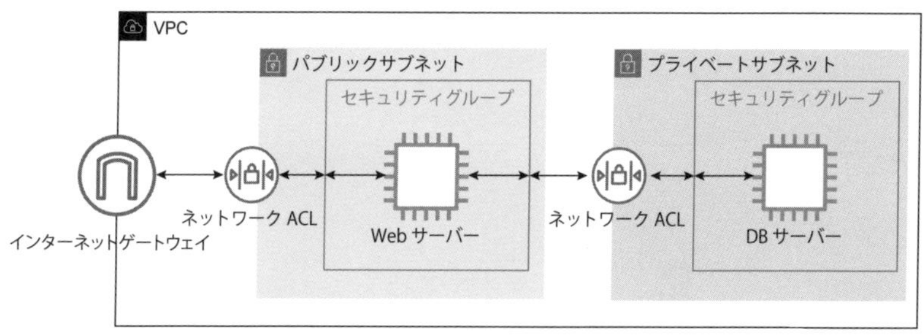

ネットワークACLとセキュリティグループは仮想ファイアウォールの機能を提供し、EC2インスタンスなどのリソースを守ります。

3 ハイブリッド接続

VPC内に設置したEC2インスタンスへのアクセスは、必ずしもインターネット経由に限定されません。

VPCには、オンプレミス環境とのハイブリッド接続を実現する機能が用意されているため、VPC内部をプライベートサブネットだけにすることもできます。

● 仮想プライベートゲートウェイ

オンプレミス環境とのハイブリッド接続をおこなうためには、インターネットゲートウェイではなく、**仮想プライベートゲートウェイ**(VGW)を用意します。

仮想プライベートゲートウェイは、VPCに対して設定できるゲートウェイの1つです。インターネットゲートウェイと同様にVPCに対して1つのリソースを関連付けられます。

[仮想プライベートゲートウェイ]

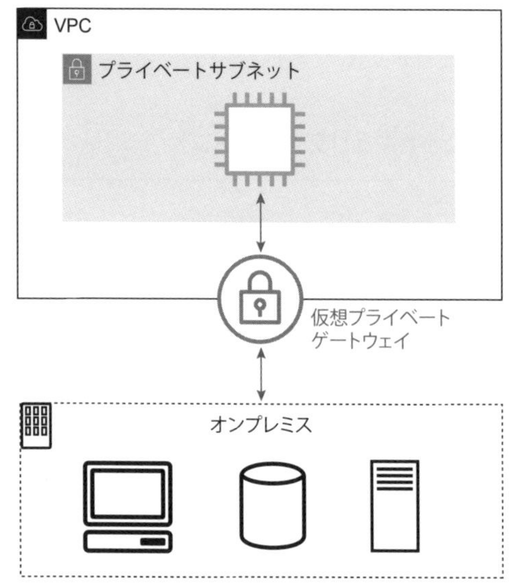

仮想プライベートゲートウェイを利用して、オンプレミス環境とのハイブリッドクラウドを構築できます。

● サイト間 VPN

サイト間 VPN(Site-to-Site VPN)は、オンプレミスのネットワークとVPCネットワークを接続するインターネットVPNのことです。

オンプレミス側には、IPSecに対応したVPNルーターを用意してグローバルIPアドレスを設定します。オンプレミス側のVPNルーターの情報をVPCのカスタマーゲートウェイとしてリソース登録し、VPC側に用意した仮想プライベートゲートウェイとの間にVPNを開設します。

下図のように、仮想プライベートゲートウェイ 1 つで複数のサイト間 VPN を利用することもできます。

[サイト間VPN]

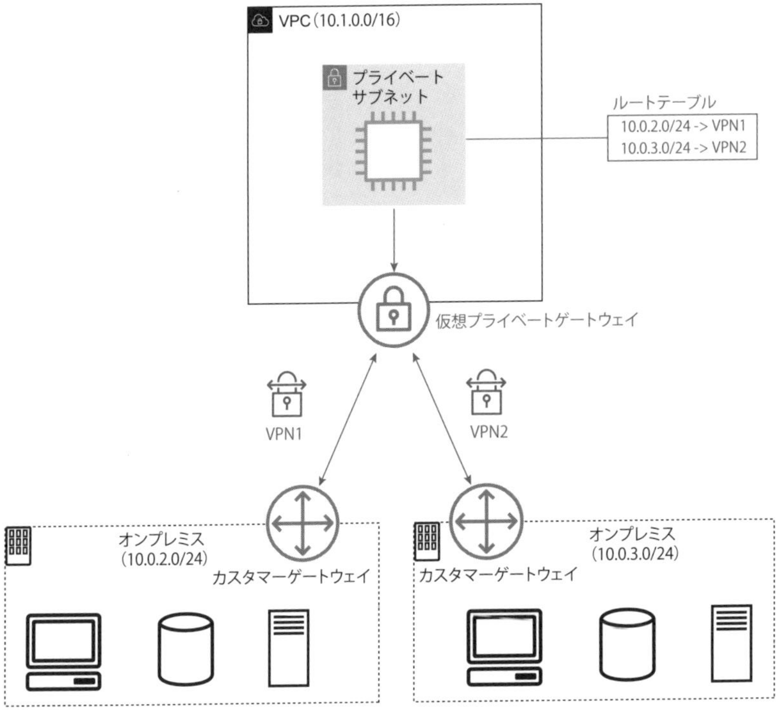

VPC (10.1.0.0/16)
プライベートサブネット
ルートテーブル
10.0.2.0/24 -> VPN1
10.0.3.0/24 -> VPN2
仮想プライベートゲートウェイ
VPN1
VPN2
オンプレミス
(10.0.2.0/24)
カスタマーゲートウェイ
カスタマーゲートウェイ
オンプレミス
(10.0.3.0/24)

サイト間 VPN を利用することで、単一拠点はもとより複数拠点も VPC と VPN 接続が可能です。

● クライアント VPN

AWS では、サイト間 VPN だけではなく、PC から VPN 接続をおこなう**クライアント VPN** の機能も提供されています。

クライアント VPN を利用すると、外出先から VPC に接続して、EC2 インスタンスの業務アプリケーションを利用することができます。また、クライアントVPN経由でインターネットにアウトバウンド通信をおこない、VPCを簡易的なプロキシサーバーとして利用するといった使い方もできます。

[クライアントVPN]

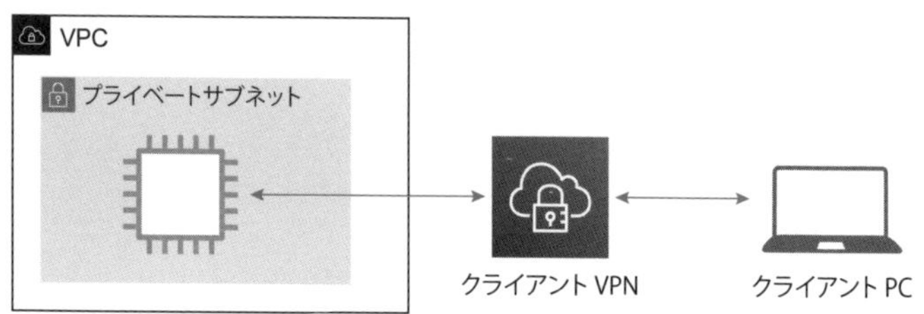

クライアントVPNは、外出先からのVPN接続機能を提供します。

● AWS Direct Connect

サイト間VPN接続はインターネットVPNなので、帯域保証や通信の品質はベストエフォート（可能な範囲で最大の速度を提供）になります。オンプレミス環境とVPCの間で常に大量のデータをやり取りするようなケースや、コンプライアンス要件として閉域ネットワークが求められる場合には、サイト間VPN接続は利用できません。

このように帯域と品質を確保したい場合や、コンプライアンス要件に対応する方法として、VPCとの間にプライベート回線を開設できる**AWS Direct Connect**があります。

AWS Direct Connectを利用するには、オンプレミス環境とDirect Connectロケーションの間に専用線接続を用意します。Direct Connectロケーションは世界各地に設けられている接続拠点で、Direct ConnectロケーションとAWSのデータセンターの間は、AWSがネットワークを敷設しています。

AWS Direct Connectは、コールセンター機能を提供するAmazon Connect（261ページ）とまぎらわしいので注意しましょう。

[AWS Direct Connect]

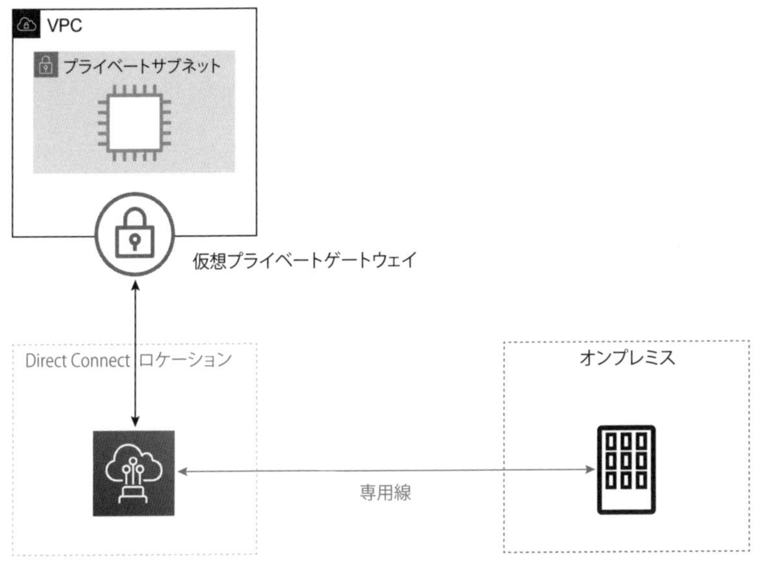

帯域保証やセキュリティ要件によっては、サイト間VPNではなく、AWS Direct Connectを利用します。

第6章 ネットワークサービス

6-3 その他のネットワークサービス

本節では、AWS クラウドの様々なネットワークサービスについて解説します。

1 Amazon CloudFront

Amazon CloudFront は、AWS のエッジロケーション（157 ページ）を利用した CDN サービスです。

CDN（Content Delivery Network）とは、簡単にいえば Web コンテンツのキャッシュサーバーのことで、コンテンツをクライアントに近い場所から配信することで、低レイテンシー（低遅延）な配信を実現する仕組みです。

下図のように、日本にあるサーバーから北米やヨーロッパにコンテンツを配信する場合、それぞれの地域にコンテンツのコピーを置いておけば、日本に取りに来るよりもインターネットの利用範囲が短くなるため、通信遅延が少なくなります。

[CDN]

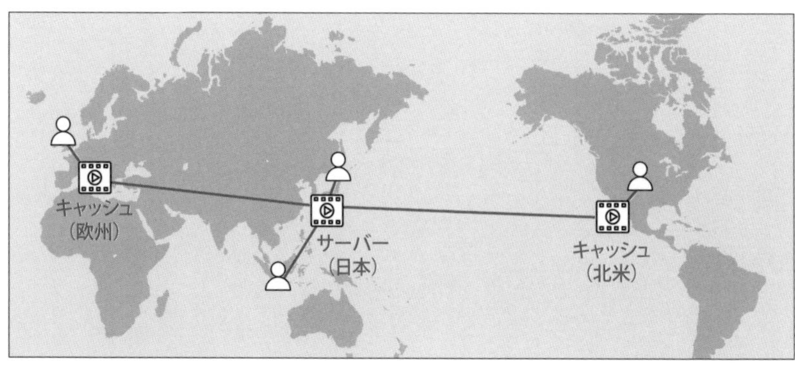

● Amazon CloudFront の特徴

Amazon CloudFront は、エッジロケーションにキャッシュサーバーを用意しているので、リージョンから離れた場所にいるユーザーに対して低レイテンシーかつ効率良くコンテンツを配信することができます。また、キャッシュされたコンテンツには有効期限が設定されており、期限切れになっていないコンテンツはキャッシュが再利用されるため、オリジナルコンテンツを配信するオリジンサーバーに対する負荷を軽減することができます。

[Amazon CloudFront のキャッシュの仕組み]

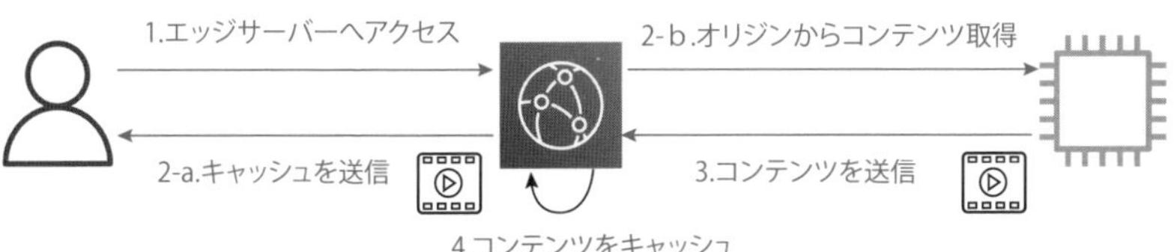

ユーザーが Amazon CloudFront のドメイン名にアクセスすると、ユーザーに近いエッジロケーション内のキャッシュサーバーの IP アドレスが解決されます。

Amazon CloudFront を利用すると、世界規模の低レイテンシーなコンテンツ配信が可能です。

2 Amazon Route 53

Amazon Route 53 は、DNS（Domain Name System）のサービスです。DNS は、数字の羅列である IP アドレスを人が覚えやすい名前（ドメイン名）に変換するための仕組みです。

[DNS の仕組み]

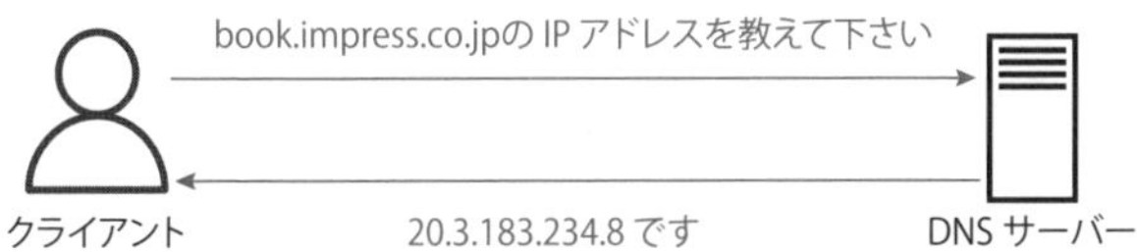

● Amazon Route 53 の特徴

Amazon Route 53 の DNS サーバーはエッジロケーションに設置されているので、AWS のサービスで唯一 SLA が 100% のサービスです。

Amazon Route 53 では、ルーティング機能が提供されます。たとえば、応答できるサーバーが複数存在する場合に、地理的に最も近い拠点のサーバーの IP アドレスを返却したり、A というサーバーが応答しなければ B のサーバーの IP アドレスを返すということができます。

[ルーティング機能]

また、新しいドメイン名を取得したり、自身が保有するドメイン名を Amazon Route 53 で管理できます。自動更新やプロテクションもできます。

Amazon Route 53 は、ドメイン管理機能を持った DNS サーバーで、AWS のサービスで唯一 SLA が 100% です。

3 AWS Global Accelerator

AWS Global Accelerator は、アプリケーションの可用性とパフォーマンス向上を世界中のどこからアクセスしても実現するサービスです。

AWS Global Accelerator は、次の図のようにエッジロケーション経由でユーザーからのリクエストを受け付けます。受け付けたリクエストは、ルールに従ってユーザーに近いリージョンに到達します。

モバイルアプリケーションなどのクライアントから見た場合、接続するグローバルIPアドレスはどの地域でも同じで良いため、地域ごとのカスタマイズをせずとも最適化を図ることができます。

[AWS Global Accelerator]

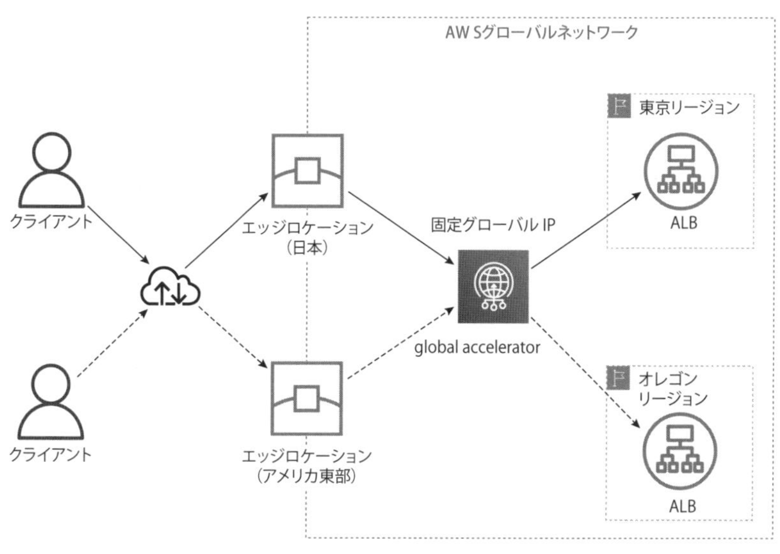

AWS Global Acceleratorを利用すると、世界規模で提供するアプリケーションのパフォーマンス向上や、災害発生時にクライアントを変更せずにネットワーク経路の自動変更が実現できます。

4 Amazon API Gateway

Amazon API Gatewayは、クライアントからのサービスリクエストと、それを実行するアプリケーションとの間を繋ぐAPIサーバーです。

Amazon API Gatewayは、APIサーバーの構築に必要な機能、たとえば許可されたクライアントからのリクエストだけを受ける機能や、複数のバージョンを提供する機能などをマネージドサービスとして提供します。

クライアントとの通信には、汎用性の高いREST APIまたはWebSocketが利用できます。

[Amazon API Gateway]

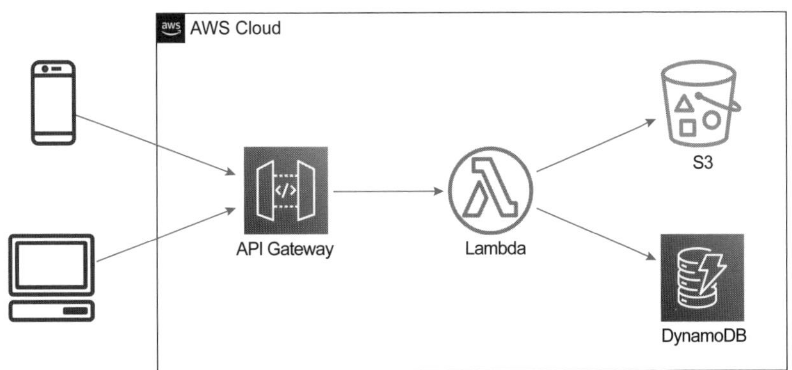

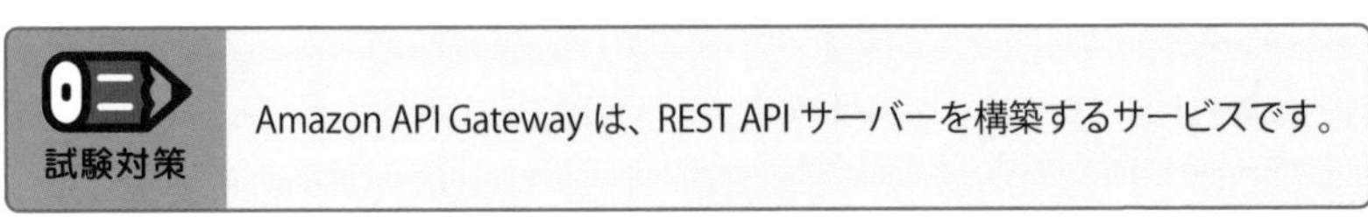

Amazon API Gatewayは、REST APIサーバーを構築するサービスです。

Q 演習問題

1 リージョン内に、インターネットに公開しないサーバーインスタンスを設置する場合、利用するべきものはどれですか。

A. パブリックサブネット

B. 仮想プライベートゲートウェイ

C. Elastic IP

D. プライベートサブネット

2 VPC 内のインスタンスがインターネットにアウトバウンド通信をするとき経由するリソースはどれですか。（2 つ選択）

A. インターネットゲートウェイ

B. 仮想プライベートゲートウェイ

C. NAT ゲートウェイ

D. デフォルトゲートウェイ

E. API ゲートウェイ

3 リージョン内に、インターネットに公開するサーバーインスタンスを設置する場合、おこなうべき手順について正しいものはどれですか。（3 つ選択）

A. VPC に インターネットゲートウェイを用意する

B. 任意のサブネットでパブリックサブネットの有効化をおこなう

C. インターネットゲートウェイをすべての通信の宛て先として設定したパブリックルートテーブルを作成する

D. 任意のサブネットとパブリックルートテーブルを関連付ける

E. VPC に仮想プライベートゲートウェイを用意する

4 **VPCの特徴として正しく表現しているものはどれですか。**

A. VPCは、複数のリージョンにまたがるネットワークを構築する

B. VPCは、EC2インスタンスなどのリソースをリージョン内に安全に設置するためのネットワークである

C. 利用者は、VPCの作成時に利用するアベイラビリティーゾーンを選択可能である

D. 利用者は、いつでもネットワーク内のIPアドレス範囲を柔軟に構成できる

5 **プライベートサブネットに設置したEC2インスタンスからインターネットアクセスを実現するために必要な手順として正しく表現しているものはどれですか。**

A. NATゲートウェイをパブリックサブネットに設置し、プライベートサブネットのルートテーブルにインターネットゲートウェイへの経路情報を追加する

B. NATゲートウェイをプライベートサブネットに設置し、パブリックサブネットのルートテーブルにインターネットゲートウェイへの経路情報を追加する

C. NATゲートウェイをパブリックサブネットに設置し、プライベートサブネットのルートテーブルにNATゲートウェイへの経路情報を追加する

D. NATゲートウェイをプライベートサブネットに設置し、プライベートサブネットのルートテーブルにNATゲートウェイへの経路情報を追加する

6 **オンプレミスのデータセンターや企業のネットワークなどと常時安定した通信を可能にするサービスはどれですか。**

A. AWS Direct Connect

B. AWS Global Accelerator

C. Amazon Connect

D. Amazon VPC

A 解答

1 D

A は、正しくありません。パブリックサブネットは、インターネットに公開するインスタンスを設置するサブネットです。
B は、正しくありません。仮想プライベートゲートウェイは、オンプレミスとハイブリッドネットワークを構築する際に利用するゲートウェイです。
C は、正しくありません。Elastic IP は、固定的なパブリック IP アドレスを付与する機能です。

2 A、C

B は、正しくありません。仮想プライベートゲートウェイは、ハイブリッド接続で利用します。
D は、正しくありません。デフォルトゲートウェイは経路が存在しない通信が到達する通信相手です。
E は、正しくありません。API ゲートウェイは、REST API を公開するサービスです。

3 A、C、D

B は、正しくありません。サブネットの機能としてパブリックとプライベートを切り替える機能は存在しません。
E は、正しくありません。仮想プライベートゲートウェイは、オンプレミス環境とのハイブリッド接続を実現する際に利用します。

4 B

A は、正しくありません。VPC はリージョンを超えたネットワークを構成できません。
C は、正しくありません。VPC で利用可能なアベイラビリティーゾーンは、リージョン内のすべてのアベイラビリティーゾーンです。
D は、正しくありません。VPC の IP アドレス範囲をあとから変更することはできません。

5　C

NAT ゲートウェイはパブリックサブネットに存在する必要があります。プライベートサブネットからは、NAT ゲートウェイを経由してインターネットに接続します。
プライベートサブネットのルートテーブルにインターネットゲートウェイへの経路情報を追加した場合、パブリックサブネットになります。

6　A

B は、正しくありません。AWS Global Accelerator は、エッジロケーションを利用した低レイテンシー、高可用なネットワークを構築する際に利用します。
C は、正しくありません。Amazon Connect は、仮想コールセンターを構築するサービスです。
D は、正しくありません。VPC 単体ではオンプレミスとの接続は実現できません。

第7章

ストレージとデータベースサービス

7-1 ストレージの種類

オンプレミスでもクラウドでも、データの保存にはストレージ（記憶装置）が必要です。本節では、IT システムで利用される代表的なストレージの種類について解説します。

1 ブロックストレージ

ブロックストレージは、記憶領域をブロックと呼ばれる固定長の区画に分割し、データをブロックごとに保存・管理するストレージのことです。サーバーの物理的な記憶装置である SSD や HDD が代表的です。

AWS では、**Amazon Elastic Block Store（Amazon EBS）**というサービスで、ブロックストレージが提供されています（235 ページ）。Amazon EBS のストレージは、EC2 インスタンス（仮想マシン）のボリュームとして利用されます。

[ブロックストレージ]

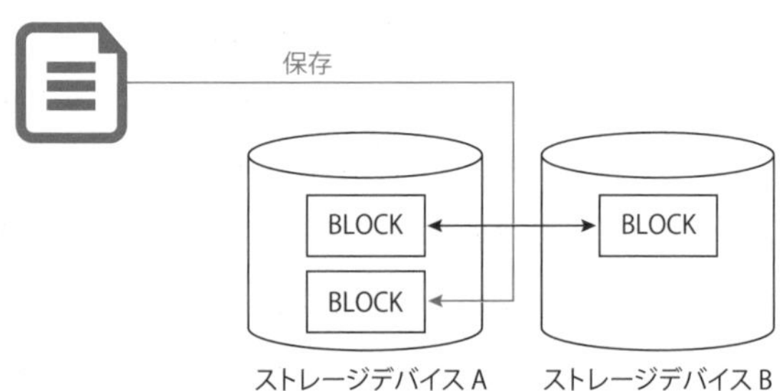

2 オブジェクトストレージ

オブジェクトストレージは、データを 1 つのかたまりとして保存・管理するストレージの形式です。保存されたデータのことをオブジェクトといい、各オブジェクトには固有の ID が付与されます。また、各オブジェクトにはメタデータと呼ばれる付随情報を管理する仕組みがあり、保存期間や暗号化の有無などの属性情報を保持します。

AWSでは、**Amazon Simple Storage Service**（**Amazon S3**）というサービスで、オブジェクトストレージが提供されています（243ページ）。Amazon S3のストレージは、配信データの格納場所やバックアップデータの保管場所などに利用されます。

[オブジェクトストレージ]

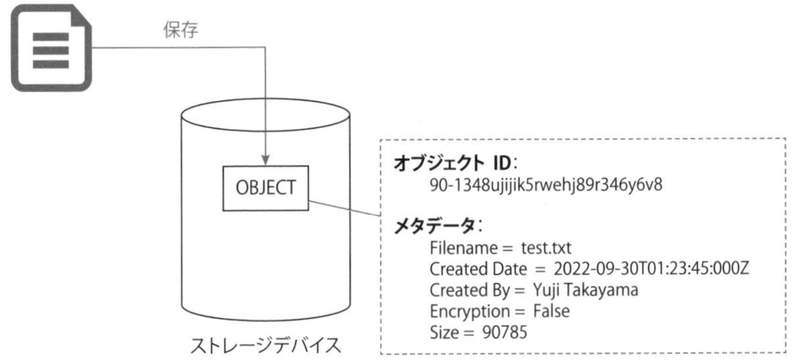

3 ファイルストレージ

ファイルストレージは、NAS（Network Access Storage）のように、データ（ファイル）をネットワーク上のフォルダやディレクトリによって階層的に管理するストレージです。

ファイルストレージは、一般に、ネットワークを介してファイルを共有するファイルサーバーとして利用します。保存されたファイルには、NFS、SMB、CIFSなどのプロトコルを利用してアクセスします。AWSでは、**Amazon Elastic File System**（**Amazon EFS**）や、**Amazon FSx for Windows File Server**などが提供されています（254ページ）。

[ファイルストレージ]

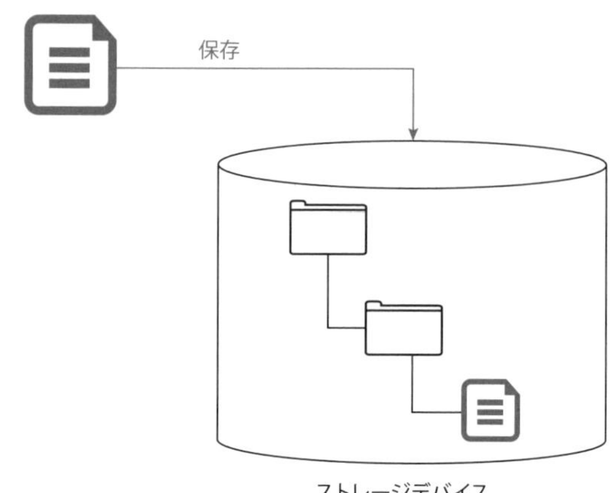

[ストレージの種類と AWS のストレージサービス]

ストレージ	AWS のサービス	用途
ブロックストレージ	Amazon EBS	EC2 インスタンスのボリューム
オブジェクトストレージ	Amazon S3	各種データ置き場、バックアップ
ファイルストレージ	Amazon EFS Amazon FSx for Windows File Server	共有ファイル

7-2 Amazon Elastic Block Store (Amazon EBS)

本節では、AWS のブロックストレージサービスである Amazon Elastic Block Store（Amazon EBS）について解説します。

1 Amazon EBS の特徴

● Amazon Elastic Block Store（Amazon EBS）とは

Amazon Elastic Block Store（Amazon EBS）は、EC2 インスタンスの記憶装置として利用可能なブロックストレージサービスです。

Amazon EBS で作成するボリュームを **EBS ボリューム**といい、EC2 インスタンスに EBS ボリュームを割り当てることを**アタッチ**といいます。

Amazon EBS の主な用途は、EC2 インスタンスの OS やデータを格納することです。ルートボリュームとしての利用以外にも、必要に応じて複数のリソースをアタッチできます。

[Amazon EC2 と Amazon EBS]

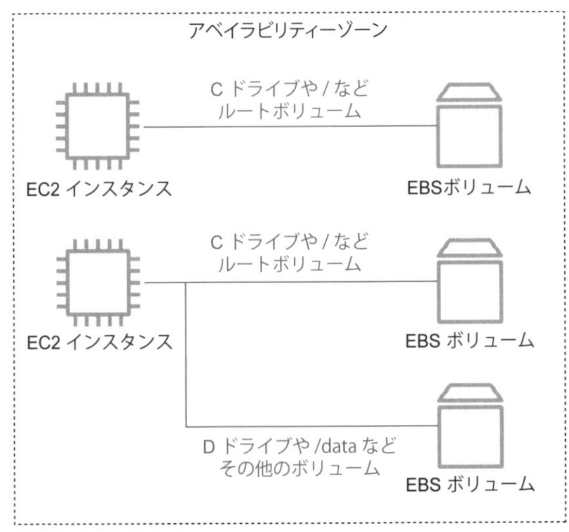

第7章 ストレージとデータベースサービス

●EBSボリュームの作成

EBSボリュームは、Amazon EC2と同様にアベイラビリティーゾーンを選択して作成します。EC2インスタンスの作成時に同時に作成することもできますし、EBSボリューム単体で作成してから、EC2インスタンスにアタッチすることもできます。

作成されたEBSボリュームは、同一アベイラビリティーゾーン内の複数のストレージデバイスに自動的に複製が保存（レプリケート）され、ハードウェア障害の発生によるデータの消失を防ぎます。

[EBSボリュームの作成画面]

EBSボリュームのサイズは作成時に指定しますが、あとから変更することもできます。サイズ変更は、EC2インスタンスにアタッチされ起動中の状態でも可能です。

Amazon EBSは、確保した容量に対してギガバイト単位で課金されるため、最小限の容量で作成して、あとから増やしていくほうがコスト効率は良くなります。

[EBS ボリュームの変更画面]

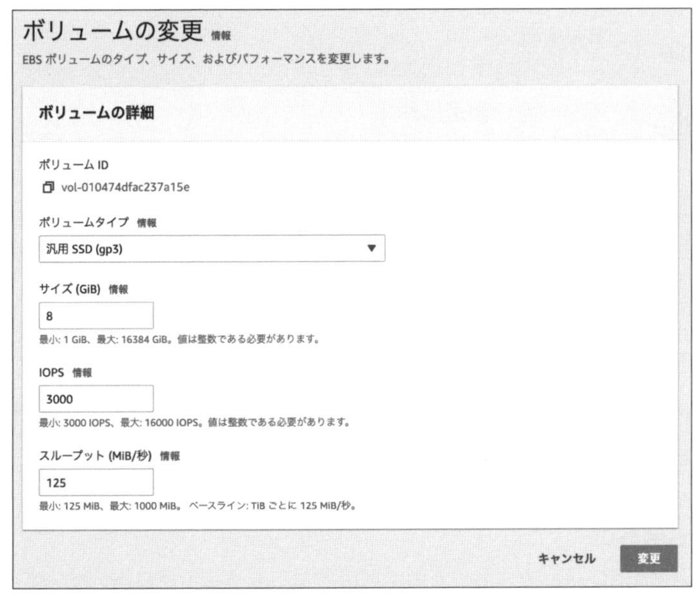

EBS ボリュームは EC2 インスタンスと分離しているため、EC2 インスタンスを停止した場合でも、保存されたデータが消えることはありません。

ただし、EC2 インスタンスを終了すると、デフォルトの設定では EBS ボリュームも同時に削除されます。設定によって削除されないようにすることもできるため、データを残しておきたい場合は事前に設定しておきましょう。

Amazon EBS は、EC2 インスタンスの記憶装置として利用されるブロックストレージです。

2 ボリュームタイプ

Amazon EBSのストレージは、大きく分けてSSDとHDDの2種類のディスクタイプの中に、特徴の異なる複数の**ボリュームタイプ**があります。

SSD
- 汎用SSD
- プロビジョンドIOPS SSD

HDD
- スループット最適化HDD
- Cold HDD

一般に、SSDはIO性能が高く、HDDは1ギガバイト当たりの単価が安く大量のボリュームを用意しやすいのが特徴です。ディスクタイプはあとから変更できませんが、ボリュームタイプはあとから変更できます。

ストレージの性能は、IOPSとスループット値で表されます。**IOPS**とは、Input Output Per Secondの略で、1秒当たりの入出力回数を表します。また、**スループット値**は、1秒当たりのデータ転送能力を表します。どちらの数値も、大きいほうが性能が高いことを意味します。

●汎用SSD

汎用SSDは、その名のとおり汎用的にあらゆる用途に向いているボリュームタイプです。最大ボリュームサイズは、16テラバイトです。

最大IOPSは16,000で、3,000を超える場合は追加の費用が発生します。また、スループット性能は最大で毎秒1,000メガバイトで、125メガバイトを超えると追加の費用が発生します。

汎用SSDはEC2インスタンスのブートボリュームとして利用できます。

●プロビジョンドIOPS SSD

プロビジョンドIOPS SSDは、16,000IOPSを超えるIOPS性能が必要な場合に利用します。最大ボリュームサイズは、64テラバイトです。

IOPS性能は利用者自身で設定します。最大IOPSは256,000IOPSで、IOPS量によってコストが変わります。最大スループットは、毎秒4,000メガバイトです。

プロビジョンドIOPS SSDも、EC2インスタンスのブートボリュームとして利用できます。

● スループット最適化 HDD

スループット最適化 HDD は、大規模かつ大量のファイルを扱うアプリケーションに向いています。最小ボリュームサイズは125ギガバイトで、最大16テラバイトまで拡張できます。

スループット最適化 HDDは、EC2インスタンスのブートボリュームとしては利用できません。

● Cold HDD

Cold HDD は、スループット最適化 HDD と同様に125ギガバイトから16テラバイトまでのボリュームサイズを利用できます。ギガバイト当たりのコストが全ボリュームタイプで一番安く利用できるため、アクセス頻度が低い大量のデータを保存するボリュームに適しています。

Cold HDD も、EC2 インスタンスのブートボリュームとしては利用できません。

EBS ボリュームは、要件用途に合わせて4つのタイプが存在します。ボリュームタイプはあとから変更することができます。

3 増分スナップショット

Amazon EBS には、任意のタイミングでバックアップを作成する機能として**スナップショット機能**があります。

作成されたスナップショットを復元すると、新しいボリュームとして作成されます。スナップショットからの復元時にボリュームサイズを改めて指定できるため、ボリュームサイズの縮小をおこなうときにも利用されます。

スナップショットは、利用されているブロックが Amazon S3 （243ページ）のストレージに保存されるため、大容量のボリュームでも実際に保存されているデータ容量分の保存で済みます。また、同じボリュームに対するスナップショットは、前回のスナップショットとの差分のあるブロックだけが保存されます。これを**増分スナップショット**と呼びます。

EBSボリュームのバックアップとして、増分スナップショットが利用できます。

次の図は、EBSスナップショットの動作を示したものです。初回のスナップショットでは使用されているすべてのブロックがバックアップされますが、2回目以降は前回のスナップショットとの差分だけが保存されます。

[増分スナップショット]

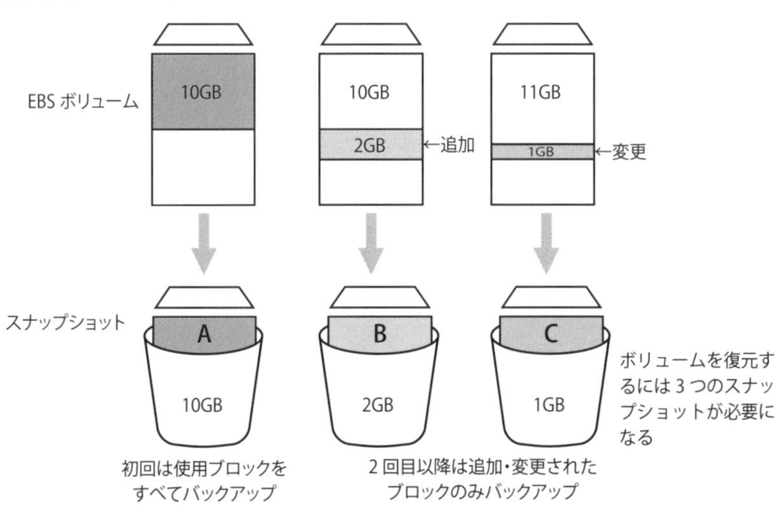

それぞれのスナップショットは、保存されているどのブロックを利用してボリュームを復元すればいいのかという情報を持っており、途中のスナップショットを削除してもボリュームの復元には影響がないようになっています。参照するスナップショットがなくなった段階で、そのブロックがS3から削除されます。

[スナップショットの削除]

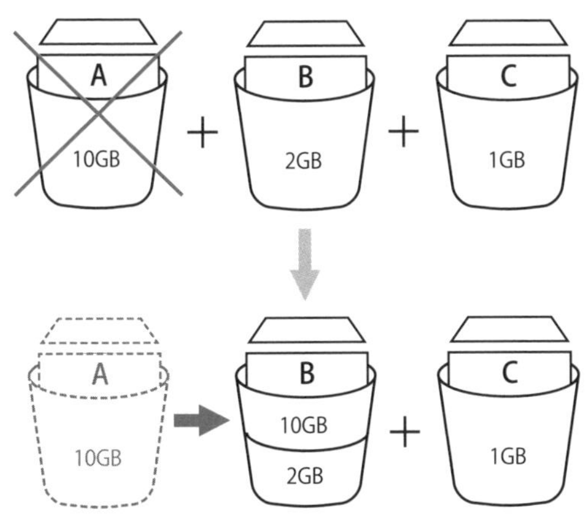

スナップショットAを削除しても、復元に必要なデータは削除されないので、残りのスナップショットでデータを復元できる

4 ボリュームの暗号化

EBS ボリュームは、サーバーサイド暗号化（249 ページ）に対応しています。暗号化を有効にすると、利用者は何も意識することなく自動的に暗号化と復号がおこなわれます。

暗号化を有効にした場合は、そのボリュームのスナップショットも暗号化されるため、セキュリティ要件に対応することができます。

[暗号化の設定]

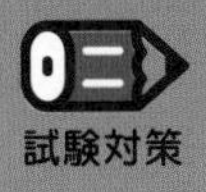
試験対策

ボリュームの暗号化が必要な場合は、暗号化を有効にすると透過的に暗号化と復号がおこなわれます。

第7章 ストレージとデータベースサービス

5 インスタンスストア

Amazon EBSと同様に、EC2インスタンスにアタッチして利用できるボリュームとして、**インスタンスストア**があります。

インスタンスストアは、EC2インスタンスが起動している物理ホストに付属するブロックストレージです。Amazon EBSより高速に動作しますが、EC2インスタンスを停止・終了すると内容は消えてしまいます。このような性質から、インスタンスストアはバッファやキャッシュデータなど、頻繁に読み書きされる情報の一時的なストレージとして利用されます。

インスタンスストアが利用できるEC2のインスタンスタイプは限られており、すべてのインスタンスタイプで利用できるわけではありません。

[EBSとインスタンスストアの違い]

ネットワーク

EC2
インスタンス

物理ホスト

インスタンスストア

← EC2インスタンスを
停止・終了すると、
内容は消去される

EBS
ボリューム

← EC2インスタンスを
停止・終了しても、
内容を保存しておく
ことができる

インスタンスストアはEBSより高速に動作しますが、データを永続化できないため、一時的な利用に適しています。

7-3 Amazon Simple Storage Service (Amazon S3)

本節では、AWSのオブジェクトストレージサービスであるAmazon Simple Storage Service（Amazon S3）について解説します。

1 Amazon Simple Storage Service (Amazon S3) とは

Amazon Simple Storage Service（Amazon S3）は、オンライン対応のオブジェクトストレージです。オンラインに対応しているというのは、サーバーを別途用意しなくても、Amazon S3だけでインターネットから直接ストレージに保存されたファイルへアクセスができることを意味しています。

Amazon S3はAmazon EBSと違い、EC2インスタンスにアタッチをしたファイルシステムとして利用するものではなく、ユーザーはファイルをアップロードしたりダウンロードしたりして利用します。

ファイルを保存するAmazon S3のストレージを**バケット**といいます。また、アップロードされたファイルのことを**オブジェクト**といいます。なお、バケット名は世界中で重複しない名前でなければなりません。

[バケットとオブジェクト]

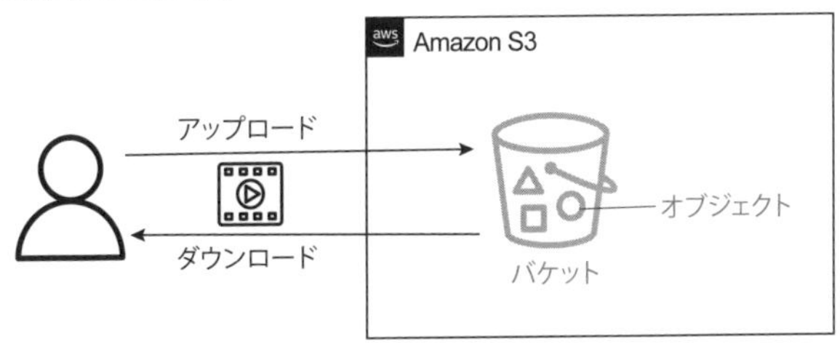

Amazon S3は、バケットに対してオブジェクトをアップロードしたりダウンロードしたりして利用します。

第7章 ストレージとデータベースサービス

● Amazon S3の特徴

Amazon S3の特徴として、以下の特徴が挙げられます。

● 99.999999999%（イレブンナイン）の耐久性

ここでいう**耐久性**とは、アップロードしたオブジェクトが壊れたり消えたりすることに対する強さのことです。Amazon S3のバケットにアップロードされたオブジェクトは、3つ以上のアベイラビリティーゾーンに複製されて保存されます。いずれかのデータセンターが利用不能になった場合でも、ほかのデータセンターからオブジェクトにアクセスできることが期待できます。

こうした特徴から、Amazon S3はAWSの様々なサービスのバックアップデータやログの保存先として利用されています。

イレブンナインの耐久性がどれくらいすごいのかをたとえると、1,000万件のオブジェクトの1つが消えたり壊れてしまう可能性は1万年に一度あるかないかというほどです。

[99.999999999%の耐久性]

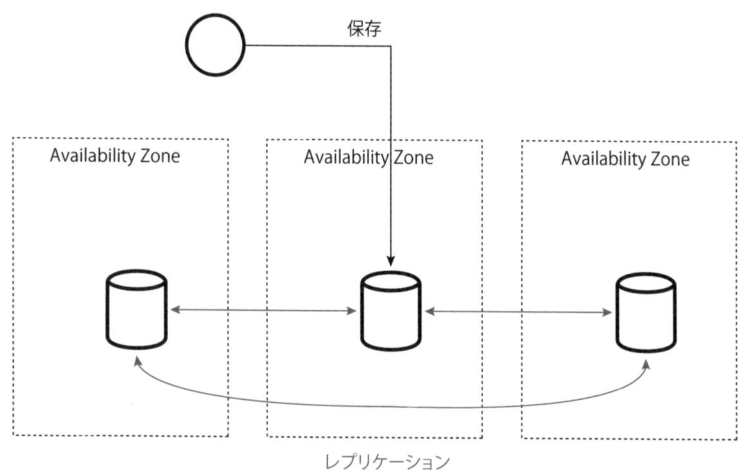

データが損傷した場合に備えて、別の場所に複製（レプリカ）を作成し、内容を同期させることをレプリケーションといいます。

●容量が無制限

Amazon S3のバケットには、容量制限がありません。必要なだけオブジェクトを保存することができ、容量不足を気にする必要がありません。ただし、1つのオブジェクトは最大で5テラバイトまでという上限があります。

オンプレミス環境ではどうしてもストレージの容量不足に悩まされるため、大切なデータを残しておくことが難しいケースがありますが、Amazon S3であれば必要なデータを必要なだけ残しておくことができます。

● Webから直接オブジェクトへアクセス可能

通常、Webのコンテンツを公開するには、EC2などを利用してWebサーバーを構築する必要がありますが、Amazon S3のバケットにアップロードされたオブジェクトは、WebからHTTPSプロトコルを使って直接アクセスが可能です。

[Webアクセス]

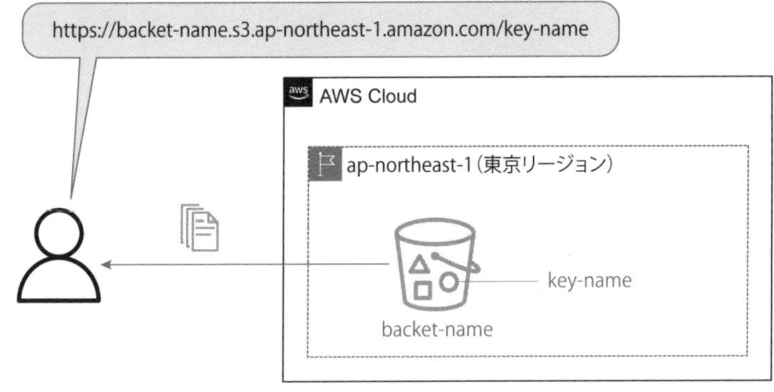

S3バケットには、最大5テラバイトのオブジェクトを容量無制限で保存できます。保存されたオブジェクトは、イレブンナインの耐久性を持ちながらWebから直接アクセスが可能です。

2 アクセスコントロール

前述のように、Amazon S3にアップロードされたオブジェクトはインターネットから直接アクセスすることが可能です。しかし、すべてのオブジェクトをパブリックに公開する必要はありません。たとえば、多くのケースではバックアップファイルは非公開にすることが望ましいはずです。

このように、オブジェクト単位やバケット単位でアクセスコントロールする仕組みとして、Amazon S3 では**アクセスコントロールリスト**（ACL）と**バケットポリシー**という 2 つの方法が用意されています。

●アクセスコントロールリスト（ACL）

アクセスコントロールリストは、バケットまたはオブジェクト単位でパブリックに公開するかどうかや、特定の AWS アカウントに対して公開するかどうかを設定します。

[ACL]

●バケットポリシー

複数のオブジェクトに対してアクセスコントロールを設定したいとき、ACLではそれぞれのオブジェクトごとにACLを設定する必要があります。数が多くなってくると、設定や確認が大変になります。また、特定のIPアドレスからのリクエストだけを許可するような細かいコントロールができません。

こうしたことから、現在はバケットポリシーを利用したアクセスコントロールが推奨されています。

バケットポリシーは、バケットごとに設定するリソースベースのポリシーです。Condition（条件）を利用することで、特定のIPアドレスからのアクセスだけを許可したり、アップロードは許可するがダウンロードは限定的にするといったきめ細かいアクセスコントロールが実現できます。

[バケットポリシー]

バケットポリシー

JSON で記述されたアクセスポイントポリシーは、バケットに保存されたオブジェクトへのアクセスを提供します。

```
{
  "Version": "2012-10-17",
  "Statement": [
    {
      "Sid": "Statement1",
      "Effect": "Allow",
      "Principal": "*",
      "Action": "s3:GetObject",
      "Resource": "arn:aws:s3:::clf-impress/*",
      "Condition": {
        "IpAddress": {
          "aws:SourceIp": "1.2.3.0/24"
        }
      }
    }
  ]
}
```

バケットポリシーやACLを使って、オブジェクトの公開範囲を制限できます。

3 ブロックパブリックアクセス

ACLやバケットポリシーは、設定を誤ると非公開のオブジェクトを公開してしまう危険があります。Amazon S3には、こうした予期せぬ公開を防ぐための仕組みとして、パブリックアクセスをブロックする**ブロックパブリックアクセス**という機能があります。

ブロックパブリックアクセスをバケット単位で有効にすると、すでに公開されている既存のオブジェクトを非公開にしたり、既存の公開状態は維持したまま、新たに公開することを禁止したりすることができます。

[ブロックパブリックアクセス]

パブリックアクセスのブロック (バケット設定) を編集 情報

ブロックパブリックアクセス (バケット設定)

パブリックアクセスは、アクセスコントロールリスト (ACL)、バケットポリシー、アクセスポイントポリシー、またはそのすべてを介してバケットとオブジェクトに許可されます。すべての S3 バケットおよびオブジェクトへのパブリックアクセスが確実にブロックされるようにするには、[パブリックアクセスをすべてブロック] を有効にします。これらの設定はこのバケットとそのアクセスポイントにのみ適用されます。AWS は [パブリックアクセスをすべてブロック] を有効にすることをお勧めしますが、これらの設定を適用する前に、アプリケーションがパブリックアクセスなしで正しく機能することを確認してください。内部のバケットやオブジェクトへのある程度のパブリックアクセスが必要な場合は、特定のストレージユースケースに合わせて以下にある個々の設定をカスタマイズできます。 詳細はこちら

- [x] パブリックアクセスをすべてブロック
  この設定をオンにすることは、以下の 4 つの設定をすべてオンにすることと同じです。次の各設定は互いに独立しています。
  - [x] 新しいアクセスコントロールリスト (ACL) を介して付与されたバケットとオブジェクトへのパブリックアクセスをブロックする
    S3 は、新しく追加されたバケットまたはオブジェクトに適用されたパブリックアクセス許可をブロックし、既存のバケットおよびオブジェクトに対する新しいパブリックアクセス ACL が作成されないようにします。この設定では、ACL を使用して S3 リソースへのパブリックアクセスを許可する既存のアクセス許可は変更されません。
  - [x] 任意のアクセスコントロールリスト (ACL) を介して付与されたバケットとオブジェクトへのパブリックアクセスをブロックする
    S3 はバケットとオブジェクトへのパブリックアクセスを付与するすべての ACL を無視します。
  - [x] 新しいパブリックバケットポリシーまたはアクセスポイントポリシーを介して付与されたバケットとオブジェクトへのパブリックアクセスをブロックする
    S3 は、バケットとオブジェクトへのパブリックアクセスを許可する新しいバケットポリシーおよびアクセスポイントポリシーをブロックします。この設定は、S3 リソースへのパブリックアクセスを許可する既存のポリシーを変更しません。
  - [x] 任意のパブリックバケットポリシーまたはアクセスポイントポリシーを介したバケットとオブジェクトへのパブリックアクセスとクロスアカウントアクセスをブロックする
    S3 は、バケットとオブジェクトへのパブリックアクセスを付与するポリシーを使用したバケットまたはアクセスポイントへのパブリックアクセスとクロスアカウントアクセスを無視します。

キャンセル　変更の保存

試験対策

オブジェクトの予期せぬ公開を防ぐには、ブロックパブリックアクセスを有効にします。

4 サーバーサイド暗号化

Amazon S3は、サーバーサイド暗号化に対応しています。設定を有効にすると、サーバーサイドで暗号化と復号が自動的におこなわれます。

利用できる暗号化鍵は複数用意されており、要件に合わせて使い分けることができます。

[Amazon S3の暗号化鍵]

暗号化鍵	説明
SSE-S3	サービスが管理している全アカウント共通の暗号化鍵を利用する。 サーバーサイドで暗号化されていれば良いような要件で利用する。
SSE-KMS	各アカウントごとに用意された暗号化鍵を利用する。暗号化鍵はKey Management Service（KMS）で管理する。
SSE-C	暗号化鍵をクライアント側で作成して管理する。暗号化と復号はサーバーサイドで自動的におこなわれるが、アップロード時などのリクエストにクライアント側で管理している暗号化鍵が一緒に送信される。

試験対策

サーバーサイド暗号化を有効にすると、自動的な暗号化と復号が実現できます。

5 バージョニング

ストレージ運用では、「間違えて上書きしてしまったり削除してしまったりしたファイルを元に戻してほしい」という要望がよくあります。こうしたケースへの対応としては、上書きや削除される前のファイルを残しておくことで復旧可能にします。これを**バージョニング**と呼びます。

Amazon S3にも、バージョニングの機能が用意されています。バージョニングが有効になっているバケットでは、古いオブジェクトを残すことができるので、古いバージョンや削除されたオブジェクトを復元することができます。

バージョニング設定はデフォルトでは無効になっているので、必要なバケットに対して有効化します。

試験対策

バージョニングを有効にすると、上書きされたり削除されたりしたオブジェクトを復活させることができます。

6 ストレージクラス

Amazon S3では、保存されたオブジェクトの容量によってコストが決まるため、コストを最適化する仕組みとして下表のように複数の**ストレージクラス**が用意されています。

[Amazon S3のストレージクラス]

ストレージクラス	AZ数	オンライン	特徴
S3標準	3	○	アクセス頻度の高いオブジェクトに最適。
S3標準 - IA	3	○	アクセス頻度が低いオブジェクトに最適。S3標準より保存にかかる料金が安い代わりに、取り出しに追加のコストが発生する。
S3 1ゾーン - IA	1	○	再作成可能かつアクセス頻度が低いオブジェクトに最適。S3標準 - IAよりも保存にかかる料金が安い代わりに、1つのアベイラビリティーゾーンしか利用しないため可用性が99.5%に下がる。また、取り出しに追加のコストが発生する。
S3 Intelligent Tiering	3	○	オブジェクトへのアクセス状況を監視し、高頻度クラスと低頻度クラスを自動的に移動してくれるため、オブジェクトのアクセス頻度が予測できない場合に最適。
S3 Glacier Instant Retrieval	3		オブジェクトの保存にかかる費用がS3 1ゾーン - IAより安い代わりに、オンラインからのアクセスはできない。オブジェクトの取り出しには最短で数ミリ秒かかる。

S3 Glacier Flexible Retrieval	3		S3 Glacier Instant Retrievalよりもオブジェクトの保存にかかる費用が安い代わりに、オブジェクトの取り出しに平均して3時間から5時間かかる。
S3 Glacier Deep Archive	3		最もオブジェクトを安く保存することができる代わりに、オブジェクトの取り出しには最大12時間かかる。

一般に、アクセス頻度が高いデータの場合は「**S3標準**」、低いデータの場合は「**S3標準 - IA**」または「**S3 1ゾーン - IA**」が適しています。「**S3 Intelligent-Tiering**」はアクセス状況に応じて自動的にストレージクラスを移動するので、アクセス頻度が予測できない場合にコストを最適化できます。「**S3 Glacier**」は、データを長期的にアーカイブ保存するためのストレージクラスです。

試験対策

アクセス頻度に応じた適切なストレージクラスを利用することで、コストの最適化が実現できます。

7 ライフサイクル

オブジェクトへのアクセス頻度が予測可能な場合は、バケットに**ライフサイクル**を設定すると、ストレージクラス間の移動をスケジュール実行できます。

[ライフサイクル]

ライフサイクルルールのアクション
このルールで実行するアクションを選択します。リクエストごとの料金が適用されます。詳細 または Amazon S3 の料金 を参照してください
オブジェクトの最新バージョンをストレージクラス間で移動
オブジェクトの非現行バージョンをストレージクラス間で移動
オブジェクトの現行バージョンを有効期限切れにする
オブジェクトの非現行バージョンを完全に削除
有効期限切れのオブジェクト削除マーカーまたは不完全なマルチパートアップロードを削除
オブジェクトタグまたはオブジェクトサイズでフィルタリングする場合、これらのアクションはサポートされません。
オブジェクトの現行バージョンをストレージクラス間で移行する
移行を選択して、ユースケースシナリオとパフォーマンスアクセス要件に基づいて、ストレージクラス間でオブジェクトの現行バージョンを移動します。これらの移行は、オブジェクトが作成された場合に開始され、連続して適用されます。詳細はこちら
ストレージクラスの移行を選択
オブジェクト作成後の日数
標準 - IA
30
削除
Glacier Flexible Retrieval (旧 Glacier)
90
削除
移行を追加する

たとえば、写真アルバム共有サイトで、アルバムの公開可能期間は30日間で、かつ、90日間以内ならダウンロード可能というサービスがあるとしましょう。

次の例は、公開オブジェクトの作成から30日経過すると「S3標準 - IA」に移動し、90日経過すると「S3 Glacier Flexible Retrieval」に移動し、365日経過で自動削除するように設定されたライフサイクルの例です。

[ライフサイクルの図]

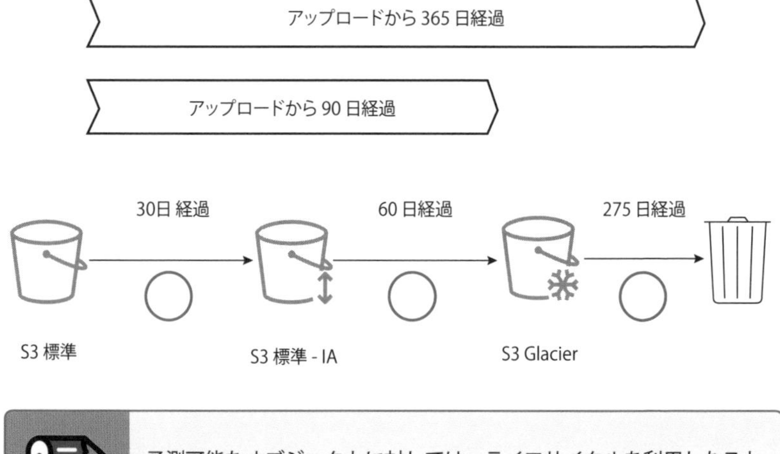

試験対策 予測可能なオブジェクトに対しては、ライフサイクルを利用したストレージクラスの自動変更によって、コストの最適化が実現できます。

なお、オブジェクトへのアクセス頻度が予測できない場合は、S3 Intelligent-Tieringを利用することで自動的にストレージクラスの変更をおこない、コスト効率を上げることができます。

7-4 ファイルストレージサービス

AWSのファイルストレージには、Amazon Elastic File System (Amazon EFS)や、Amazon FSx for Windows File Serverなどがあります。

1 Amazon Elastic File System（Amazon EFS）

Amazon Elastic File System（Amazon EFS）は、Linux系のOSを利用しているEC2インスタンスや、オンプレミスサーバー間で共有ファイルシステムを構築できるファイルストレージサービスです。

Amazon EFSには、次のような特徴があります。

● NFSv4プロトコルを採用

Amazon EFSは、Linux系OSで一般的に利用されるNFSv4プロトコルを利用しているため、複数のサーバー間の共有ファイルシステムとして利用できます。

●マルチAZで利用可能

EBSボリュームは、アベイラビリティーゾーン内に作成されるため、別のアベイラビリティーゾーンにあるEC2インスタンスから利用することはできません。

これに対し、Amazon EFSのストレージはリージョンベースで構築されるため、複数のアベイラビリティーゾーンにあるEC2インスタンスから利用できます。

●容量を気にせず利用できる

Amazon S3と同様に、ストレージの容量は必要に応じて自動的に拡張されるため、容量を気にせず利用できます。

●アクセス頻度に応じたストレージクラス

Amazon EFSは、Amazon S3と同じようにアクセス頻度に応じた高頻度アクセスストレージクラスと低頻度アクセスストレージクラスが用意されており、S3 Intelligent-Tiering と同様にアクセス頻度に応じた自動的なクラス間移動がサポートされています。

[Amazon EFS]

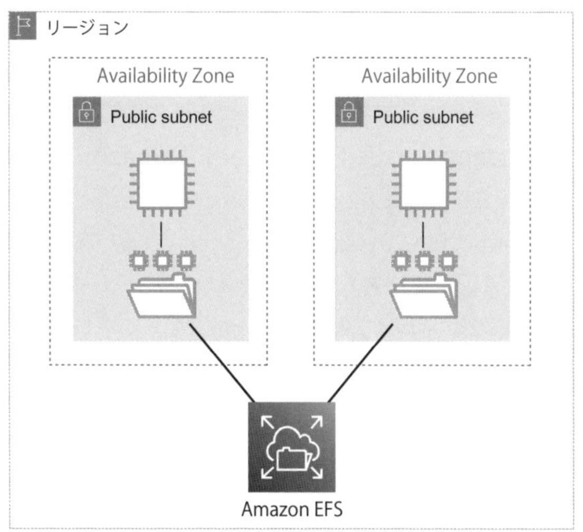

Amazon EFS を利用すると、複数の EC2 インスタンスやオンプレミスのサーバー間で、共有ファイルシステムを構築できます。

2 Amazon FSx for Windows File Server

Amazon FSx for Windows File Server は、Windows 向けの共有ファイルシステムを構築できるサービスです。

Windows 向けに共有ファイルシステムを構築する場合は、Amazon FSx for Windows File Server が利用できます。

7-5 その他のストレージサービス

AWSには、Amazon EBS、Amazon S3、Amazon EFS以外にも、ストレージに関するいくつかのサービスがあります。

1 AWS Snowcone

AWS Snowconeは、最大8テラバイトまたは14テラバイトの容量を持つストレージを備えた物理デバイスです。データセンターの外での利用が想定されている持ち運び可能な小型デバイスで、企業や店舗の施設内などに持ち込んで、データを収集してS3バケットに転送することができます。

また、EC2インスタンスを起動させることができるので、収集したデータの加工や利用をSnowconeでおこないながら、データは安心安全にS3バケットに保存するといった使い方ができます。

AWS Snowconeのように、ネットワークの周縁（エッジ）部分でデータを処理するコンピューティング手法をエッジコンピューティングといいます。

2 AWS Snowball

AWS Snowballは、最大80テラバイトの容量を持つストレージとコンピューティング向けの物理デバイスです。

オンプレミス環境のデータセンターに設置してペタバイト規模のデータをAWSに転送するような目的で利用されるSnowball Edge Storage Optimizedと、Snowconeと同じようなエッジコンピューティング環境として利用可能なSnowball Edge Compute Optimizedの2種類があります。

3 AWS Snowmobile

AWS Snowmobileは、最大100ペタバイトの容量を持つストレージ用の物理的なデバイスで、ストレージが大量に積み込まれたトラックを、オンプレミスのデータセンターに横付けします。

大量の動画などのメディアファイルなど、エクサバイト規模の大容量かつ大量のファイルを AWS 環境に転送する場合に利用されます。

[AWS Snow ファミリー]

Snowcone < Snowball < Snowmobile

4 AWS Storage Gateway

AWS Storage Gatewayは、オンプレミス環境と AWS 環境のストレージリソースを繋ぐことができるサービスです。

ファイルサーバーのデータは AWS 側に保存しながら、オンプレミス環境側にキャッシュを置いておくことで、利便性と低遅延を実現するようなハイブリッド環境で利用できます。

5 AWS Backup

AWS Backupは、AWSにおけるデータのバックアップと復元を一元的に管理できるサービスです。

たとえば、毎日2時にバックアップを作成して7世代分だけ保持するといったバックアッププランをもとに、EBSやAMIなど各サービスが持っているバックアップの仕組みを利用して実行してくれます。

6 AWS Transfer Family

AWS Transfer Family は、FTPS や SFTP といった既存のファイル転送プロトコルを利用して、Amazon S3 や Amazon EFS へのアクセスを可能にするサービスです。

たとえば、各支店が売上データをアップロードするのに SFTP を利用しているシステムがあるとします。このシステムを AWS に移行する場合に、ファイルをアップロードするシステムを新たに開発するのではなく、SFTP をそのまま使って転送先を Amazon S3 にして処理すれば、既存のワークフローを変更することも、新しい仕組みを学び直すこともなくシステムを移行できます。

また、AWS にあまりくわしくない利用者も、FTP クライアントソフトなどを利用できればファイル転送ができるので、Web サイトを Amazon S3 で公開している場合にも役に立ちます。

7 AWS Elastic Disaster Recovery

AWS Elastic Disaster Recovery は、サーバーの災害復旧に焦点を合わせたサービスです。AWS のリージョン間の復旧だけではなく、オンプレミス環境に災害が発生したときに、AWS の環境で復旧させることもできます。

災害復旧対策とは、災害が発生してデータセンターが被害を受けた場合に、データを消失から保護し、システムを速やかに復旧できるように準備しておくことです。

オンプレミスのみで構成された環境で災害復旧対策をおこなう場合、離れた場所にある複数のデータセンターに、まったく同じ構成のハードウェアを用意して、データ同期の仕組みを構築する必要があるため、非常にコストがかかります。

AWS Elastic Disaster Recovery では、日々のサーバーのバックアップを継続的に AWS に保存し、コンピューティング環境は最低限のコストで準備しておくことで、スケーラブルかつコスト最適化された災害対策を実現します。

7-6 Amazon Relational Database Service

大小問わずどのようなシステムでも、データを保持して検索する仕組みとしてデータベースが利用されます。AWSでは、要件や用途に応じた様々なデータベースサービスが用意されています。

1 SQLデータベース

SQLデータベースは、SQLを利用したデータ操作ができるデータベースのことです。一般に**リレーショナルデータベース（RDB）**と呼ばれるデータベースのことだと思って問題ありません。

SQLデータベースでは、データは行と列からなる表形式のテーブルに格納されます。1件のデータが行（レコード）、レコードを構成する一連の項目が列（カラム）となります。

テーブルは複数作成することができ、テーブル同士でデータの連携をすることができます。こうしたテーブルの集合を、データベースという集合で管理します。

このデータベースを操作するための言語を**SQL**といいます。

[SQLデータベース]

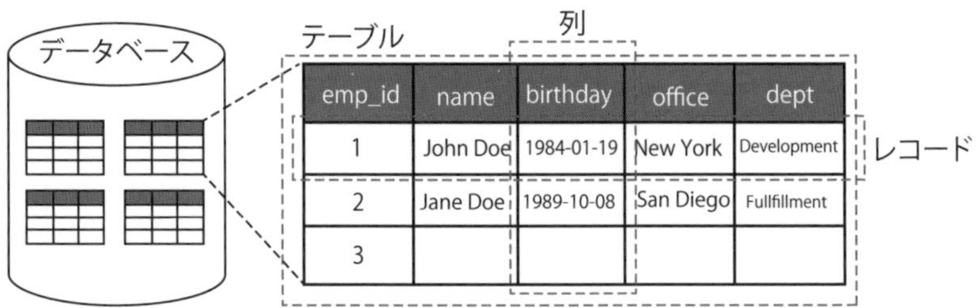

SQLデータベースは、データを格納するデータベースと、データベースを管理・操作するデータベースエンジンで構成されています。

2 Amazon Relational Database Service (RDS)

Amazon Relational Database Service（**Amazon RDS**）は、商用またはオープンソースのSQLデータベースのマネージドサービスです。

オンプレミスやEC2インスタンスでSQLデータベースを運用する場合、環境の構築と日々の運用作業をおこなう必要があります。Amazon RDSは、こうしたデータベースサーバーの構築と運用をおこなってくれるマネージドサービスです。

[オンプレミス、EC2、マネージドサービス]

オンプレミス	Amazon EC2	Amazon RDS
アプリケーションの最適化	アプリケーションの最適化	アプリケーションの最適化
ストレージ管理	ストレージ管理	ストレージ管理
スケーリング	スケーリング	スケーリング
高可用性	高可用性	高可用性
データベースのバックアップ	データベースのバックアップ	データベースのバックアップ
データベースのパッチ適用	データベースのパッチ適用	データベースのパッチ適用
データベースのインストール	データベースのインストール	データベースのインストール
OSのパッチ適用	OSのパッチ適用	OSのパッチ適用
OSインストール	OSインストール	OSインストール
サーバーメンテナンス	サーバーメンテナンス	サーバーメンテナンス
ラック	ラック	ラック
電源・ネットワーク	電源・ネットワーク	電源・ネットワーク

利用者の作業　　AWSの作業

● Amazon RDSの特徴

AWSでは、利用したいデータベースエンジンを自分でEC2インスタンスにインストールし、データベースサーバーを構築することができます。しかし、EC2はアンマネージドサービスなので、運用・管理は利用者が自分でおこなう必要があります。

一方、Amazon RDSでは、EC2インスタンスの作成や運用・管理はもちろん、データベースエンジンの運用・管理もAWSが利用者に代わっておこないます。起動されたEC2インスタンスは、利用者からは見えません。

Amazon RDSには、このほかにも次のような特徴があります。

- 商用またはオープンソースのデータベースエンジンに対応
- 自動メンテナンスの実施
- 複数のアベイラビリティーゾーンを利用したプライマリ・スタンバイ構成による高可用性
- 読み取り専用サーバーによるパフォーマンスの向上
- 自動バックアップの実施
- サーバーサイド暗号化に対応
- データベースサーバーの性能をあとから変更可能

● 利用可能なデータベースエンジン

Amazon RDSでは、以下のようなデータベースエンジンを従量課金で利用できます。このほかのデータベースエンジンを利用することはできません。

- Amazon Aurora（独自開発）
- Oracle Database（商用）
- Microsoft SQL Server（商用）
- IBM Db2（商用）
- MariaDB（オープンソース）
- MySQL（オープンソース）
- PostgreSQL（オープンソース）

商用データベースの費用にはライセンス料も含まれており、「検証目的で

3時間だけ Oracle Database を利用する」といった使い方ができます。なお、Amazon Aurora については後述します（266 ページ）。

Amazon RDS は、代表的なデータベースエンジンをサポートしているので、運用負荷を減らしながら既存のアプリケーションを利用できます。

● 自動メンテナンス

データベースエンジンもソフトウェアなので、アップデートが必要です。Amazon RDS では、マイナーアップデートの自動更新を設定すると、設定した時間にアップデートが自動でおこなわれます。

メジャーアップデートは、互換性のないアップデートが含まれることもあるため、検証環境で検証してから手動でアップデートをおこないます。

[マイナーアップデートの自動更新]

Amazon RDS では、データベースエンジンのマイナーアップデートを自動化できます。

● マルチ AZ のプライマリ・スタンバイ構成

データベースサーバーの可用性を上げるためには、複数のサーバーを用意して、1 台が故障してもほかのサーバーによってサービスを継続するようにします。

SQL データベースはデータ間に強い整合性を必要とするため、データの読み書きは 1 台のサーバー（**プライマリサーバー**）に集中しておこなうのが一般的です。それ以外のサーバーは**スタンバイサーバー**として、プライマリサーバーとデータを同期しながら待機します。プライマリサーバーに問題が発生した場合には、いずれかのスタンバイサーバーをプライマリサーバーに昇格させます。

[プライマリ・スタンバイ構成]

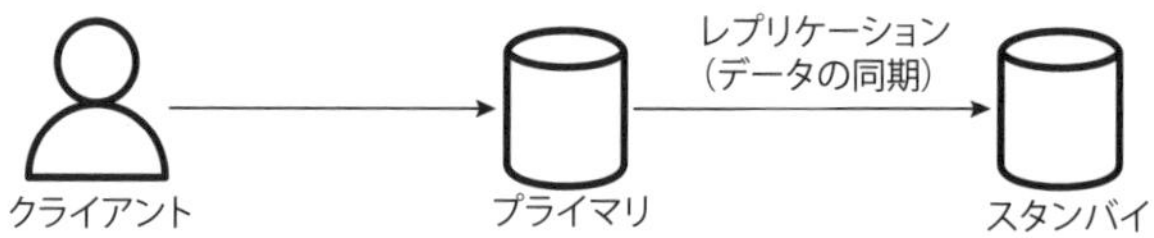
通常時は、スタンバイサーバーはプライマリサーバーのバックアップとしてデータを同期する
レプリケーション
(データの同期)
クライアント
プライマリ
スタンバイ

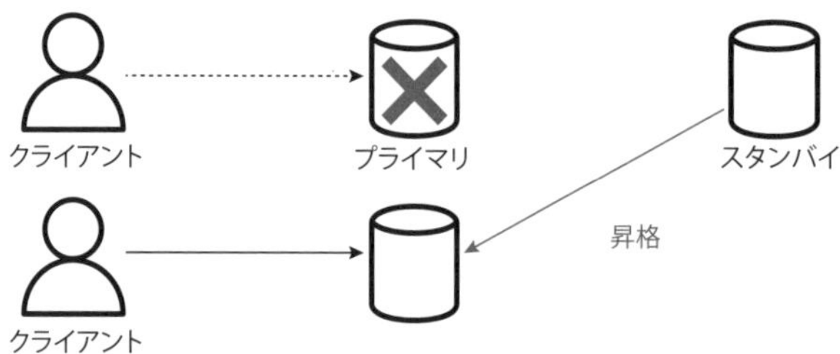
プライマリサーバーに障害が発生した場合、スタンバイサーバーをプライマリサーバーに昇格させる
クライアント
プライマリ
スタンバイ
昇格
クライアント

Amazon RDS では、こうしたプライマリ・スタンバイ構成を複数のアベイラビリティーゾーンに分散して構築できます。このようなマルチ AZ のプライマリ・スタンバイ構成により、サーバーの障害だけではなく、データセンターレベルの障害に対しても高可用性を発揮できます。

Amazon RDS では、設定画面から「スタンバイインスタンスを作成する」をチェックして保存するだけで、マルチ AZ 構成が利用可能です。マルチ AZ 構成は、本番環境では推奨事項です。

プライマリインスタンスの状態は常に監視されているので、障害が検出されると自動的にスタンバイインスタンスの昇格が実行されます。プライマリインスタンスが変更されてもドメイン名は同一のものをそのまま利用できるため、アプリケーション側の対応は不要です。

[マルチ AZ 構成]

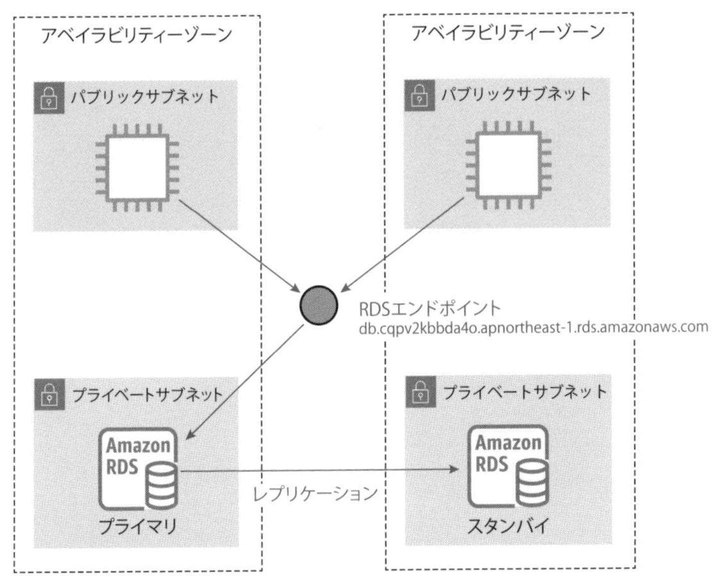

マルチ AZ 構成にすると、スタンバイインスタンスが自動的に構築されます。スタンバイインスタンスからプライマリインスタンスへの昇格は自動でおこなわれます。

●リードレプリカ

データベースに対する読み込みのリクエストが多いアプリケーションでは、**リードレプリカ**を利用した分散データベースにより、パフォーマンスを向上させることができます。

リードレプリカは、プライマリインスタンスとは別のインスタンスに元のデータベースを複製し、読み込み専用にしたものです。インスタンスの性能や、メンテナンスの設定は個別に設定できます。また、別のリージョンにリードレプリカを作成することができるので、災害対策としても利用可能です。

[リードレプリカ]

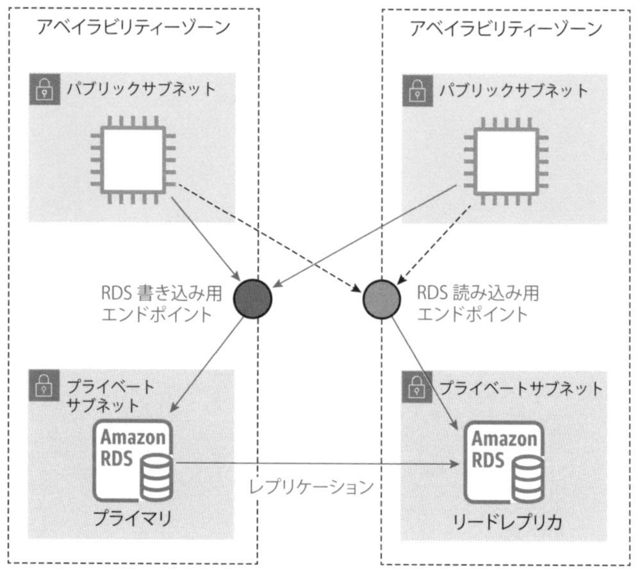

●バックアップと復元

Amazon RDSには、データベースのバックアップ機能として、自動と手動の**スナップショット機能**が提供されています。

自動スナップショットは、1日1回指定した時間に最大35日分までの指定した日数分のスナップショットが自動的に作成されます。古いスナップショットは自動的に削除されます。バックアップ保持期間を0に設定すれば、自動バックアップはおこなわれません。

手動スナップショットは、任意のタイミングでスナップショットを作成できます。自動スナップショットとは別に管理されるため、手動スナップショットは自動的に削除されません。

作成されたスナップショットからデータベースの復元をおこなえます。また、作成されたスナップショットは、災害復旧などで利用できるように別リージョンにコピーすることもできます。

[自動バックアップ]

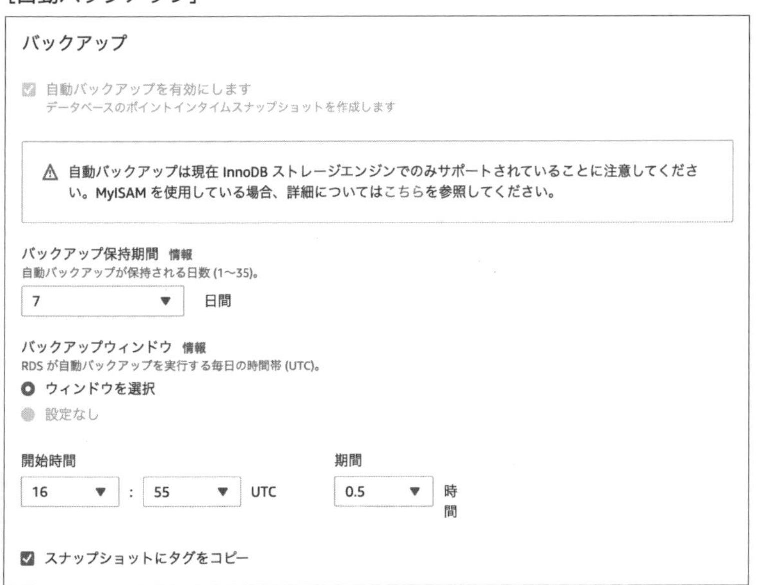

自動スナップショットと手動スナップショットによって、Amazon RDS のデータをバックアップできます。

● サーバーサイド暗号化

Amazon RDS は、ストレージのサーバーサイド暗号化ができます。暗号化と復号は自動的におこなわれるため、利用者は透過的に利用できます。

暗号化されたデータベースは、スナップショットも暗号化されて保存されます。

[サーバーサイド暗号化]

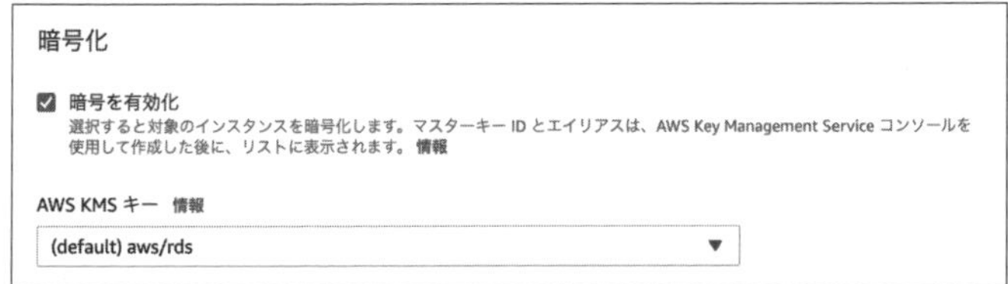

●スケーリング

Amazon RDSでは、インスタンスとストレージのスケーリングをおこなうことができます。どちらも単体性能を上下するスケールアップ・スケールダウンに対応しています。

データベースインスタンスの性能は、DBインスタンスクラスで決まります。これは、Amazon EC2のインスタンスタイプと同じような仕組みです。インスタンスクラスはあとから変更することもできますが、変更を適用する際にダウンタイムが発生します。そのため、変更をすぐに適用する以外に、次回のメンテナンス時に適用するように設定しておくことができます。

また、マルチAZ構成の環境では、スタンバイインスタンスから変更がおこなわれるため、データベースのダウンタイムを短くすることができます。

データベースインスタンスのストレージサイズについても、Amazon EBSと同様にあとから増量することができます。ただし、サイズを減らすことはできません。

Amazon RDSのストレージは自動スケーリングをサポートしているので、容量が不足してきた場合には自動的にストレージサイズを拡張してくれます。

Amazon RDSでは、インスタンスの性能とストレージのサイズをあとから変更できます。

3 Amazon Aurora

Amazon Auroraは、Amazonが独自に開発した高性能なデータベースエンジンです。エンタープライズデータベース並の性能を、オープンソースデータベースの使いやすさで提供しています。Amazon Auroraは、商用データベースと比べても遜色ないパフォーマンスに加えて、ライセンス料が不要なので、RDSで商用データベースを利用するよりもコストを低減できる可能性があります。

Amazon Auroraの特徴は次のとおりです。

● MySQL と PostgreSQL のインターフェイス互換

Amazon Aurora は、Amazon が独自開発したデータベースエンジンですが、MySQL と PostgreSQL のインターフェイス互換があるため、既存のアプリケーションが上記データベースに対応していれば、アプリケーションの修正なく利用できる可能性が高いです。

● MySQL の最大 5 倍、PostgreSQL の最大 3 倍のスループット

同様なサーバー性能での実行環境と比較して、標準的な MySQL の 5 倍、PostgreSQL の 3 倍の性能向上が見込めます。

●低レイテンシーのリードレプリカ

Amazon Aurora は、最大 15 個のリードレプリカを構築できます。プライマリインスタンスとリードレプリカはストレージを共有するため、データの同期遅延が 10 ミリ秒程度まで短縮されています。

●マルチリージョン対応

Amazon Aurora は、グローバルデータベース機能によって複数のリージョンにリードレプリカを分散配置できます。これによって、世界規模のアプリケーションの可用性とパフォーマンス向上が見込まれるとともに、災害対策にも役立ちます。

●サーバーレス

急激なデータベースへのアクセスに伴う負荷変動に対して、Aurora Serverless を利用すると、データベースのオートスケーリングがおこなわれます。予測できない負荷や、たまに発生する一時的な負荷上昇に対応しやすくなります。

試験対策

Amazon Aurora は、MySQL と PostgreSQL に対応し、エンタープライズ規模にも対応できるデータベースです。

7-7 Amazon DynamoDB

本節では、AWSの代表的なNoSQLデータベースであるAmazon DynamoDBと、その関連サービスについて解説します。

1 NoSQLデータベース

NoSQLデータベースとは「Not only SQL」の略で、「SQLデータベースだけがデータベースではない」という意味で名付けられたという説が有力です。

SQLデータベースには、SQLを使うことができる表形式のデータベースという特徴がありますが、NoSQLには統一された特徴はありません。利用用途や管理するデータの特徴ごとに、専用のデータベースとして用意されたデータベースのことを、NoSQLという名前でカテゴリー化しています。

NoSQLデータベースの多くは、SQLデータベースを使って実現できますが、設計や実装に無理があったり、パフォーマンスを上げにくいといった弊害も起きやすくなります。

また、SQLデータベースはデータの整合性を重視するため、スケールアップによってサーバー性能の向上を図りますが、スケールアップには上限があり、ダウンタイムが避けられません。

一方、NoSQLでは、データの整合性よりも可用性を重視します。大量のリクエストに対しては、スケールアウトによってサーバーを増やし、リクエストに応えられる状態を維持することを優先します。スケールアウトによって増えたサーバー間のデータは、あとから同期します。こうした特性を**結果整合性**といいます。

このようなNoSQLの特性から、NoSQLはSQLデータベースを置き換えるものではありません。それぞれの要件や用途に応じたデータベースを選択するべきです。

2 Amazon DynamoDB

AWSでは、Amazon RDSとのちほど解説するAmazon RedshiftだけがSQLデータベースで、それ以外はすべてNoSQLデータベースです。

数あるNoSQLデータベースのサービスの中で、歴史も古くあらゆる場面で利用できるデータベースが**Amazon DynamoDB**です。

● Amazon DynamoDBの特徴

Amazon DynamoDBは、**フルマネージドサービス**のデータベースです。そのため、Amazon RDSよりもマネージドサービスの範囲が広く、利用者が意識しなければいけない範囲が少ないのが大きな特徴です。

たとえばAmazon RDSでは、暗号化や可用性の確保、ストレージのオートスケーリングや自動バックアップなどの設定は利用者自身がおこなう必要があります。Amazon DynamoDBはリージョンベースのサービスで、データが保存されるとサーバーサイド暗号化が有効な状態で複数のアベイラビリティーゾーンに分散配置してくれます。Amazon RDSのマルチAZのように利用者が可用性について意識する必要はありません。また、データは常にバックアップされているため、任意の時点のデータに復元できます。

試験対策

Amazon DynamoDBは可用性と柔軟性に優れたフルマネージドサービスです。利用者は、データベースを設計して利用することに集中できます。

● Amazon DynamoDBのユースケース

Amazon DynamoDBは**キーバリュー型**のデータベースです。キーバリュー型とは、データを識別するユニークなキーをもとに値（バリュー）を保持してデータを管理する方法です。

こうしたシンプルなデータ構造から、構造が単純で、大量にアクセスされるデータの管理に向いています。

たとえば、Webアプリケーションのセッション管理や、ゲームのスコア管理などが挙げられます。

Amazon DynamoDBはリクエストに応じてスケールアウトするので、大量のアクセスに強いデータベースです。

3 AWS Database Migration Service

AWS Database Migration Service(AWS DMS)は、オンプレミスやAmazon EC2上で稼働中のデータベースから、Amazon RDSやAmazon DynamoDBなどのAWSのデータベースサービスへの移行をサポートするサービスです。

データベースはシステムの根幹をなすパーツであるため、多くの場合ダウンタイムをできる限り短くすることが求められます。AWS DMSを利用すると、データ移行にかかる手間と時間を小さくし、安全にデータを移行することができます。また、同種のデータベース間の移行はもちろん、SQLデータベースからNoSQLデータベースといった、異種データベース間の移行もサポートします。

AWS DMSによるデータ移行は2つの方法があります。

●一括移行

1回の移行によりすべてのデータを移行する方法です。ダウンタイムが長く取れる場合に有効です。

●継続的移行

AWSのデータベースサービスとオンプレミスやEC2上のデータベースサーバーの間で常にデータを同期しながらデータを移行します。

移行元のデータベースを落とす必要がないため、システムを稼働しながら徐々に移行先に移すことができます。

AWS DMSを利用すると、手間と時間がかかり、リスクが高いデータベースの移行を計画的におこなえます。

4 AWS Schema Conversion Tool

たとえば、Oracle から MySQL などのように異なるデータベース間で移行をおこなう場合、データベースのスキーマの変換が必要になります。

AWS Schema Conversion Tool（AWS SCT）は、こうした異種データベース間のスキーマ変換ができるデスクトップアプリケーションです。

AWS SCT を利用してスキーマの変換をおこない、AWS DMS でデータを移行できます。

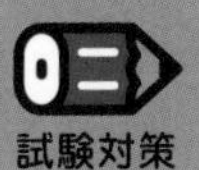

AWS SCT は、異種データベース間のスキーマ変換ができるデスクトップアプリケーションです。

7-8 その他のデータベースサービス

AWSには様々なタイプのデータベースが用意されており、Purpose-Built Databases（用途別に構築されたデータベース）という言葉で表されるとおり、要件や用途に応じて適切なデータベースの選択ができるようになっています。本節では、RDSとDynamoDB以外のデータベースサービスについて解説します。

1 Amazon Redshift

Amazon Redshift は、ペタバイト規模のデータに対応できるSQLデータベースのデータウェアハウスサービスです。

データウェアハウスとは、大量のデータに対して条件にマッチするデータを高速に抽出したり分析することに特化したデータベースです。列指向データベースとも呼ばれます。

データの書き込みや変更を主体としたデータベースではなく、保存されたデータに対する処理をすることが得意です。

2 Amazon ElastiCache

Amazon ElastiCache は、**インメモリDB** と呼ばれるNoSQLデータベースのひとつです。その名のとおり、データをメモリ上に保存することで、ストレージよりも高速なデータアクセスが可能です。こうした特性から、アプリケーションやデータベースのキャッシュレイヤーとしてよく利用されます。

Amazon ElastiCacheでは、**Memcached** と **Redis** というオープンソースのインメモリDBが用意されており、利用者はどちらかを選んで利用します。

3 Amazon MemoryDB for Redis

Amazon MemoryDB for Redisは、Redis互換のインメモリDBサービスです。ElastiCache for Redisよりもデータの耐久性に優れているため、一般的なアプリケーションのデータベースとしても利用しやすくなっています。

4 Amazon DocumentDB

Amazon DocumentDBは、オープンソースの**MongoDB**互換のドキュメントDBサービスです。**ドキュメントDB**とは、JSONやXMLといった構造化テキストを管理するデータベースです。

Amazon DocumentDBはマネージドサービスなので、すでにMongoDBを利用したソリューションがある場合に運用・管理が楽になる可能性があります。ただし、MongoDBの完全互換ではないので、事前の検証が必要です。

5 Amazon Keyspaces

Amazon Keyspacesは、オープンソースの**Apache Cassandra**互換のワイドカラム型データベースです。マネージドサービスなので、すでにApache Cassandraを利用している環境であれば運用が楽になる可能性があります。

6 Amazon Neptune

Amazon Neptuneは、グラフデータベースのマネージドサービスです。グラフデータベースは、データ同士の関係性を辿るようなデータの管理に向いています。たとえば、ソーシャルネットワークの「好き」「嫌い」や、オンラインショッピングサイトにおけるレコメンデーションなどで利用されます。

7 Amazon Timestream

Amazon Timestreamは、時系列データベースのマネージドサービスです。時系列データベースとは、その名のとおり時間の経過とともに蓄積されていくデータを効率良く検索したり管理したりすることに特化したデータベースです。IoTのセンサーデータを秒単位に蓄積しながら、特定の時間範囲のデータを抽出、集計するような処理が得意です。

8 Amazon Quantum Ledger Database

Amazon Quantum Ledger Database（Amazon QLDB）は、台帳データベースのマネージドサービスです。台帳データベースは、データの変更履歴や改ざん防止機能が含まれているデータベースです。

[AWSの主なデータベースサービス]

データベースサービス	特徴
Amazon RDS	SQLデータベース
Amazon DynamoDB	キーバリュー型データベース
Amazon Redshift	データウェアハウス用SQLデータベース
Amazon ElastiCache	インメモリDB
Amazon MemoryDB for Redis	インメモリDB
Amazon DocumentDB	ドキュメントDB
Amazon Keyspaces	Apache Cassandra互換ロイドカラム型データベース
Amazon Neptune	グラフデータベース
Amazon Timestream	時系列データベース
Amazon Quantum Ledger Database	台帳データベース

演習問題

1 **Amazon S3の特徴について正しく表現しているものはどれですか。**

A. S3は、確保したバケットの容量について課金される

B. S3は、インターネットから直接アクセス可能である

C. S3は、デフォルトでオブジェクトのバージョニングが有効である

D. S3は、アベイラビリティーゾーンを選択して利用する

2 **複数のアベイラビリティーゾーンに存在するEC2インスタンスから共有ファイルシステムを利用したい場合に利用するサービスはどれですか。**

A. Amazon S3

B. Amazon EBS

C. Amazon EFS

D. インスタンスストア

3 **Amazon Elastic Block Storeの特徴について正しく表現しているものはどれですか。**

A. 空き容量を気にせず利用できるストレージサービスである

B. 複数のアベイラビリティーゾーンに分散したEC2インスタンスから利用可能である

C. あとから容量や性能を変更できる柔軟なストレージサービスである

D. オンプレミスのディスク装置として利用可能である

4 **EBS スナップショットについて正しく表現しているものはどれですか。**

A. EBS のスナップショットは、スナップショットごとにすべてのブロックをバックアップしている

B. EBS スナップショットは、前回との差分をバックアップするため、すべてのスナップショットが残っていないと正しく復元できない

C. EBS のスナップショットは、AWS が利用する機能であるため利用者にとっての利点はない

D. EBS スナップショットは、前回との差分をバックアップしているが、スナップショットを削除した場合でも既存のスナップショットの復元に必要なブロックが残るため、必要なスナップショットだけを保有できる

5 **Amazon Simple Storage Service において、誤った操作でオブジェクトが公開されてしまうことを防ぐ機能は次のうちどれですか。**

A. ブロックパブリックアクセス

B. バケットポリシー

C. バージョニング

D. サーバーサイド暗号化

6 **Amazon Simple Storage Service において、アクセス頻度とコストのバランスを最適化する際に利用できる機能として正しいものはどれですか。（2 つ選択）**

A. バージョニング

B. S3 Intelligent-Tiering

C. サーバーサイド暗号化

D. イベント通知

E. ライフサイクル

7 企業は、エクサバイト規模のオンプレミスのデータをクラウド上に移行することを検討しています。データ移行に際して適切なサービスはどれですか。

A. AWS Snowcone

B. AWS Snowball

C. AWS Snowmobile

D. AWS Snowman

8 Amazon RDS の特徴について正しく表現しているものはどれですか。

A. RDS は、NoSQL のマネージドサービスである

B. マルチ AZ 構成を利用すると読み取りのパフォーマンスが向上する

C. RDS では、サーバーサイド暗号化が利用できない

D. RDS は、自動バックアップ機能が利用できる

9 Amazon Aurora の特徴について正しく表現しているものはどれですか。

A. Aurora は、最大 15 個のリードレプリカを利用できる

B. Aurora は、Oracle や Microsoft SQL Server を利用できる

C. Aurora は、RDS で利用できない

D. 既存のデータベースを Aurora に移行できない

10 **Amazon DynamoDB の特徴として正しく表現しているものはどれですか。**

A. DynamoDB は、利用者が指定したアベイラビリティーゾーンを利用する

B. DynamoDB は、デフォルトでほかのリージョンへのデータ複製機能が有効である

C. DynamoDB は、時系列データの扱いに優れている

D. DynamoDB は、キーバリュー型のフルマネージドサービスである

11 **Amazon RDS で選択できるデータベースエンジンは次のうちどれですか。(4 つ選択)**

A. Amazon Aurora

B. IBM Db2

C. Oracle Database

D. Microsoft SQL Server

E. Amazon DynamoDB

12 **Amazon RDS のリードレプリカについて正しく表現しているものはどれですか。(2 つ選択)**

A. リードレプリカを作成することでデータベースの書き込みパフォーマンスが向上する

B. リードレプリカを作成することでデータベースの読み取りパフォーマンスが向上する

C. リードレプリカは、同じアベイラビリティーゾーンに作成する必要がある

D. リードレプリカは、プライマリインスタンスの障害を検知して自動的に入れ替えをおこなえる

E. リードレプリカは、プライマリインスタンスの障害に伴う自動的な入れ替えができない

13 Amazon DynamoDB のユースケースとして適切ではないものはどれですか。

A. ゲームや Web サイトのセッション管理

B. IoT デバイスからのセンサーデータの保存

C. 複数のテーブルを外部キー制約で管理する受発注システム

D. EC サイトのショッピングカート

14 企業は、オンプレミス上の大規模な Oracle データベースを Amazon RDS で作成した Amazon Aurora データベースに移行することを計画しています。利用するべきなのはどれですか。（2 つ選択）

A. AWS Storage Gateway

B. AWS Database Migration Service

C. AWS Schema Conversion Tool

D. AWS DataSync

E. AWS Database Conversion Service

15 MongoDB を利用できるサービスはどれですか。

A. Amazon Aurora

B. Amazon DynamoDB

C. Amazon DocumentDB

D. Amazon Managed MongoDB Service

解答

1 B

A は、正しくありません。Amazon S3 は容量無制限で保存したデータ容量について課金されます。
C は、正しくありません。デフォルトではバージョニングは無効です。

Dは、正しくありません。Amazon S3はリージョンレベルのサービスなので、利用者はアベイラビリティーゾーンを意識せず利用できます。

2 C

Aは、正しくありません。Amazon S3はEC2インスタンスにアタッチして利用するストレージではありません。
Bは、正しくありません。Amazon EBSは同一アベイラビリティーゾーンのEC2インスタンスからのみ利用可能です。
Dは、正しくありません。インスタンスストアは、物理ホストのストレージを利用する一時的なストレージです。

3 C

Aは、正しくありません。Amazon EBSは、容量を指定して利用します。
Bは、正しくありません。同一アベイラビリティーゾーンのEC2インスタンスとEBSボリュームが接続可能です。
Dは、正しくありません。Amazon EBSはクラウド上のブロックストレージです。

4 D

Aは、正しくありません。EBSスナップショットは、前回との差分が発生しているブロックのみ保存します。
Bは、正しくありません。スナップショットの復元に必要なブロックは残る仕様です。
Cは、正しくありません。EBSスナップショットは、利用者が任意のタイミングで利用できます。

5 A

ブロックパブリックアクセスを有効にすると、バケットポリシーやアクセスコントロールリストによってパブリック公開されることを未然に防ぎます。

6 B、E

S3 Intelligent-Tieringは、アクセス頻度が不明な場合に機械学習により自動的にストレージクラスを移動する機能です。

ライフサイクルは、日数をもとに自動的にストレージクラスを移動する機能です。

7 C

Aは、正しくありません。AWS Snowconeは、最大8TBのストレージを持つエッジコンピューティングデバイスとしても利用可能な物理ストレージデバイスです。
Bは、正しくありません。AWS Snowballは、ペタバイト規模のデータ転送を実現する物理ストレージデバイスです。
Dは、正しくありません。AWS Snowmanというサービスはありません。

8 D

Aは、正しくありません。Amazon RDSはSQLデータベースのマネージドサービスです。
Bは、正しくありません。読み取りのパフォーマンスを向上させる機能はリードレプリカです。
Cは、正しくありません。サーバーサイド暗号化が利用できます。

9 A

Bは、正しくありません。Amazon Auroraは、MySQLとPostgreSQLのインターフェイス互換があります。
Cは、正しくありません。Amazon AuroraはAmazon RDSで利用できるデータベースエンジンです。
Dは、正しくありません。既存のデータベースもAmazon Auroraに移行して利用できます。

10 D

Aは、正しくありません。Amazon DynamoDBはリージョンレベルのサービスなので、利用者がアベイラビリティーゾーンを意識せず利用できます。
Bは、正しくありません。利用者が設定しない限り自動的にほかのリージョンにデータの複製はおこないません。
Cは、正しくありません。時系列データに特化したデータベースサービスとしてAmazon Timestreamがあります。

11 A、B、C、D

E は、正しくありません。Amazon DynamoDB は、キーバリュー型のNoSQL データベースサービスです。

12 B、E

A は、正しくありません。リードとあるように読み込み専用データベースを用意することで負荷を分散させます。
C は、正しくありません。リードレプリカは複数のアベイラビリティーゾーンや、ほかのリージョンに作成できます。
D は、正しくありません。自動的なフェイルオーバー機能はないので、手動での入れ替え操作が必要です。

13 C

A、B、D のいずれも Amazon DynamoDB のユースケースとして適切です。DynamoDB は、複数のテーブルに対して外部キー制約を設定することはできません。

14 B、C

A は、正しくありません。AWS Storage Gateway は、オンプレミスとAWS のハイブリッド・ストレージ環境を構築するサービスです。
D は、正しくありません。AWS DataSync は、オンプレミスと AWS のデータ転送をおこなうサービスです。
E は、正しくありません。Database Conversion Service というサービスはありません。

15 C

A は、正しくありません。Amazon Aurora は、MySQL または PostgreSQLの互換データベースです。
B は、正しくありません。Amazon DynamoDB は Amazon が開発したキーバリュー型データベースです。
D は、正しくありません。Amazon Managed MongoDB Service というサービスはありません。

第8章

機械学習／人工知能およびデータ分析

8-1 人工知能（AI）と機械学習（ML）

近年、株価の予測や投資対効果の検討など様々な分野で、機械学習や人工知能が活用されることが増えています。身近なところでは、スマートフォンの写真加工アプリなどは、より自然な仕上りにするためにAIを活用しています。この節では、AWSのAI／MLサービスについて説明します。

1 AI／MLの概要

人工知能（AI）とは、推論・判断・問題解決といった人間の知的能力に近い能力を機械にもたせる手法や技術の総称です。

機械学習（ML）は人工知能の分野のひとつで、その名の通り機械に学習をさせることで予測や推論の精度を高める技術です。ひととおりの学習が済んだソフトウェアのことを**機械学習モデル**と呼びます。

近年では、機械学習モデルを使った画像認識、音声認識、自然言語処理などの精度が飛躍的に向上し、様々な実用的なAIが登場しています。

[機械学習による画像認識]

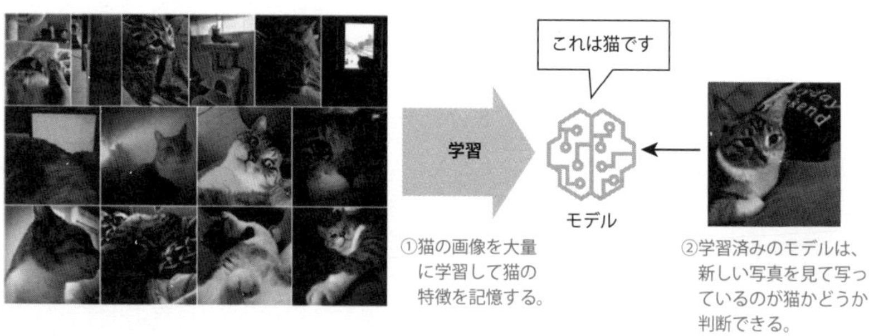
これは猫です
学習
モデル
①猫の画像を大量に学習して猫の特徴を記憶する。
②学習済みのモデルは、新しい写真を見て写っているのが猫かどうか判断できる。

2 AI ／ ML サービス

機械学習の精度を上げるためには、膨大なデータを読み込ませて機械学習モデルのトレーニングをおこなう必要があります。また、学習したモデルの精度を測るためのテスト用データも、様々なパターンが必要です。そのため機械学習モデルの作成には、大量のコンピューティングリソースと大容量のストレージを長期にわたって利用する必要があります。

オンプレミス環境では、こうしたリソースの調達はコスト面と速度の面で課題がありますが、クラウドコンピューティング環境であれば、スケーラブルかつコスト最適化したリソースを迅速に調達できます。

たとえば、必要なデータを大容量かつ低コストのストレージサービスであるAmazon S3で管理したり、機械学習モデルを作成するときだけ高性能なAmazon EC2インスタンスを利用して学習をおこない、終わったら廃棄することができます。

このほかAWSでは、すでに学習済みのモデルを利用したAIサービスも幅広く取り揃えています。

[AWSのAI関連サービス]

サービス	内容
Amazon SageMaker	機械学習モデルの構築・トレーニング
Amazon Lex	会話型AIインターフェイスの構築
Amazon Kendra	AI検索エンジン
Amazon Comprehend	テキスト解析
Amazon Polly	テキストを音声に変換
Amazon Rekognition	画像解析
Amazon Textract	OCRサービス
Amazon Transcribe	音声をテキストに変換
Amazon Translate	AI翻訳サービス

● Amazon SageMaker

Amazon SageMakerは、機械学習モデルの構築やトレーニングに利用できる様々なツールが用意されているフルマネージドサービスです。既存の学習済みモデルを基盤モデルとして利用するAmazon SageMaker JumpStartや、分析対象のデータを揃えるだけでノーコードで利用できるAmazon SageMaker Canvasなど、いくつかの方法で機械学習モデルを構築・トレーニングできます。

また、トレーニングされたモデルをバージョン管理しながらデプロイすることもできます。

[Amazon SageMakerのツール]

サービス名	機能概要
Amazon SageMaker Canvas	対象となるデータと利用するアルゴリズムを用意するだけで、機械学習モデルの作成・トレーニングをGUI操作でおこなえます。
Amazon SageMaker JumpStart	構築済みの基盤モデルとサンプルノートブックを利用して、機械学習をすぐに始められます。
Amazon SageMaker Studio	機械学習用の統合開発環境(IDE)。機械学習モデルの構築やトレーニング、それらに必要なデータを管理するストレージ、アルゴリズムを実装するノートブックの実行インフラストラクチャなどを利用して、カスタムモデルの作成からデプロイまでをおこなえます。

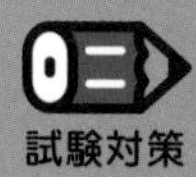

Amazon SageMakerは、機械学習モデル作成やトレーニング、デプロイなど機械学習の総合管理ツールを提供します。

● Amazon Lex

Amazon Lexは、会話型AIインターフェイスの構築とデプロイをおこなうサービスです。身近なところでは、Amazon Alexaによる音声をインターフェイスとした仕組みがわかりやすいでしょう。こうした音声をインターフェイスとして採用するユースケースとしては、コールセンター業務が挙げられます。

[チャットボットの例]

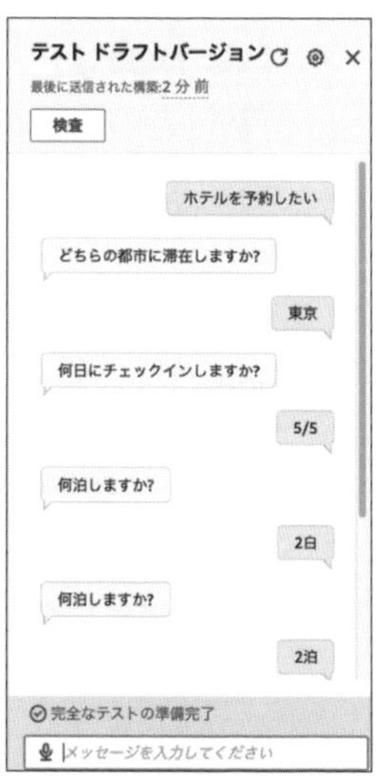

会話型とあるように、音声だけではなく入力されたテキストに対して応答するいわゆるチャットボットを構築することもできます。サポートセンターへの問い合わせ窓口を電話だけではなく、ウェブサイト上にチャットボットを用意して質問を入力してもらいながら、簡単な質問であれば人が介在すること

なく自動でマニュアルのページを返すような仕組みを構築できます。

● Amazon Kendra

Amazon Kendra は、企業内に存在する様々なドキュメントやFAQなどの情報を検索できるエンタープライズ向けAI検索エンジンのサービスです。

Amazon Kendraの検索は、一般的な検索エンジンのような検索キーワードを探すだけではなく、たとえば「20XX年XX月の議事録の中から○○プロジェクトに関する情報」のような自然言語による検索ができます。

● Amazon Comprehend

Amazon Comprehend は、感情分析やキーフレーズ抽出などのテキスト解析をおこなうAIサービスです。たとえば、ソーシャル・ネットワーキング・サービスに投稿された自社製品に関するテキストを分析し、ポジティブな意見なのか、ネガティブな意見なのかを分析させるようなことができるので、マーケティングオートメーションなどでも利用されています。

[Amazon Comprehend - 感情分析]

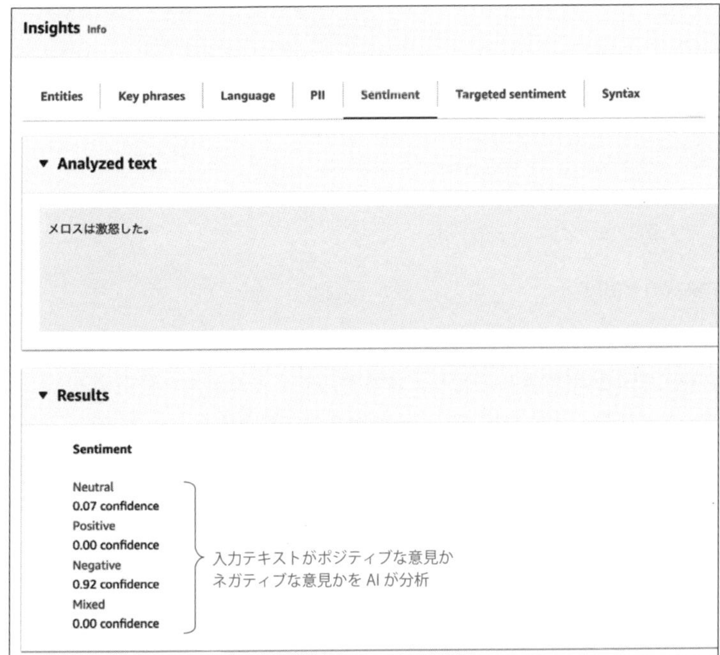

[Amazon Comprehend - キーフレーズ抽出]

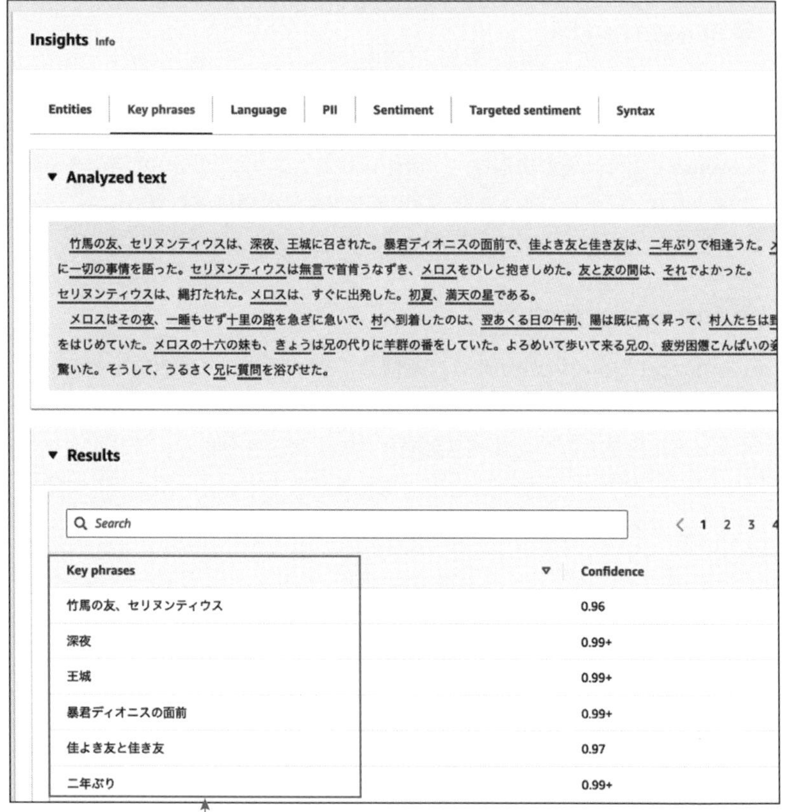

入力テキストからキーフレーズと考えられる語句を AI が抽出

● Amazon Polly

Amazon Polly は、テキストを音声に変換する AI サービスです。様々な言語の音声モデルが用意されており、自然言語対応のモデルを利用すると、人が話しているのと同じような抑揚のついた発音ができます。

たとえば、音声をインターフェイスにしたアプリケーションにおいて、Amazon Kendra で検索された文書を Polly で読み上げるといった連携ができます。

[AI サービスの連携]

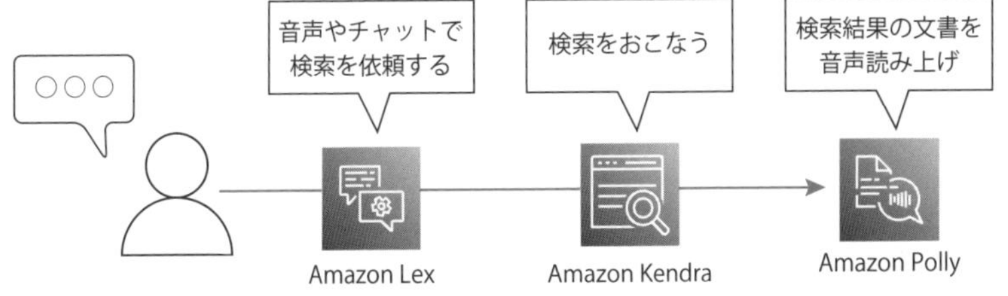

● Amazon Rekognition

Amazon Rekognition は、AI を利用した画像解析サービスです。写真を解析することで何が写っているのかを識別したり、人物を抽出して表情を分析することや複数の写真に写っている人物が同一人物なのかを判定させるような事もできます。

[Amazon Rekognition]

● Amazon Textract

Amazon Textract は、スキャンされた文書を読み込む光学文字認識(OCR)を提供するAIサービスです。手書き文字を認識したり、パスポートのようなレイアウトされた文書から特定の項目を読み込むこともできます。

デジタル化されていない文書を取り込んでデータベース化するといった用途にも役立ちます。

[Amazon Textract]

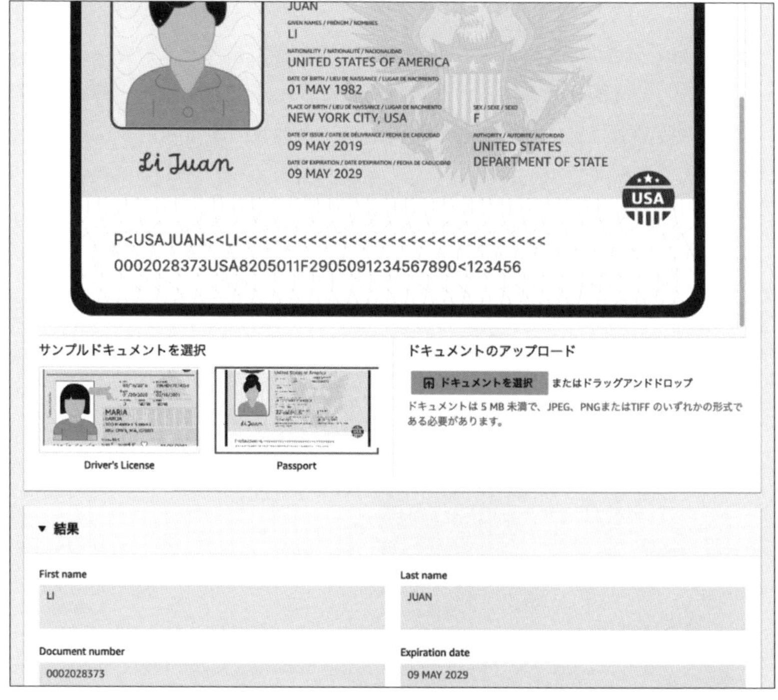

● Amazon Transcribe

Amazon Transcribe は、音声をテキストに変換するAIサービスです。Amazon Pollyと逆のことをおこなうサービスです。

たとえば、コールセンターにおいて、顧客との通話をリアルタイムで文字起こしをおこないながらシステムに連携するようなことができます。

[顧客との会話をテキスト化して保存]

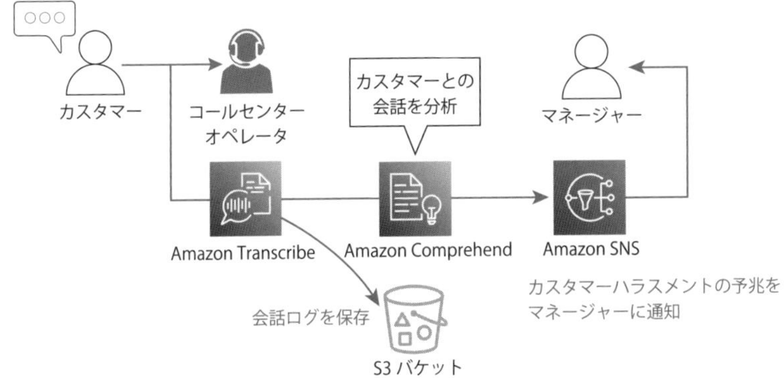

● Amazon Translate

Amazon Translate は、AI を利用した翻訳サービスです。カスタム辞書を利用することで、専門用語やドメイン独自の用語に対応した翻訳をおこなうことができます。フレーズ翻訳だけではなく、ファイルを対象としたドキュメント翻訳も可能です。

[Amazon Translate]

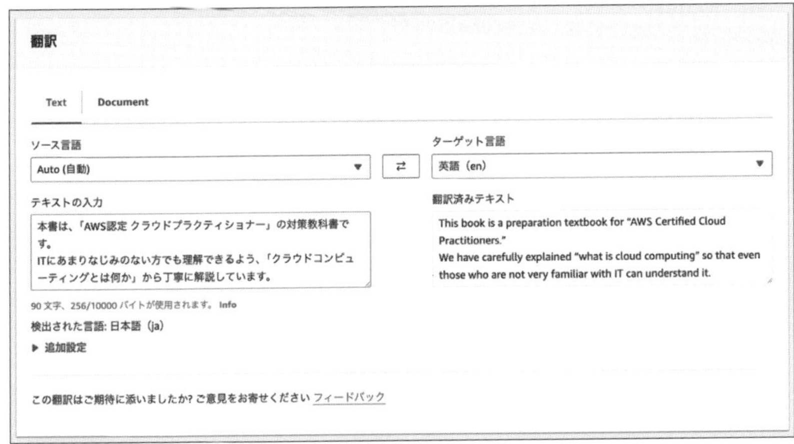

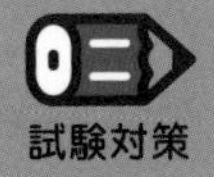

AWS の各種 AI サービスの名称とその内容を理解しましょう。

8-2 データ分析

大量のログデータを読み込んでサーバー攻撃を検知したり、長期間にわたる売上データを読み込んで傾向を分析するなど、企業が必要とするデータ分析には様々なものがあります。クラウドを利用することで、大量のデータを低コストで保存し処理することが比較的用意になります。この節では、AWS におけるデータ分析サービスについて説明します。

1 データ分析の概要

データ分析は、大量の生データから傾向や特定のパターンを見つけ出し、ビジネス上のインサイトを得るプロセスのことです。

データ分析は、一般的に次のプロセスでおこなわれます。

1. データ収集 → 2. データ抽出と前処理 → 3. データ処理 → 4. 結果の可視化

[データ分析]

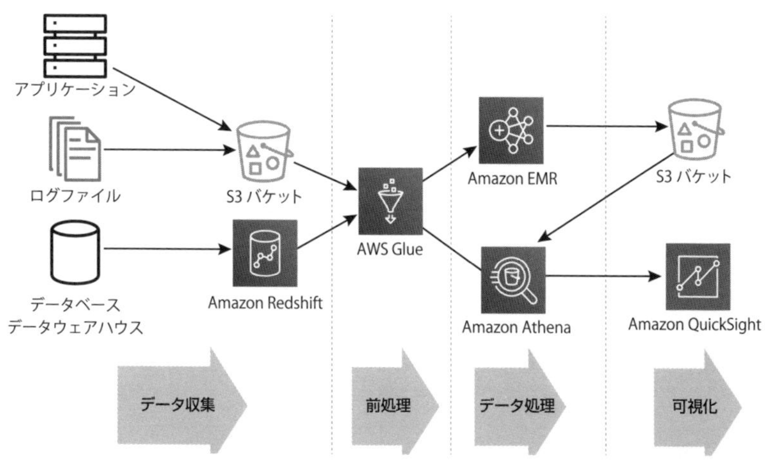

● データ収集

アプリケーションのログデータや注文データなど、様々なデータソースからありとあらゆるデータを集めて大容量のストレージに保存しておきます。こうしたストレージの仕組みのことを**データレイク**と呼びます。

収集されたデータは、構造化データ（一定の形式にしたがって整形されたデータ）の場合もそうでない場合もありますが、データ分析の際にあらゆる角度から利用されることを想定し、生データ、つまり無加工のデータとして保存しておきます。

● データ抽出と前処理

収集された生データは、データごとに構造が違っていたり、重複するデータが含まれていることがあるため、データ処理をおこなう前にデータのクレンジング（整理や修正などの作業）や変換処理がおこなわれます。こうした処理のことを**ETL 処理**と呼びます。ETL は Extract（抽出）、Transform（変換）、Load（読み込み）の略です。

● データ処理

前処理されたデータは、一般に構造化データにしてデータベースに格納されます。その後、SQL などを使って統計的手法によって集計をおこなったり、分類しながら集計して利用します。

● 結果の可視化

処理された結果は、表形式で表されることが多く、そのままでは見にくいことがあります。たとえば時間軸をもとにした売上個数の推移などは、表形式よりも折れ線グラフなどにしたほうが傾向が把握しやすいでしょう。

結果の可視化には、BI ツールを利用すると、可視化とともに、条件を変えて再度処理を実行することができるようになります。

BI ツールとは、企業内に蓄積された様々なデータを分析・見える化し、業務や意思決定に役立てるソフトウェアのことです。BI はビジネス・インテリジェンスの略。

2 Amazon Athena

Amazon Athena は、Amazon S3に蓄積されるオブジェクトを対象としてSQLによるデータの分析や抽出がおこなえるサービスです。

Amazon Athenaでは、データのマッピングをおこなうことができるので、データフォーマットが異なるようなデータソースを対象としてSQLによるデータの操作ができる点が特徴です。

3 Amazon Kinesis

Amazon Kinesis は、動画やデータストリームをリアルタイムにAWSリソースに取り込むことができるサービスです。

たとえば、工場に設置したカメラからの映像をリアルタイムに取り込み、生産ラインを流れる工業製品の不良品を検出するような仕組みや、オンラインの投票システムなど、リアルタイムにデータの処理が必要な場面で利用されます。

4 Amazon QuickSight

Amazon QuickSight は、Amazon Athenaで抽出したデータなどを様々なグラフでビジュアル表示したり、パラメータをユーザーが入力することでデータの分析結果がリアルタイムに反映されるようなBIツールのマネージドサービスです。

5 AWS Glue

AWS Glue は、様々なデータソースからデータを収集するサーバーレスなサービスです。クローラーと呼ばれるデータ収集をおこなうエージェントが、集めてきたデータをデータカタログと呼ばれるデータベースに登録することでデータ収集をおこなっていきます。

こうした特性から、Amazon Kinesisのようなリアルタイム処理ではなく、一定間隔でデータの収集・蓄積をおこなう用途に向いています。

データカタログには、実際のデータが格納されるわけではなく、ソースデータの構造情報（スキーマ）が格納され、必要なデータがどこにどのような形式で存在するのかを把握しています。

また、AWS GlueにはETL処理の機能が用意されており、GUIを使ってデータソースと抽出条件などの設定を行うことができます。

[AWS Glue]

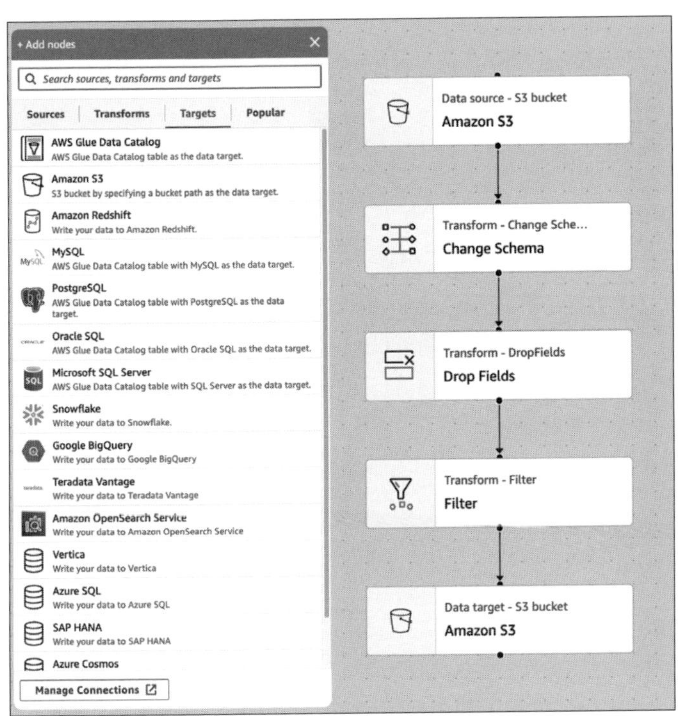

6 Amazon EMR

Amazon EMRは、ペタバイト規模のHadoopクラスターの構築や管理ができるサービスです。データをどのように処理・集計するのかをApache SparkやHiveなどのオープンソースフレームワークを用いて設計し、Amazon EC2やAmazon EKSをクラスタリングして処理を実行します。

Amazon EMRは、大規模のデータを処理するのに向いているので、ETL処理用のツールとして利用されることがあります。

Hadoop と Spark は、大量のデータを複数のマシンに分散して処理するためのオープンソースのプラットフォームで、ビッグデータの分析や管理に用いられます。また、Hive はデータウェアハウスの構築環境です。

7 Amazon Managed Streaming for Apache Kafka

Amazon Managed Streaming for Apache Kafka（Amazon MSK）は、その名のとおりApache Kafkaのマネージドサービスです。

Apache Kafkaは、ストリーミングデータをリアルタイムで収集・処理・保存するためのオープンソースの分散型ストリーミングシステムです。オンプレミスを含む既存のシステムでApache Kafkaを利用していた場合、AWS環境に移行するとAmazon EC2などを利用して自分たちでインフラストラクチャを構築・管理する必要がありますが、Amazon MSKを利用すればマネージドインフラストラクチャを利用できます。

8 Amazon OpenSearch Service

Amazon OpenSearch Serviceは、リアルタイムな処理に対応した検索エンジンのサービスです。たとえば、ネットワークのアクセスログなどから攻撃的なアクセスや、DDoS攻撃のログを検索するといった用途などでよく利用されています。

Amazon OpenSearch Serviceで利用されている検索エンジンは、オープンソース版のElasticSearchで、もともとはAmazon Elasticsearch Serviceと呼ばれていました。

セキュリティ用途以外でも、データスキーマを設計して利用するので構造化データや半構造化データを用いた検索に向いています。筆者は前職のときにCMSで管理されているウェブサイトのコンテンツを登録してサイト内検索を構築したことがあります。

Q 演習問題

1 企業はリアルタイムにカメラ映像を処理するソリューションを希望しています。採用すべきサービスはどれですか。

A. Amazon Athena

B. Amazon Kinesis

C. Amazon EventBridge

D. Amazon Connect

2 企業は、様々なデータ構造を持つファイルを対象としたデータ分析ソリューションを必要としています。選択すべきサービスはどれですか。

A. Amazon Athena

B. Amazon Kinesis

C. Amazon EventBridge

D. Amazon Connect

3 Amazon Managed Streaming for Apache Kafka を利用する利点はどれですか。

A. Apache Kafka をコスト最適化して利用できる

B. Apache Kafka と ほかの AWS サービスの親和性が高い

C. マネージドな Apache Kafka のインフラストラクチャが利用できる

D. Amazon Kinesis よりもリアルタイム性が高い

4 音声をテキストに変換できる AWS サービスはどれですか。

A. Amazon Comprehend

B. Amazon Polly

C. Amazon Rekognition

D. Amazon Transcribe

5 企業は独自の機械学習モデルのトレーニングを計画しています。もっとも効率良く機械学習のトレーニングをおこなえるサービスはどれですか。

A. Amazon SageMaker

B. Amazon Lex

C. Amazon Kendra

D. Amazon Translate

6 データ分析の結果を可視化できるサービスはどれですか。

A. Amazon QuickSight

B. Amazon Athena

C. AWS Glue

D. Amazon EMR

A 解答

1 B

A は、正しくありません。Amazon Athena は、S3 をデータソースとして SQL による集計や分析をおこなえます。
C は、正しくありません。Amazon EventBridge は、AWS 上で発生するイベントや定期的な実行を処理するサービスです。
D は、正しくありません。Amazon Connect は、クラウドコールセンターを実現するサービスです。

2 A

B は、正しくありません。Amazon Kinesis はストリーミング処理を実現するサービスです。
C は、正しくありません。Amazon EventBridge は、AWS 上で発生するイベントや定期的な実行を処理するサービスです。
D は、正しくありません。Amazon Connect は、クラウドコールセンターを実現するサービスです。

3 C

Amazon Managed Streaming for Apache Kafka は、すでに Apache Kafka を利用しているソリューションが存在する場合に利用すべきです。

4 D

A は、正しくありません。Amazon Comprehend は、テキストの自然言語解析サービスです。
B は、正しくありません。Amazon Polly は、テキストデータを音声変換するサービスです。
C は、正しくありません。Amazon Rekognition は、画像解析サービスです。

5 A

B は、正しくありません。Amazon Lex は会話型 AI インターフェイスサービスです。
C は、正しくありません。Amazon Kendra は、エンタープライズ向け検索エンジンです。
D は、正しくありません。Amazon Translate は、多言語対応の翻訳エンジンサービスです。

6 A

B は、正しくありません。Amazon Athena は、S3 に保存されているデータに対して SQL を利用してデータ分析できるサービスです。
C は、正しくありません。AWS Glue は、ETL 処理を提供するサービスです。
D は、正しくありません。Amazon EMR は、Hadoop クラスターのマネージドサービスです。

第9章

その他のサービス

9-1 エンドユーザーコンピューティング

AWSでは、Amazon EC2のようにサーバーとして利用されるコンピューティングサービスのほかにも、エンドユーザーが日常的に利用できるコンピューティングサービスが多数あります。

1 Amazon AppStream 2.0

Amazon AppStream 2.0は、Amazon WorkSpaces（197ページ）と同様に仮想デスクトップ環境を提供します。

サービスの使い分けとしては、ユーザーが自分のパソコンのように自由に利用できる仮想デスクトップが必要な場合はAmazon WorkSpacesを利用します。一方、シンクライアントシステムなどで管理者がインストールした特定のアプリケーションだけを使わせたい場合など、限定された環境をユーザーに提供したい場合は、Amazon AppStream 2.0を選択します。

シンクライアントとは、ユーザーが利用する端末にデータやアプリケーションなどを保存せず、サーバー側でほとんどの処理をおこなうシステムです。

2 Amazon WorkSpaces Secure Browser

Amazon WorkSpaces Secure Browserは、その名前に反してAmazon WorkSpaces系統のサービスではありません。どちらかというと、Amazon AppStream 2.0系統のサービスに属します。

Amazon WorkSpaces Secure Browserは、AWS IAM Identity Center（113ページ）や、Microsoftが提供するMicrosoft Entra IDなどの外部認証基盤を用いてユーザー認証をおこない、Webブラウザのみがストリーミングされた仮想デスクトップ環境を提供します。Webブラウザの中にWebブラウザが起動し、リモートから社内システムや外部のSaaSサービスへ安全にアクセスできます。

[Amazon AppStream 2.0]

[Amazon WorkSpaces Secure Browser]

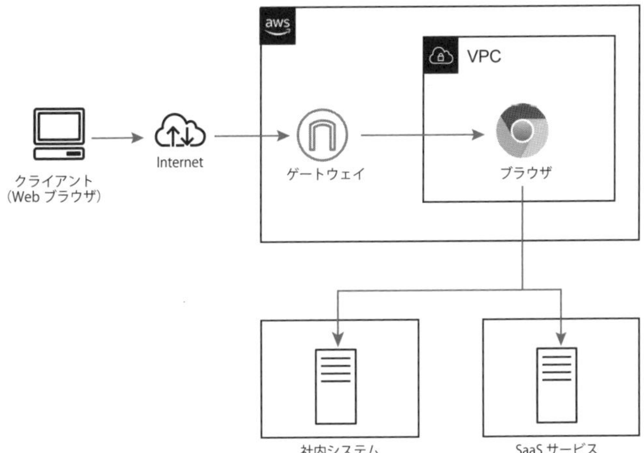

9-2 アプリケーション統合

AWS 上で構築される分散アプリケーションにおいて、サービス同士を連携させたり、何かしらのイベントをトリガーにして処理を発動させるサービスについて説明します。

1 Amazon Simple Notification Service

Amazon Simple Notification Service（Amazon SNS）は、ひとつのメッセージを複数の相手に通知できるマネージドなメッセージ通知サービスです。

通知の方法として、メールや SMS といった複数の方法が選べるため、AWS のサービスでも利用者への通知をおこなう場面で利用されます。

次の図は、なんらかの異常を検知して Lambda 関数の実行、EC2 Auto Scaling の実行とともに、メールによる通知を同時におこなっている様子です。

[Amazon SNS]

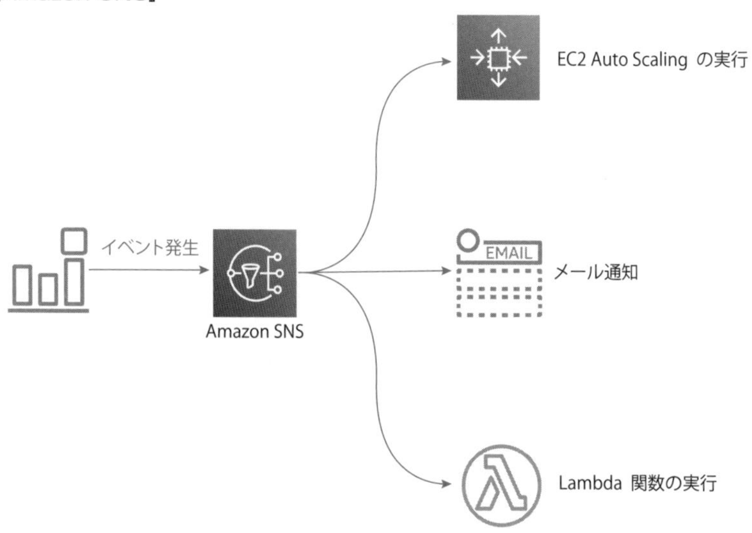

2 Amazon Simple Queue Service

Amazon Simple Queue Service（Amazon SQS）は、その名のとおりシンプルに利用できるマネージドなメッセージキューサービスです。

Amazon SQS は、主に処理と処理の間に配置することで、負荷のコントロールをしたり、処理の失敗によるメッセージのロストを防いだりする目的で利用されます。また、Web アプリケーションなどにおいて、非同期処理を実装する画面で利用されます。

次の図は、EC サイトでユーザーが商品を注文したとき、商品の注文処理を非同期でおこないながら、ユーザーに対して「注文ありがとうございます」と表示することで、ユーザー体験を向上させています。Amazon SQS による非同期処理にしていなかった場合、ユーザーは注文処理がすべて完了しないと画面が変わらないのでドキドキしながら待つことになります。

[Amazon SQS]

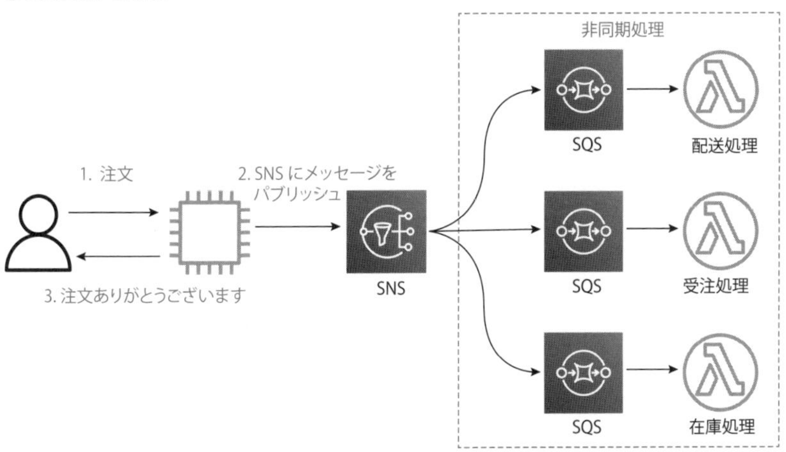

3 Amazon EventBridge

Amazon EventBridge は、AWS 上で発生する様々なイベントに対して自動的な処理を実現するマネージドサービスです。もともとは、CloudWatch Events と呼ばれる機能がサービスに昇格しています。

たとえば、DynamoDB にデータが書き込まれたタイミングで SNS 経由で通知を送ったり、EC2 インスタンスが停止された場合に AWS Lambda を利用してインスタンスを再開しつつ、通知を送るなどの処理を設定できます。

また、一定周期で Lambda 関数を実行させるといったスケジュール実行の仕組みもあります。

4 AWS Step Functions

AWS Step Functions は、分散アプリケーションやマイクロサービスアーキテクチャにおける処理の流れをワークフローによって視覚的に構築・管理し、**ローコード開発**（ソースコードをほとんど書かないシステム開発手法）をサポートするサービスです。

ここでいうワークフローとは、ビジネスで行われる承認フローではなく、処理同士のつながり（直列的・並列的）や、条件による分岐など、通常のプログラミングでコードとして記述されるフローです。

フロー制御部分をプログラムから切り出すことができるので、それぞれのマイクロサービスがより単一の責務に専念することができます。

[AWS Step Functions]

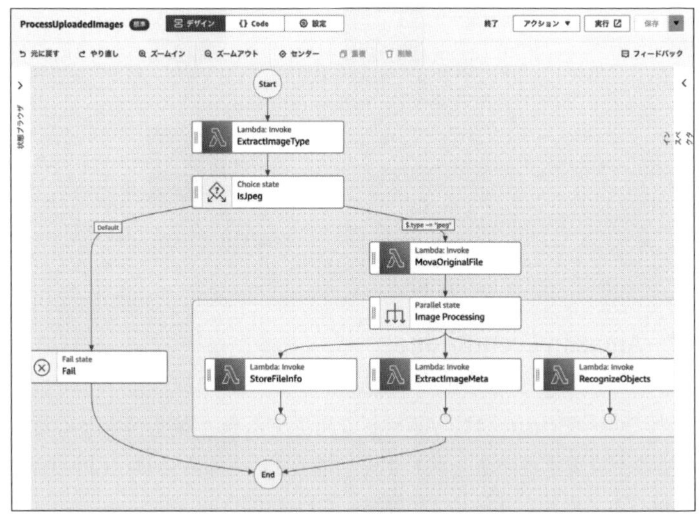

9-3 デベロッパーツール

AWS でアプリケーションを開発する際に利用されるサービスについて説明します。

1 AWS CodeCommit

AWS CodeCommit は、標準的なバージョン管理システムである Git のプライベートリモートリポジトリを作成できるマネージドサービスです。フルマネージドサービスなので、利用者はスケーリングやバックアップのことを考える必要がありません。

IAM によるアクセス管理ができるので、プロジェクトごとに適切なユーザー管理をおこなうことができます。

2 AWS CodeBuild

AWS CodeBuild は、ソースコードのビルドとテストの自動化をおこなう継続的インテグレーションを実現するマネージドサービスです。

自動ビルドの仕組みを自分たちで構築することもできますが、CodeBuild を利用すれば、ビルド環境の構築・管理・運用が不要になります。

3 AWS CodeDeploy

AWS CodeDeploy は、EC2 や Lambda、コンテナなどソフトウェアのデプロイを自動化できるマネージドサービスです。

ソフトウェアを一括でアップデートしたり、徐々にアップデートしていくようなデプロイ方法を採用できます。また、デプロイ時に問題が発生すればロールバックします。

4 AWS CodePipeline

AWS CodePipeline は、CodeBuild や CodeDeploy などのサービスを繋ぎ合わせて継続的デリバリーを実現するマネージドサービスです。

5 AWS CodeStar

AWS CodeStar は、よく利用されるアプリケーション開発のパターンをテンプレートから選択することで、CodeBuild や CodeDeploy、CodePipeline などの環境を自動構築できるマネージドサービスです。

AWS CodeStar は 2024 年 7 月 31 日にサービスを終了し、新規プロジェクトの作成や閲覧ができなくなる予定です（作成したリソースは引き続き利用できます)。

6 AWS AppConfig

AWS AppConfig は、アプリケーションの構成や設定を集中管理するサービスです。

AWS AppConfig の機能フラグを利用すると、アプリケーション側の設定やコードを変更することなく、機能の有効化や無効化をおこなうことができます。また、開発環境、検証環境、本番環境など複数の環境に対する設定を保持することができるので、設定を変えるたびにアプリケーションをデプロイし直す必要がなくなります。

[AWS AppConfig]

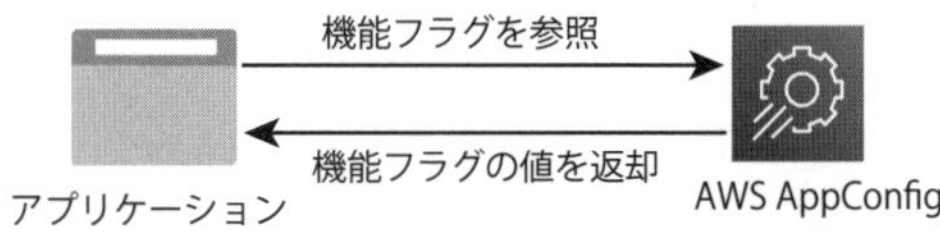

7 AWS Cloud9

AWS Cloud9 は、マネジメントコンソールから利用できるブラウザベースの統合開発環境（IDE）です。

PythonやJavaScriptなど、様々な開発言語に対応しているエディタや、ファイルブラウザ、デバッグ機能など開発作業に必要な機能がひととおり揃っています。また、ほかのエンジニアを招待してIDEを共有することができるため、ペアプログラミング（2人のプログラマが一緒に開発する手法）もできます。

AWSの各種CLIコマンドも導入されており、AWS環境と連携できるのでIDEから直接Lambda関数をデプロイするといったAWSの操作もできます。

[AWS Cloud9]

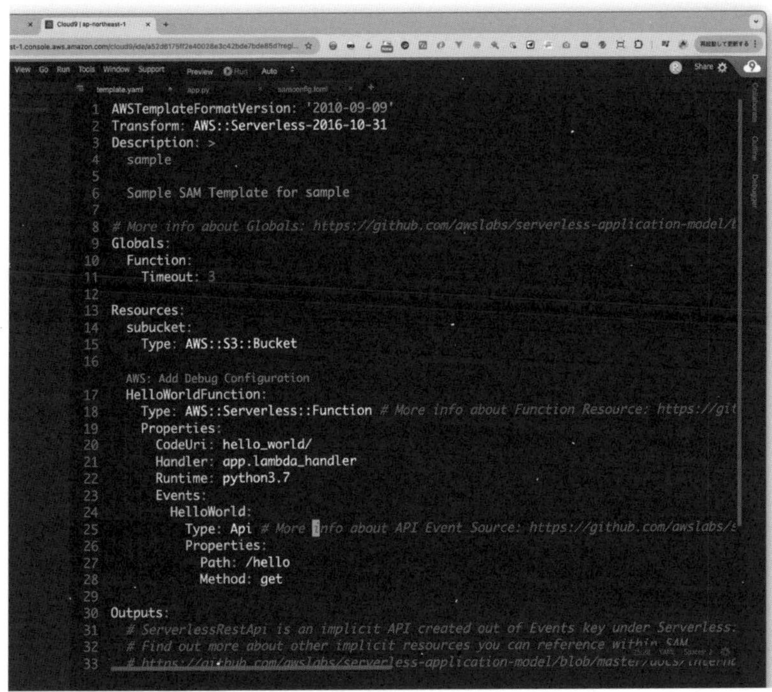

8 AWS CloudShell

AWS CloudShellは、マネジメントコンソール上で直接AWS CLIなどの各種AWS CLIコマンドを実行できるターミナルインターフェイスを提供します。

CloudShellを使えば、コマンドを実行するためだけにEC2インスタンスやAWS Cloud9の環境を立ち上げる必要はありません。また、OSはAmazon Linuxが利用可能なので、Pythonなども利用可能になっており、ちょっとコードを試したいときなどに重宝します。

CloudShellで利用されるコンピューティングリソースのストレージは永続化されているため、次回起動した場合は同一環境を再利用することが可能です。ただし、最後にアクセスされてから120日間アクセスがなければ破棄されます。

[AWS CloudShell]

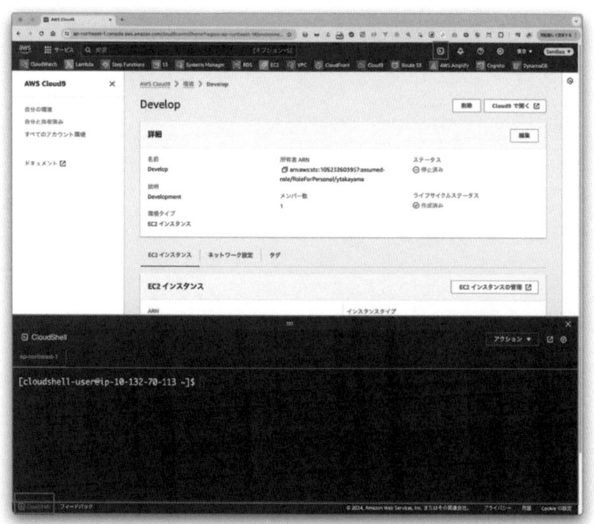

9 AWS CodeArtifact

AWS CodeArtifactは、アプリケーションを構成するライブラリやコンポーネントなどのパッケージを管理するサービスです。このようなサービスをリポジトリサービスといいます。AWS CodeArtifactは、複数のプロジェクトで共有するようなライブラリの統合リポジトリとして機能します。

AWS CodeArtifact のリポジトリに保存したパッケージは、Maven や NPM などの標準的なパッケージマネージャー（ソフトウェア開発時に使用するライブラリなどの製品を管理するソフトウェア）から参照したり、インストールすることができます。

10 AWS X-Ray

AWS X-Ray は、分散アプリケーションのパフォーマンスや動作を可視化するサービスです。

アプリケーションへのリクエストの発生から、レスポンスが返ってくるまでにおこなわれた処理の繋がりや処理時間、応答コードなどを可視化して確認することができるので、アプリケーションのエラーがどこに発生しているのかや、パフォーマンスに影響を与えるボトルネックになりそうな部分はどこかなどの分析ができます。

AWS X-Ray は、現在は Amazon CloudWatch サービス（90 ページ）の機能として提供されています。

[AWS X-Ray]

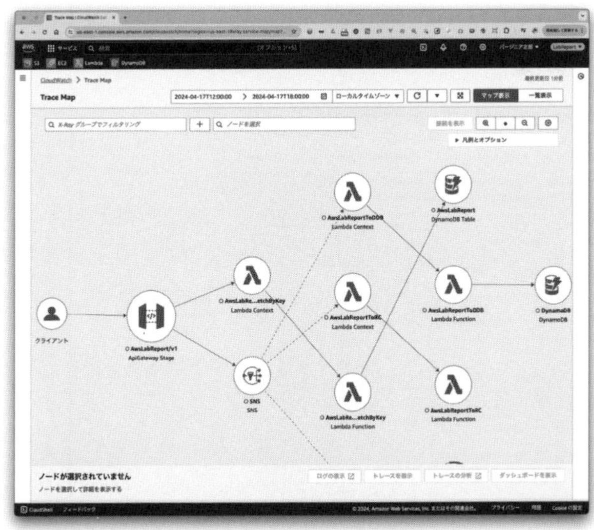

9-4 Webアプリとモバイルアプリ

AWSでWebアプリやスマートフォンを対象にしたモバイルアプリを構築、運用できるサービスについて説明します。

1 AWS Amplify

AWS Amplify は、Webアプリケーションやモバイルアプリの実行環境を構築・運用できるサービスです。

GitHubやCodeCommitなどのソースコードレポジトリと連携してコードの変更を検知し、アプリケーションを更新する継続的デプロイにも対応しています。

AWS Amplifyは、ブラウザやスマートフォンで動作するフロントエンドアプリケーションのホスティング機能のほか、フロントエンドアプリケーションからAPIでリクエストを受け付けて処理を実行するバックエンドサービスの構築もできます。

[AWS Amplify]

2 AWS AppSync

AWS AppSync は、Amazon API Gateway と同じようにバックエンドサービスを API として提供するサービスですが、GraphQL という API 形式を提供します。

GraphQL は、クライアントアプリから必要なデータの抽出条件をバックエンドサービスに送信してデータを取得できるため、標準的APIである REST API よりも柔軟に設計できる点が違います。

3 AWS Device Farm

AWS Device Farm は、デスクトップブラウザやモバイルデバイスを自分たちで用意することなく、実機の検証環境をクラウド上で利用できるサービスです。

試験対策

モバイルアプリの開発に関連するサービスとして、各サービス名を覚えておきましょう。

9-5 IoTサービス

IoTは「モノのインターネット」とも呼ばれ、様々な「モノ」をインターネットに繋いで制御する技術です。ここでは、AWSのIoT関連のサービスを説明します。

1 AWS IoT Core

IoT（Internet of Things）は、家電、自動車、建物といった様々なモノ（IoTデバイス）にセンサーを取り付け、その情報をインターネットを介してサーバーが収集します。収集したデータの分析や、それに基づいて個々のIoTデバイスに処理を指示したり、情報を送信したりするのに、AWSなどのクラウドコンピューティング環境を活用できます。

AWS IoT Coreは、IoTデバイス（センサー類など）から送信されたデータをAWSクラウド環境で利用できるように送受信できるサービスです。登録したデバイスからの通信だけを許可することができるので、安全面にも配慮されています。

AWS IoT Coreに送られてきたデータは、Amazon Kinesisなどのサービスを利用してリアルタイムで処理したり、Amazon S3などのストレージに保存したりできます。

2 AWS IoT Greengrass

AWS IoT Greengrassは、ネットワーク接続が存在しなかったり、不安定だったりする環境において、IoTデバイスからデータを受け付けて処理を実行するエッジコンピューティング環境（255ページ）を提供するサービスです。

IoT CoreとIoT Greengrassを、サービス内容で区別できるようにしておきましょう。

9-6 カスタマーエンゲージメント

ビジネスでは、エンドユーザーである顧客との関係をより良いものとすることが重要です。ここでは、こうした顧客との接点に関連するAWSのサービスを説明します。

1 Amazon Connect

Amazon Connectは、クラウドを利用したコールセンターを構築できます。カスタマーサービスセンターや、電話アンケートなどの仕組みを物理的な電話回線などを使わずに構築できます。

通常、コールセンターを構築する場合は大量の電話回線と交換機やスタッフのための物理的なスペースが必要でした。Amazon Connectを利用すれば、クラウド上にオンラインリモートコールセンターを素早く構築することができます。

2 Amazon Simple Email Service

Amazon Simple Email Service（Amazon SES）は、メールサーバーを用意せずに、eメールの送受信がおこなえるサービスです。プログラムやCLIからAPI経由でメールを送受信したり、受信したメールをAmazon S3に保存することができます。

Amazon SESを使うと、たとえば、メールに添付されている注文書のコピーをAmazon Textract（290ページ）で解析し、データベースに自動で情報を格納する、といったアプリケーションも構築できます。

[Amazon Simple Email Service]

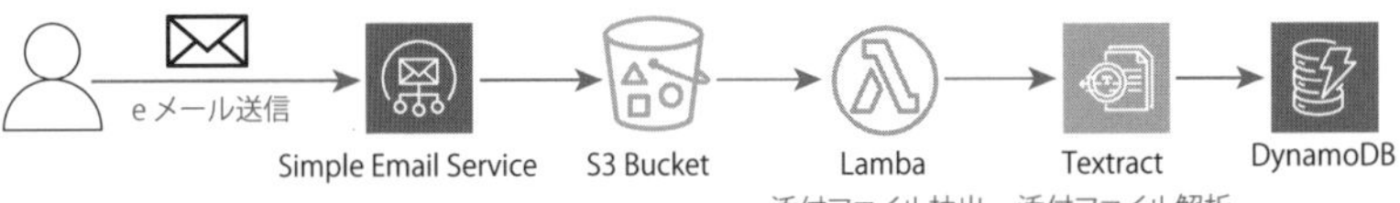

9-7 管理ツール

ここでは、AWS の様々なリソースを効率良く管理するためのツールを説明します。

1 AWS Systems Manager

AWS Systems Manager（AWS SSM）は、AWS リソースに加えてオンプレミスのリソースを対象として運用をサポートする様々な機能が提供されているマネージドサービスです。

たとえば、サーバーにインストールされているソフトウェアやライブラリの一覧を確認したり、Linux サーバーへのシェルアクセス、Windows サーバーへのリモートデスクトップ接続をセキュリティに考慮した形で実行できます。

AWS SSM を利用するには、対象となる EC2 インスタンスなどに SSM エージェントをインストールします。

2 Resource Groups とタグエディタ

Resource Groups と**タグエディタ**は、AWS の既存のリソースを管理するための 2 つの機能からなるサービスです。

Resource Groups は、AWS リソースを、付与されたタグや CloudFormation のスタックごとにグループ化します。これをリソースグループと呼びます。

リソースグループは、AWS Systems Manager で利用できるので、たとえば特定のタグが付与されたグループに対してだけ処理をおこなうといったことができるようになります。

タグエディタは、その名のとおり AWS リソースのタグを編集する機能です。特定の条件のリソースに対して一括でタグを付与したり、付与されているタグを一括で書き換えたりすることができます。

[グループリソース]

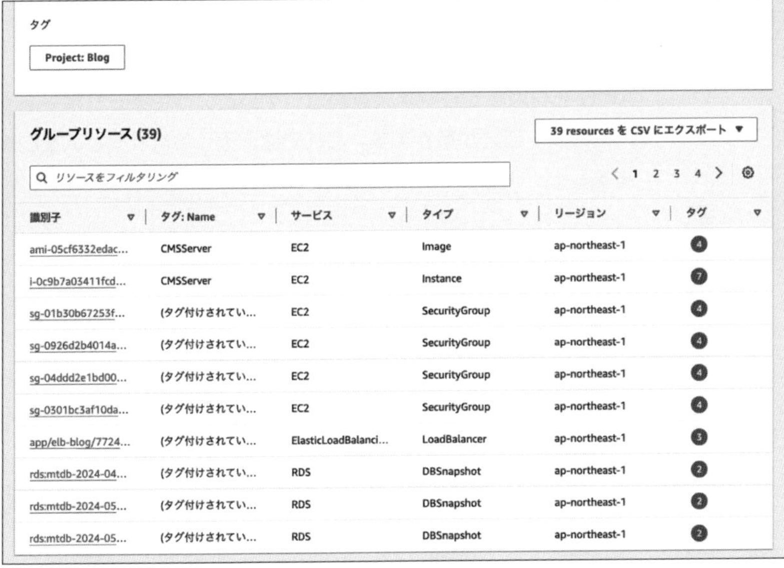

識別子	タグ: Name	サービス	タイプ	リージョン	タグ
ami-05cf6332edac...	CMSServer	EC2	Image	ap-northeast-1	4
i-0c9b7a03411fcd...	CMSServer	EC2	Instance	ap-northeast-1	7
sg-01b30b67253f...	(タグ付けされてい...	EC2	SecurityGroup	ap-northeast-1	4
sg-0926d2b4014a...	(タグ付けされてい...	EC2	SecurityGroup	ap-northeast-1	4
sg-04ddd2e1bd00...	(タグ付けされてい...	EC2	SecurityGroup	ap-northeast-1	4
sg-0301bc3af10da...	(タグ付けされてい...	EC2	SecurityGroup	ap-northeast-1	4
app/elb-blog/7724...	(タグ付けされてい...	ElasticLoadBalanci...	LoadBalancer	ap-northeast-1	3
rds:mtdb-2024-04...	(タグ付けされてい...	RDS	DBSnapshot	ap-northeast-1	2
rds:mtdb-2024-05...	(タグ付けされてい...	RDS	DBSnapshot	ap-northeast-1	2
rds:mtdb-2024-05...	(タグ付けされてい...	RDS	DBSnapshot	ap-northeast-1	2

9-8 スタートアップ向けサービス

AWSを利用してビジネスを開始したいという企業をサポートする一連のサービスがあります。ここでは、そうしたサービスを説明します。

1 AWS Activate

AWS Activateは、設立10年未満のスタートアップ企業を支援するプログラムです。最大100,00USD相当のAWS Activateクレジット（AWSのサービスに利用できる）を申請することができ、技術的課題の解決やスタートアップ支援企業のサポートなどを受けることができます。

2 AWS IQ

AWS IQは、AWS認定パートナーのエキスパートを探してプロジェクトを推進することができるサービスです。

AWSを使ったビジネスを開発していくうえで、AWSのエキスパートが自社に存在していれば良いですが、必ずしもそうとは限りません。また、技術的分野だけではなく、AWS上のビジネスにも精通したパートナーを探し出すこともできるため、あらゆる局面でAWSエキスパートと協業できるサービスです。

3 AWS Managed Services

AWS Managed Servicesは、利用者に代わってAWSがその運用をおこなってくれる運用代行サービスです。

AWS自身が24時間365日セキュリティチェックやコスト最適化、自動化などの運用全般を対応してくれます。

演習問題

1 **Amazon AppStream 2.0 を利用する利点はどれですか？**

A. ソフトウェアのライセンスを気にせずにアプリケーションを利用できる

B. 特定のアプリケーションを SaaS のように利用できる

C. リアルタイムストリーミングサーバーとして機能する

D. 好きな OS を選んでサーバー環境を構築できる

2 **Amazon Simple Queue Service（SQS）によって改善する課題について正しく表現しているものはどれですか。**

A. SQS を利用するとシンプルなメール通知ソリューションを構築できる

B. SQS は、非同期処理による高可用性やスケーリングを実現する

C. SQS により、ほぼリアルタイムなメッセージング処理を実現する

D. SQS を利用するとデータの永続性を確保したデータベースを構築できる

3 **プライベートなGitリポジトリを構築できるサービスはどれですか。**

A. AWS CodeCommit

B. AWS CodeBuild

C. AWS CodeDeploy

D. AWS CodePipeline

4 GraphQL API サーバーの機能を提供するサービスはどれですか。

A. API Gateway

B. NAT Gateway

C. Internet Gateway

D. AppSync

5 AWS が利用者に代わって AWS 環境の運用をおこなってくれるサービスはどれですか。

A. AWS Activate

B. AWS IQ

C. AWS Managed Service

D. AWS Marketplace

6 AWS マネジメントコンソール上で直接 AWS CLI コマンドを実行できるサービスはどれですか。

A. AWS CloudShell

B. AWS Cloud9

C. AWS CloudFormation

D. Amazon CloudFront

7 アプリケーションから API 経由で不特定の相手先に E メールを送信できるサービスはどれですか。

A. Amazon SNS

B. Amazon SQS

C. AWS SSM

D. Amazon SES

A 解答

1 B

A は、正しくありません。ライセンスによっては、アプリケーションを実行する環境分必要になります。
C は、正しくありません。リアルタイムストリーミングサービスは Amazon Kinesis です。
D は、正しくありません。好きなOSを使って環境を構築できるのは、Amazon EC2 です。

2 B

A は、正しくありません。メッセージ通知を実現するのは Amazon Simple Notification Service です。
C は、正しくありません。リアルタイムに近いメッセージ処理をおこなう場合は、Amazon Kinesisが 最適です。
D は、正しくありません。これは、データベースの特徴です。

3 A

AWS CodeCommit は Git リポジトリサービスです。

4 D

GraphQL サーバーサービスは、AWS AppSync です。

5 C

AWS Managed Service は、AWS の運用代行サービスです。

6 A

Bは、正しくありません。AWS Cloud9でも マネジメントコンソールからAWS Cloud9のIDEを通じてコマンドを実行できますが、マネジメントコンソールから直接ではありません。

Cは、正しくありません。AWS CloudFormationは、AWS構築の自動化サービスです。

Dは、正しくありません。Amazon CloudFrontは、CDNサービスです。

7 D

Aは、Amazon Simple Notification Serviceです。SNSでもメール通知は利用可能ですが、事前に登録しておく必要があります。

Bは、Amazon Simple Queue Serivceです。メッセージキューのマネージドサービスです。

Cは、AWS Systems Managerです。あまり知られていませんがSystems Managerの略称はSSMです。

第10章

請求と料金モデル

10-1 料金モデル

AWS の料金プランを理解し、コストを最適化する方法を理解することは、クラウドコンピューティングのコストに対する漠然とした不安を解消するうえで重要です。本節では、AWS の様々なサービスの料金モデルについて説明します。

1 AWS の料金の概念

AWS の料金の基本は、使った量に対する課金、つまり**従量課金**です。たとえば、Amazon EC2 であれば起動した時間に対してコストが計算されますし、Amazon S3 であれば保存したデータの容量に対して課金されます。

単価はリージョンによって異なります。一般的に北米のリージョンがもっとも安く、南米のリージョンが最も高い傾向にあります。日本などのアジア圏は、その中間くらいです。

すべてのサービスが有料ということはなく、AWS のサービスの中には無料のものもあります（例：IAM や VPC など）。また、一定の利用までは無料になる AWS 無料利用枠をうまく活用することで、コストを最適化できます。

2 AWS 無料利用枠

AWS 無料利用枠は 3 つの種類があります。

●常に無料

無料期間に制限はなく、すべての AWS アカウントで利用できます。たとえば、AWS Lambda は、1 カ月につき 100 万件のリクエスト数と最大 320 万秒のコンピューティング利用が無料です。

● 12 カ月間無料

新規に AWS アカウントを作成してから一定量が 12 カ月間無料になります。

たとえば、特定のインスタンスタイプのEC2コンピューティング料金は、毎月の合計750時間までは12カ月間無料です。これは合計時間なので、1つのインスタンスだけではなく、複数のインスタンスを利用した場合でも750時間分までのコストがかからないことを意味しています。指定した量を超えた分については通常通り請求されます。

●トライアル

特定のサービスには、短期間のトライアル期間が設けられています。トライアル期間は、サービスの利用を開始してからカウントされます。たとえば、Amazon Inspector（135ページ）は利用開始から15日間、Amazon Lightsail（197ページ）は利用開始から30日間無料で利用できます。無料トライアル期間内にサービスを実際に試しながら、自分たちの要件に合っているかを確認できます。

AWSの無料利用枠をうまく活用すると、運用コストや学習コストを下げることができます。また、トライアルが有効になっているサービスでは、無料期間に検証できます。

3 Amazon EC2の料金

Amazon EC2（173ページ）の料金は、オンデマンドインスタンスが基本です。EC2の料金表には1時間当たりのコストが掲載されていますが、OSによって秒単位または時間単位に換算されて課金されます。

1年または3年間起動するインスタンスであれば、Compute Savings Plansを利用するとインスタンスタイプなど細かい設定なしに割引が適用されます。

また、ちょっとした利用にはスポットインスタンスを利用することでコストの最適化を図れます。

EC2の料金は、インスタンスの起動時間に対する課金です。要件次第ですが、リザーブドインスタンスやCompute Savings Plans、スポットインスタンスを活用すると、料金を下げられる可能性があります。

4　AWS Lambda の料金

AWS Lambda（195 ページ）には、2 種類の課金対象が存在します。1 つ目は関数の実行時間です。コードの実行にかかった時間がミリ秒単位で計算されます。2 つ目は、リクエスト数です。

なお、どちらについても常に無料となる無料利用枠が用意されています。

試験対策

AWS Lambda は、実行に要した時間とリクエスト数によって料金が計算されます。

5　Amazon S3 の料金

Amazon S3（243 ページ）の料金計算は、Amazon EC2 や AWS Lambda より計算項目が多めです。

1 つ目は、バケットに保存されたオブジェクトの容量に対して、ギガバイト当たりで料金が計算されます。50 テラバイトを超えて 500 テラバイトまでの量に対しては、ボリュームディスカウントが適用されます。500 テラバイトを超えた量に対しては、さらに別のボリュームディスカウントが適用されます。

2 つ目は、インターネット上で配信されたデータ転送量に対してギガバイト単位で課金されます。

3 つ目は、リクエスト数の課金です。Amazon S3 に対する API リクエストの数によって計算されます。加えて、Amazon S3 の機能によっては追加料金が発生します。

試験対策

Amazon S3 の料金は保存した容量によりますが、ボリュームディスカウントがあります。また、転送量やリクエスト数、利用した機能による課金があります。

6 Amazon EBSの料金

Amazon EBS（235ページ）は、確保したディスク容量によるギガバイト当たりの従量課金となっています。100ギガバイトのディスクを作成した場合、使用容量が1メガバイトであったとしても100ギガバイトの金額が毎月発生します。

また、EBSのスナップショットはAWSが保有するS3バケットに保存されるので、スナップショット1つ当たりで料金が計算されます。無駄なスナップショットは削除するほうがよいでしょう。

Amazon EBSは確保した容量によって料金が決定するため、不要な容量は確保しないことがコツです。

7 Amazon DynamoDBの料金

Amazon DynamoDB（269ページ）は、テーブルに対しておこなわれたデータの読み込みと書き込み、保存されたデータの容量をもとに計算されます。また、合計25ギガバイトまでのデータ保存料金は無料利用枠の適用範囲です。

8 Amazon RDSの料金

Amazon RDS（259ページ）はマネージドサービスですが、その裏ではEC2インスタンスが起動しているため、料金プランはデータベースインスタンスの起動時間とストレージとして確保した容量によって決まります。データベースエンジンとしてMicrosoft SQL ServerやOracle Databaseを利用する場合は、そのライセンス料金も利用料に含まれます。

EC2と同様に、1年または3年以上の利用が見込まれる場合は、リザーブドインスタンスを割り当てることができます。ただし、途中でインスタンスクラスを変更した場合は、購入し直しになります。また、Amazon EBSと同様にバックアップデータとなるスナップショットに対しても課金されます。

10-2 マルチアカウントの請求

AWSの請求は各リージョンごとのサービスも含めてAWSアカウント単位での請求です。個人や企業、組織単位で複数のAWSアカウントを保有している場合、請求をまとめることによるメリットを受けられます。本節では、複数のAWSアカウントの請求をまとめる方法とそのメリットについて説明します。

1 AWS Organizations

AWSでは、個人や組織で複数のAWSアカウントを所有することを禁じていません。むしろ、ワークロードや用途に応じてアカウントを分離することが推奨されています。そのため、多い企業では数百のアカウントを保有していることも珍しくありません。

このような複数のAWSアカウントを組織としてまとめて管理する仕組みとして、**AWS Organizations**というサービスがあります。

AWS Organizationsは、AWSアカウントをOrganizations Unit（OU）というグループに所属させて管理します。OUに所属するAWSアカウントは、それぞれ独立したAWSアカウントとして運用できますが、**サービスコントロールポリシー（SCP）**というアクセス権限の許可リストを設定することで、そのAWSアカウント及びIAMのリソースに対して権限の上限を設定できます。

AWS Organizationsで管理されるAWSアカウントは、管理アカウントとメンバーアカウントに分類されます。

●管理アカウント

管理アカウントは、AWS Organizationsの組織や設定を管理するアカウントです。AWS Organizationsに対する設定や操作は管理アカウント以外は操作できません。また、一部のサービスや機能も管理アカウントだけが操作をおこなえます。AWS Organizationsで最初に組織の作成をおこなったAWSアカウントが管理者アカウントになります。

●メンバーアカウント

メンバーアカウントは、AWS Organizationsで管理されるAWSアカウントです。一般的には、管理アカウントにはAWSリソースを作成せずに、メンバーアカウントを必要に応じて作成して利用します。

AWS Organizationsを利用すると、複数のAWSアカウントをまとめて管理できます。

● 一括請求

AWS Organizationsでは、すべての管理アカウントとメンバーアカウントの請求が管理アカウントにまとめられます。これを**一括請求**と呼びます。

一括請求にまとめることで、個別にAWSアカウントごとの請求を処理するよりも経理手続きが単純になるメリットが考えられますが、それ以外のメリットとして割引の共有があります。

[一括請求]

サービスごとの料金明細 | アカウント毎の請求明細 | + すべて展開

AWS Marketplace の料金	$0.00
▸ Movable Type 7 (nginx, x86) (販売者 Six Apart, Ltd.)	$0.00
AWS のサービスの料金	$86.18
▸ Amplify	$0.00
▸ API Gateway	$0.00
▸ Athena	$0.00
▸ Backup	$0.03
▸ CloudFront	$0.00
▸ CloudTrail	$0.00
▸ CloudWatch	$7.86
▸ CloudWatch Events	$0.00
▸ Config	$2.83
▸ Cost Explorer	$0.42
▸ Data Transfer	$0.00
▸ Detective	$0.00
▸ DynamoDB	$0.00
▸ Elastic Compute Cloud	$13.22

また、個別のAWSアカウントごとに請求明細を見ることもできます。

● リザーブドインスタンスの共有

AWS OrganizationsのいずれかのAWSアカウントが保有するAmazon EC2

やAmazon RDSのリザーブドインスタンスで余っているものがある場合は、他のメンバーアカウント内で条件がマッチするリソースに対して自動的にリザーブドインスタンスが適用されます。

これにより、効率良くリザーブドインスタンスを利用することができます。また、Savings Plansも同様に共有できます。

[リザーブドインスタンスの共有]

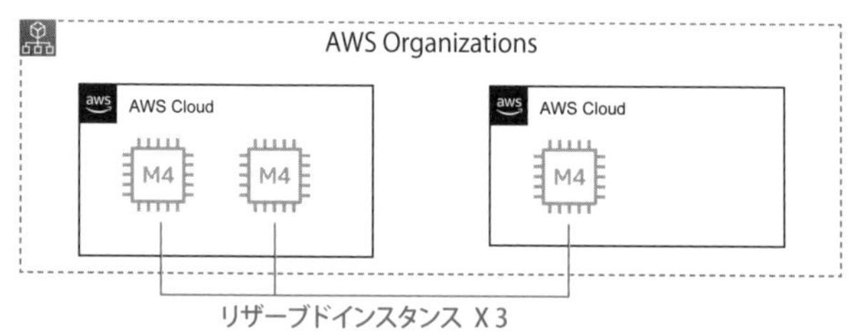

● ボリュームディスカウントの共有

AWS Organizationsの一括請求は、すべてのアカウントの利用量をもとに料金が計算されます。Amazon S3のようにボリュームディスカウントが設定されているサービスであれば、AWS Organizationsのすべてのアカウントのデータ量が対象となるため、ボリュームディスカウントが受けやすくなります。

[ボリュームディスカウントの共有のイメージ]

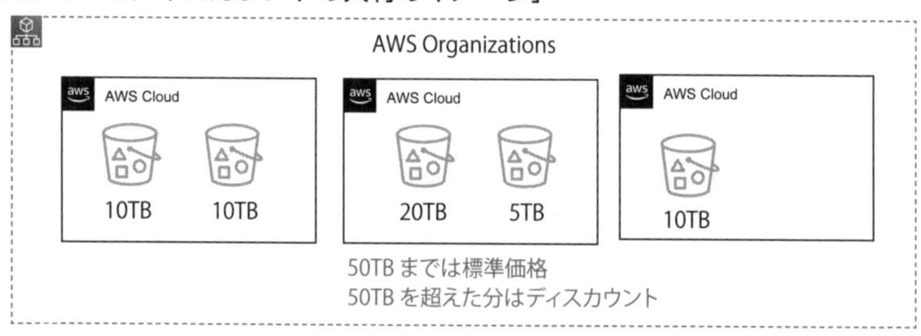

AWS Organizationsの組織に含まれるAWSア カウントはまとめて一括請求されます。そのうえで、リザーブドインスタンス、Savings Plans、ボリュームディスカウントがOrganizationsで共有されます。

2 AWS Billing Conductor

AWS Organizationsの利用には、一括請求やSaving Plans、リザーブドインスタンスの共有、ボリュームディスカウントの適用など多くの利点があります。

しかし、複数のAWSアカウントを顧客に払い出している場合に、顧客みずから自分たちの請求書を確認したいときには困ってしまいます。AWS Billing Conductorは、そういったユースケースにおいて役立ちます。

AWSアカウントを請求グループごとにまとめることで、請求情報の確認をグループ単位でおこなうことや、グループごとに割引や割増などの係数をかけることができます。

10-3 コスト管理

AWSで利用するコストを管理する方法として、見積もり・予算達成率の管理、現状コストの分析をおこなうことができます。本節では、コストに関する管理ツールやサービスについて説明します。

1 AWS Pricing Calculator

AWS Pricing Calculatorは、事前にAWSのコストを概算することができるWebアプリケーションです。AWSの料金プランはサービスごとに用意されており、リージョンごとに単価も違うため、見積もりの作成にはAWS Pricing Calculatorの利用が推奨されます。

次の図は、実際のAWS Pricing CalculatorでAmazon EC2とAmazon RDSの概算コストを見積もった結果です。AWS Pricing Calculatorは、このように利用したいサービスごとにどれくらい利用する予定なのかを入力することで、1カ月単位と1年単位の料金を自動計算します。もちろん、実際にはデータ転送料金などが追加されるので、プラスアルファを考慮する必要があります。

[AWS Pricing Calculator]

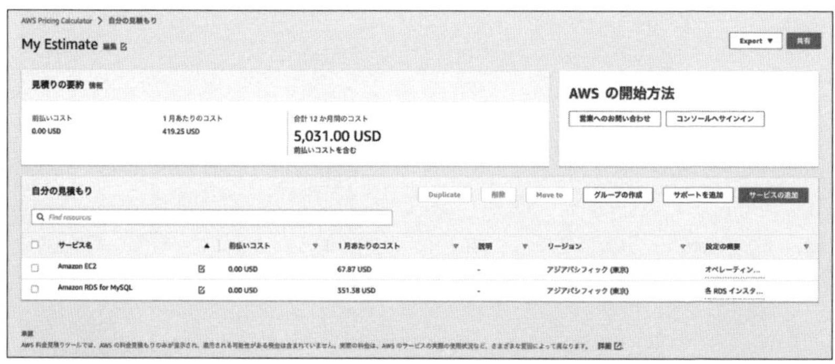

試験対策

AWS Pricing Calculatorで概算見積もりが作成できます。

2 AWS Budgets

AWS Budgetsは、毎月の予算を設定することで、予算に対して実際に発生したコストの割合を管理できます。毎月のコストがある程度決まっているなら、早めに予算に達した場合には何かしら不要なコストが発生している可能性がありますし、予算に達しない場合は必要なサービスが起動していない可能性が考えられます。

このように予算と実績を管理することで、月々の予算変動をもとにした利用実態の分析をおこなうことができます。また、予算達成率が一定の割合になった際にアラート通知を受け取ることができます。

[AWS Budgets]

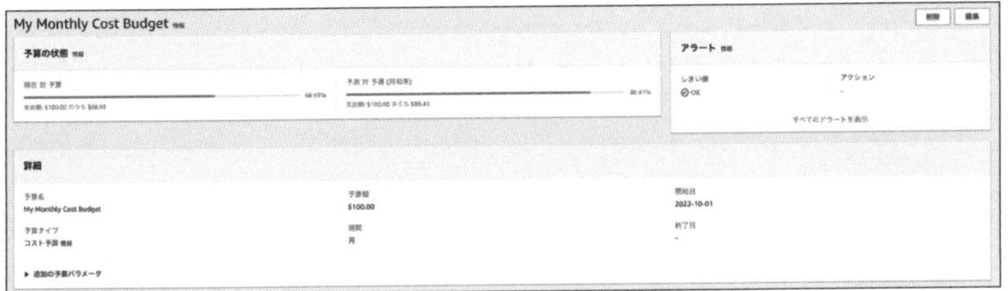

AWS Budgetsで、コストの予実管理ができます。

3 AWS請求ダッシュボード

AWSの当月の請求データは、**請求ダッシュボード**で確認できます。データは24時間以内に最新データが反映されます。また、AWSアカウントを作成して以降の過去の請求データも確認できます。

請求ダッシュボードでは、現時点の利用状況から計算された当月の予想金額や、前月との請求金額の異同を確認できます。また、請求金額の月ごとの変化をサービス別に簡単に確認できます。

[請求ダッシュボード]

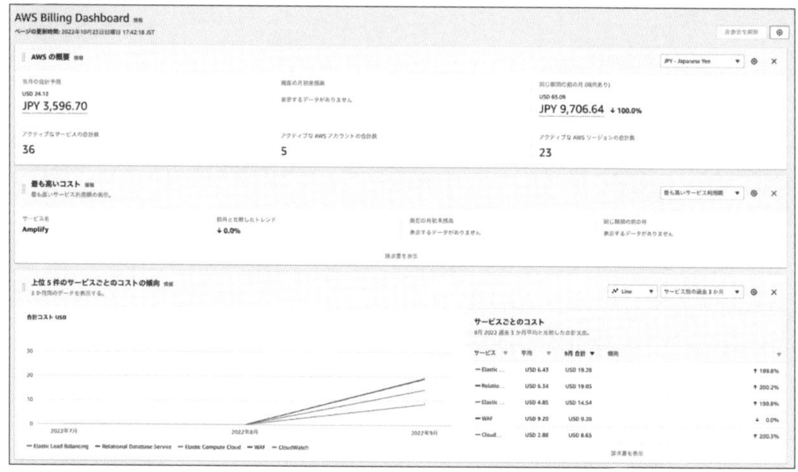

請求ダッシュボードでは、当月分の請求データと月末時点の予測を確認できます。また、前月からの変化を確認できます。

4 AWS Cost Explorer

AWS Cost Explorer は、AWS のコストを様々な角度から分析することができるサービスです。

次の図は指定した期間のコストをサービスごとに集計したグラフです。請求ダッシュボードや請求書は月単位の集計になりますが、AWS Cost Explorer では日にちをベースにした集計ができるので、普段と違うコストの発生が発見しやすくなります。

また、AWS Cost Explorer で集計する範囲として未来を指定すると、AI による将来予測を確認できます。

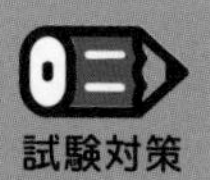

AWS Cost Explorer を利用して現在と過去のコストの分析をおこなうことができます。また、AI による予測を確認できます。

[AWS Cost Explorer]

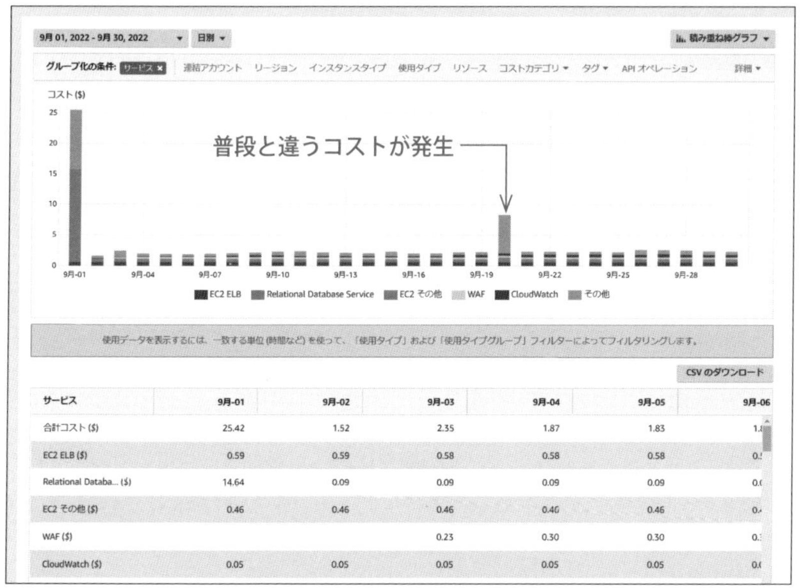

5 AWS Compute Optimizer

AWS Compute Optimizer は、Amazon EC2 インスタンス、EBS ボリュームや ECS、Lambda といった利用者のコンピューティングリソースの使用状況から、機械学習・AI を活用してサイズ適正化の推奨をおこなうサービスです。

過度な性能を有するオーバープロビジョニングや、利用していないインスタンスなどの発見に役立ちます。

[コスト管理ツールのまとめ]

サービス	機能
AWS Pricing Calculator	概算見積もり
AWS Budgets	予実管理
AWS 請求ダッシュボード	請求データの確認
AWS Cost Explorer	コスト分析
AWS Compute Optimizer	AWS リソースの最適化を提案

10-4 サポートプラン

AWS では、アカウントを作成した直後から利用できる無料のサポートプランから、ソリューションの相談ができるような有償サポートプランまでいくつかのプランが用意されています。本節では、AWS のサポートプランで受けることのできるサポート内容とプランの違いについて説明します。

1 AWS サポート

AWS マネジメントコンソールの操作に困った場合や、利用しているサービスでうまくいかないことがあった場合など、困ったときの相談窓口として **AWS サポート**が用意されています。

AWS サポートは、無償のものから有償のものまでいくつかのプランが用意されています。それぞれのサポートの違いについて説明します。

● ベーシックサポート

ベーシックサポートは、無償で利用できる AWS サポートで、すべての AWS アカウントで利用できます。

ベーシックサポートでは、AWS サービスの稼働状況や AWS アカウントに関するサポートを受けることができます。また、Trusted Advisor（135 ページ）のチェック項目のうち、セキュリティに関するいくつかのチェックとサービスクォータの状態について確認できます。

● デベロッパーサポート

デベロッパーサポートは、AWS でアプリケーションやシステムを開発するエンジニアを対象としたサポートプランで、ベーシックサポートの内容に加えて技術的なサポートを受けることができます。ただし、サポートチケットを登録できるのは 1 名のみです。Trusted Advisor のチェック項目はベーシックサポートと同様です。

デベロッパーサポートは、月額29USDか、利用料の3%のうちどちらか高いほうの金額が請求されます。デベロッパーサポート以上のプランはすべて有償となります。

● ビジネスサポート

ビジネスサポートは、本番環境を運用するようなビジネス用途で利用されているユーザーを対象としたサポートプランで、デベロッパーサポートに加えてアーキテクチャサポートや、サポートAPIの利用ができます。Trusted Advisorはすべてのチェック項目を確認できます。さらに、技術サポートができるユーザー数が無制限になります。

ビジネスサポートの料金は、月額100USDか、利用金額に応じた割合の金額のうち高いほうが請求されます。

● エンタープライズサポート

エンタープライズサポートは、AWSサポートの最上位プランで、すべてのサポート項目を受けることができます。

たとえば、アプリケーションのアーキテクチャの相談や専任スタッフとして**テクニカルアカウントマネージャ**（TAM）による環境の監視や、**コンシェルジュサポートチーム**に様々な相談をおこなうことができます。

エンタープライズサポートの料金は、月額15,000USDか、利用金額に応じた割合の金額のうち高いほうが請求されます。

2 AWSプロフェッショナルサービス

AWSには、**APN**（AWSパートナーネットワーク）というパートナーのネットワークがあります。APNパートナーには、AWSの環境構築や設計開発などの支援を提供するコンサルティングパートナーと、AWS上でSaaSサービスやAWSを活用したサービスを提供するテクノロジーパートナーがあります。筆者が所属している組織のように、トレーニングを専門で扱うトレーニングパートナーもあります。

AWSに精通したAPNパートナーとビジネスの成功をサポートする仕組みとし

て、**AWSプロフェッショナルサービス**があります。AWSプロフェッショナルサービスでは、AWSが顧客とのビジネスの中で蓄積された様々なベストプラクティスやツールを用いて、組織やプロジェクトに対するアドバイスや、移行や導入など様々な事柄についてサポートを受けながらビジネスの成功と成長に向けて伴走してもらえます。

[AWSサポート比較]

サポート内容	ベーシック	デベロッパー	ビジネス	エンタープライズ
料金	無料	29USD/月〜	100USD/月〜	15,000USD/月〜
アカウントと請求に関する質問	○	○	○	○
サポートフォーラムの利用	○	○	○	○
サービス状態チェック	○	○	○	○
ドキュメント、技術文書、ベストプラクティスガイドの閲覧	○	○	○	○
基本的な構成要素アーキテクチャのサポート	−	○	○	○
AWS Support API	−	−	○	○
サードパーティ製ソフトウェアサポート	−	−	○	○
テクニカルアカウントマネージャー（TAM）による環境の監視	−	−	−	○
コンシェルジュサポートチーム	−	−	−	○
Trusted Advisorによるチェック	基本的なセキュリティとサービスクォータ	基本的なセキュリティとサービスクォータ	フルセット	フルセット
技術サポート	−	営業時間内でのクラウドサポートアソシエーツへのWebでの問い合わせ（主要連絡先1名）	クラウドサポートエンジニアへの年中無休の電話、Webでの問い合わせ、チャット利用	クラウドサポートエンジニアへの年中無休の電話、Webでの問い合わせ、チャット利用
応答時間	−	一般的なガイダンス：24時間以内 システム障害：12時間以内	一般的なガイダンス：24時間以内 システム障害：12時間以内 本番システムの障害：4時間以内 本番システムのダウン：1時間以内	一般的なガイダンス：24時間以内 システム障害：12時間以内 本番システムの障害：4時間以内 本番システムのダウン：1時間以内 ビジネス／ミッションクリティカルなシステムのダウン：15分以内

10-5 その他のサポートツール

ここまでに説明してきたサービスやツール以外にも便利なサポートツールがいくつか用意されています。本節では、いくつかのサポートツールについて説明します。

1 請求アラート

請求アラートは、AWS の請求金額が指定した金額を超えた場合に Amazon CloudWatch のアラーム機能（95 ページ）を利用して通知を受け取れる機能です。

請求アラートを設定するには、バージニア北部リージョンの Amazon Cloud Watch から「請求」というアラームの作成を行います。

[請求アラート]

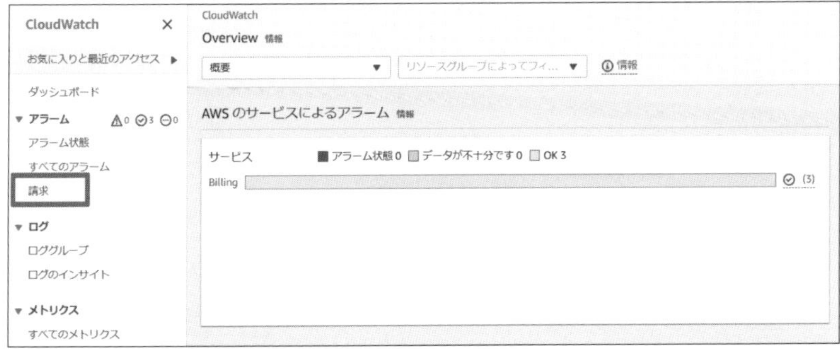

アラームのソースとして請求金額を選択し、アラートを送信する金額を設定します。このとき、AWS Organizations の管理アカウントであれば、アカウントごとに設定することもできます。

請求アラートを複数用意しておくことで、段階的に通知を受け取ることもできます。

請求アラートは、バージニア北部リージョンの CloudWatch 専用のアラーム機能として、請求金額をもとにした通知を送ることができます。

2 コスト配分タグ

AWS の多くのリソースで**タグ**がサポートされています。タグは、利用者が任意のキーと値の組み合わせでリソースの管理に役立つ機能です。たとえば、EC2 インスタンスに「Project」というタグを付けてどのプロジェクトで利用しているインスタンスなのかを判別したり、「Contact」というタグを付けて緊急時の連絡先メールアドレスを入れておくなどといったことができます。

[リソースのタグ]

タグは、リソースの管理に加えて AWS Cost Explorer を利用したコスト分析でも利用できます。AWS Cost Explorer では、特定のタグの値をもとにグループ化した分析が利用できます。

[AWS Cost Explorer でのタグによる分類]

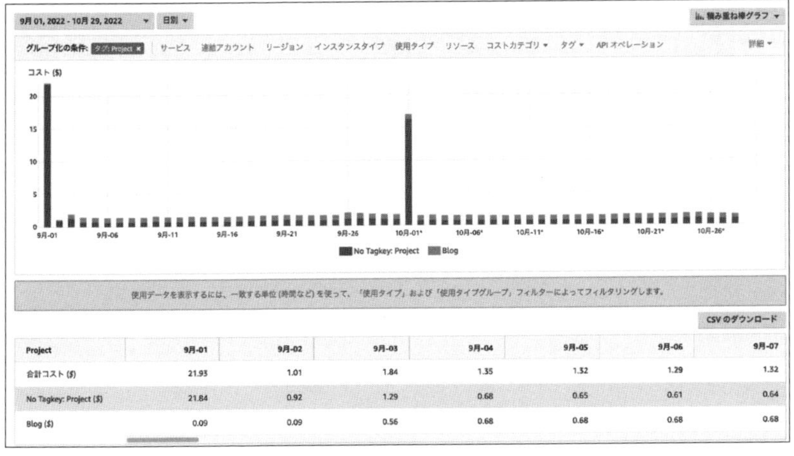

Project	9月-01	9月-02	9月-03	9月-04	9月-05	9月-06	9月-07
合計コスト ($)	21.93	1.01	1.84	1.35	1.32	1.29	1.32
No Tagkey: Project ($)	21.84	0.92	1.29	0.68	0.65	0.61	0.64
Blog ($)	0.09	0.09	0.56	0.68	0.68	0.68	0.68

この機能を利用するには、事前に利用するタグをコスト配分タグで有効にしておく必要があります。コスト配分タグで有効にした以降のデータについて、AWS Cost Explorer で閲覧可能です。

[コスト配分タグ]

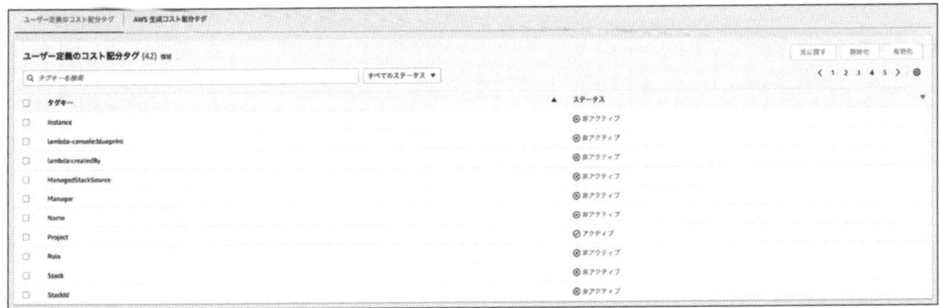

コスト配分タグでタグを有効にすると、タグによるコスト分析ができます。

3 使用状況レポート

使用状況レポートは、Savings Plans やリザーブドインスタンスをどれだけ利用できているかを確認できます。EC2 インスタンスのみならず、 Amazon RDS や Amazon Redshift など、対応しているサービスごとに結果を確認できます。

[使用状況レポート]

試験対策

利用状況レポートで Savings Plans やリザーブドインスタンスの利用状況を確認できます。

4 サービスクォータ

AWS のサービスの多くは、作成できるリソースや利用できる量の上限に設定しています。これを**サービスクォータ**と呼びます。

サービスクォータは、次のように大きく分けて 3 つのタイプがあります。

● 状況に応じて変動

利用者の利用状況や、AWSでの供給可能量に応じて変動するタイプです。代表的なものとして、起動できるEC2インスタンス数があります。AWSアカウント作成直後は多くのインスタンスを起動できませんが、利用状況をもとに起動できる数が増減します。また、AWSサポートに上限緩和の申請をおこなうことで、任意のタイミングで上限を引き上げてもらえる可能性があります。

● 固定的に設定されているが変更申請可能なもの

上限は固定的に設定されていますが、AWSサポートに上限緩和の申請をおこなうことで上限を引き上げてもらえる可能性のあるタイプです。代表的なものとして、作成できるVPCの数があります。

上限緩和申請は必ず通るわけではなく、利用可能になるまでに時間がかかる場合もあるので、ある程度余裕を持って取り組むことが大事です。

[上限緩和申請]

● 固定的に設定されていて変更できないもの

上限緩和申請を受け付けておらず、サービスの仕様として変更できないタイプです。クォータごとに申請可能なのか、上限はどこなのかは、公式ドキュメントを確認します。

次の図は、Amazon EBSのサービスクォータです。「調整可能」の項目が「はい」となっているサービスクォータのみ、申請可能です。

[Amazon EBSのサービスクォータ]

サービスクォータ

名前	デフォルト	調整可能	説明
ボリュームあたりのアーカイブされたスナップショット数	サポートされている各リージョン: 25	はい	ボリュームあたりのアーカイブされたスナップショットの最大数。
アカウントあたりの CompleteSnapshot	サポートされている各リージョン: 10/秒	いいえ	アカウントあたりの許容される CompleteSnapshot リクエストの最大数。
送信先リージョンあたりの同時スナップショットコピー	サポートされている各リージョン: 20	いいえ	1つの送信先リージョンへの同時スナップショットコピーの最大数。
Cold HDD (sc1) ボリュームあたりの同時スナップショット	サポートされている各リージョン: 1	いいえ	このリージョンの Cold HDD (sc1) ボリュームあたりの同時スナップショットの最大数。
汎用 SSD (gp2) ボリュームあたりの同時スナップショット	サポートされている各リージョン: 5	いいえ	このリージョンの汎用 SSD (gp2) ボリュームあたりの同時スナップショットの最大数。
汎用 SSD (gp3) ボリュームあたりの同時スナップショット	サポートされている各リージョン: 5	いいえ	このリージョンの汎用 SSD (gp3) ボリュームあたりの同時スナップショットの最大数。
マグネティック (スタンダード) ボリュームあたりの同時スナップショット	サポートされている各リージョン: 5	いいえ	このリージョンのマグネティック (スタンダード) ボリュームあたりの同時スナップショットの最大数。
プロビジョンド IOPS SSD (io1) ボリュームあたりの同時スナップショット	サポートされている各リージョン: 5	いいえ	このリージョンのプロビジョンド IOPS SSD (io1) ボリュームあたりの同時スナップショットの最大数。
プロビジョンド IOPS SSD (io2) ボリュームあたりの同時スナップショット	サポートされている各リージョン: 5	いいえ	このリージョンのプロビジョンド IOPS SSD (io2) ボリュームあたりの同時スナップショットの最大数。
スループット最適化 HDD (st1) ボリュームあたりの同時スナップショット	サポートされている各リージョン: 1	いいえ	このリージョンのスループット最適化 HDD (st1) ボリュームあたりの同時スナップショットの最大数。
高速スナップショット復元	サポートされている各リージョン: 5	はい	このリージョンで高速スナップショット復元を有効化できるスナップショットの最大数。
アカウントあたりの GetSnapshotBlock リクエスト	サポートされている各リージョン: 1,000/秒	はい	アカウントあたりの許容される GetSnapshotBlock リクエストの最大数。
スナップショットごとの GetSnapshotBlock リクエスト数	サポートされている各リージョン: 1,000/秒	いいえ	スナップショットごとの許容される GetSnapshotBlock リクエストの最大数。
プロビジョンド IOPS SSD (io1) ボリュームの IOPS	サポートされている各リージョン: 300,000	はい	このリージョンのプロビジョンド IOPS SSD (io1) ボリューム全体でプロビジョニングできる IOPS の最大集計数。

上限が設定されているサービス項目（サービスクォータ）については、AWS サポートに連絡することで引き上げられる場合があります。

5 AWS Personal Health Dashboard

AWS Personal Health Dashboard では、利用者に影響のあるメンテナンスや、リソースに対する通知を確認できます。また、サービスに障害が発生している場合は、Service Health Dashboard から状況を確認できます。

現在は、2つのダッシュボードが1つにまとめられてAWS Health Dashboardとして提供されています。

[AWS Personal Health Dashboard]

AWSに関する通知はAWS Health Dashboardで確認できます。

6 AWS Marketplace

AWS Marketplaceは、AWSによって認定されたサードパーティベンダーが自社の製品やサービスを販売できる仕組みです。Amazon EC2のAMIや、AWS WAFのウェブACLルールなど、様々なものがあります。

AWS Marketplaceを利用することで、利用者側は初期設定や導入の手間から解放され、ベンダー側は自社の製品やサービスの販路を確保できるメリットがあります。

[AWS Marketplace]

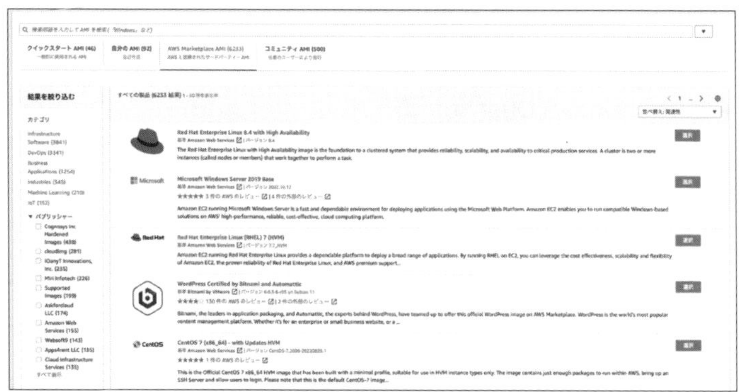

AWS Marketplace は、サードパーティ製品やサービスを従量課金で利用できるサービスです。

7 AWS re:Post

AWS re:Post は、AWS が運用するコミュニティサイトです。ユーザー同士が悩み事を相談し、解決策をやり取りできる一種の掲示板です。AWS サポートへ問い合わせを行う前に解決策を検索してみるとよいでしょう。

AWS re:Post トップページ：https://repost.aws/ja

8 AWS Launch Wizard

AWS Launch Wizard は、SAP Hana や SQL Server などのオンプレミスで稼働するエンタープライズ向けシステムを、AWS 環境にガイド付きで構築できるサービスです。

VPC やセキュリティグループなどの Well-Architecture に従い、ベストプラクティスに沿った構成を構築できます。

[AWS Launch Wizard]

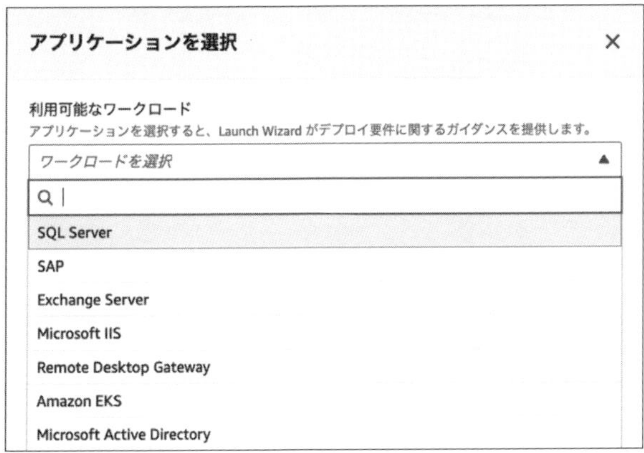

9 AWS Data Exchange

機械学習モデルのトレーニングやデータ分析のプログラムの検証などにおいては、様々なデータを用意する必要があります。また、データによってはライセンスの管理やデータのコピーなど、煩雑な作業が必要です。

AWS Data Exchange は、サードパーティが用意した有償無償の様々なデータセットを検索し、利用することができるサービスです。

[AWS Data Exchange]

Q 演習問題

1 複数の AWS アカウントの請求をひとつにまとめる際に利用するサービスはどれですか。

A. AWS IAM

B. AWS Organizations

C. AWS Managed Account

D. AWS請求ダッシュボード

2 AWS のコストについて見積もりを作成するときに利用するツールはどれですか。

A. AWS Pricing Calculator

B. AWS Cost Explorer

C. AWS Budgets

D. AWSサポート

3 AWS Cost Explorer でタグによる分析をおこなうために必要な正しい手順はどれですか。（2 つ選択）

A. AWS Cost Explorer でタグごとの分析をおこなう

B. AWS Cost Explorer で分析に利用するタグを指定する

C. コスト配分タグで分析に利用するタグを指定する

D. コスト配分タグでタグごとの分析をおこなう

E. 請求ダッシュボードでタグごとの分析をおこなう

4 **請求アラートが利用できるリージョンはどれですか。**

A. 任意のリージョン

B. 東京リージョン

C. オレゴンリージョン

D. バージニア北部リージョン

5 **AWSのコストについて予算と実績を管理できるサービスはどれですか。**

A. AWS Budgets

B. AWS Cost Explorer

C. AWS Personal Health Dashboard

D. AWS請求ダッシュボード

6 **Trusted Advisor のすべての項目を確認できるサポートプランはどれですか。(2つ選択)**

A. ベーシック

B. デベロッパー

C. ビジネス

D. エンタープライズ

E. いずれのサポートプランでも可能

解答

1 B

A は、正しくありません。IAM は、AWS における認証と認可のサービスです。
C は、正しくありません。AWS Managed Account というサービスはありません。
D は、正しくありません。AWS 請求ダッシュボードは請求情報を確認できます。

2 A

B は、正しくありません。AWS Cost Explorer は、コスト分析ができるサービスです。
C は、正しくありません。AWS Budgets は、コストに対する予算と実績の管理ができるサービスです。
D は、正しくありません。AWS サポートは、カスタマーサポートです。

3 A、C

B は、正しくありません。分析に利用するタグは Cost Explorer ではなく、コスト配分タグで指定します。
D は、正しくありません。タグごとの分析はコスト配分タグではなく、Cost Explorer で行います。
E は、正しくありません。請求ダッシュボードは当月分の請求データを確認するサービスです。

4 D

請求アラートは、バージニア北部リージョンでのみ設定可能です。

5 A

Bは、正しくありません。AWS Cost Explorerは、コスト分析ができるサービスです。
Cは、正しくありません。AWS Personal Health Dashboardは、AWSからの通知を確認できるサービスです。
Dは、正しくありません。AWS請求ダッシュボードは請求情報を確認できます。

6 C、D

AWSサポートプランのうち、ベーシックサポートとデベロッパーサポートについては、Trusted Advisorのチェック項目のうち、基本的なセキュリティとサービスクォータについてのみ確認できます。ビジネスサポートとエンタープライズサポートでは、Trusted Advisorのすべての項目を確認できます。

索引

数字

A

C

D

E

G

I

J・K・L

カ行

サ行

タ行

ナ行

ハ行

マ行

ヤ行

ラ行

ワ行

［著者］
高山　裕司（たかやま　ゆうじ）

トレノケート株式会社勤務。
AWS 認定インストラクター。
独立系 SIer で約 10 年システム設計から開発、運用など担当したのち、外資系ソフトウェアメーカーにおいてリードエンジニアとプロダクトマネージャーを担当。
トレノケートでは、AWS の公式トレーニングやベンダーニュートラルなクラウド一般の講義を担当。
趣味は釣りと BBQ。生粋のネコ派。

AWS Authorized Instructor Award 2021 Best Numbers for Class Delivery and Students Trained 受賞

STAFF

編集	株式会社ノマド・ワークス
制作	相馬喜代子
表紙デザイン	小口翔平＋畑中茜＋村上佑佳（tobufune）
本文デザイン	馬見塚意匠室
表紙制作	鈴木薫
デスク	千葉加奈子
編集長	玉巻秀雄

■商品に関する問い合わせ先

このたびは弊社商品をご購入いただきありがとうございます。本書の内容などに関するお問い合わせは、下記のURLまたは二次元バーコードにある問い合わせフォームからお送りください。

https://book.impress.co.jp/info/

上記フォームがご利用いただけない場合のメールでの問い合わせ先

info@impress.co.jp

※お問い合わせの際は、書名、ISBN、お名前、お電話番号、メールアドレス に加えて、「該当するページ」と「具体的なご質問内容」「お使いの動作環境」を必ずご明記ください。なお、本書の範囲を超えるご質問にはお答えできないのでご了承ください。

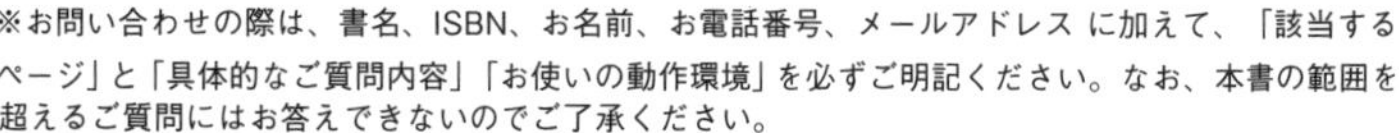

- ●電話やFAX でのご質問には対応しておりません。また、封書でのお問い合わせは回答までに日数をいただく場合があります。あらかじめご了承ください。
- ●インプレスブックスの本書情報ページ　https://book.impress.co.jp/books/1123101145 では、本書のサポート情報や正誤表・訂正情報などを提供しています。あわせてご確認ください。
- ●本書の奥付に記載されている初版発行日から3年が経過した場合、もしくは本書で紹介している製品やサービスについて提供会社によるサポートが終了した場合はご質問にお答えできない場合があります。

■落丁・乱丁本などの問い合わせ先

FAX　03-6837-5023

service@impress.co.jp

※古書店で購入されたものについてはお取り替えできません。

徹底攻略 AWS(エーダブリューエス)認定 クラウドプラクティショナー教科書
第2版 [CLF-C02] 対応

2024年　7月21日　初版発行

著　者　トレノケート株式会社 高山裕司

発行人　高橋隆志

編集人　藤井貴志

発行所　株式会社インプレス

〒101-0051　東京都千代田区神田神保町一丁目105番地

ホームページ　https://book.impress.co.jp/

印刷所　日経印刷株式会社

ISBN978-4-295-01980-0 C3055

Printed in Japan

※本書籍の構造・割付体裁は株式会社ソキウス・ジャパンに帰属します。